Kempten und das Allgäu

Führer zu archäologischen Denkmälern in Deutschland

Herausgegeben von
Wolfgang Czysz, Hanns Dietrich und Gerhard Weber
im Auftrag des Nordwestdeutschen, West- und Süddeutschen
und Mittel- und Ostdeutschen
Verbandes für Altertumsforschung in Verbindung
mit dem Bayerischen Landesamt für
Denkmalpflege und der Stadtarchäologie Kempten

Band 30

Theiss

Kempten und das Allgäu

Bearbeitet von
Wolfgang Czysz, Hanns Dietrich und Gerhard Weber

Mit Beiträgen von
V. Babucke, Ch. Behrer, B. Blum, W. Czysz, M. Dapper,
H. Dietrich, J. Garbsch, B. Gehlen, H. Hennig, B. Kata,
St. Kirchberger, C. Kociumaka, M. Mackensen, J. Merbeler,
H. Scholz, W. Schmidt, G. Ulbert, G. Weber, J. Zeune

Theiss

Gedruckt mit Unterstützung der Gesellschaft für Archäologie
in Bayern, der Allgäuer Volksbank eG, der Allgäuer
Überlandwerk GmbH und der Vier P Verpackungsgruppe
B. V. & Co Holding KG

Die Deutsche Bibliothek – CIP-Einheitsaufnahme

Kempten und das Allgäu / [von Wolfgang Czysz ... Mit Beitr.
von V. Babucke ...]. – Stuttgart : Theiss, 1995
(Führer zu archäologischen Denkmälern in Deutschland ; Bd. 30)
ISBN 3-8062-1150-7
NE: Czysz, Wolfgang; GT

Umschlag: Michael Kasack
Umschlagbild: Büste des Gottes Merkur, bronzenes Schiebegewicht einer
römischen Schnellwaage aus Kempten (Römisches Museum Kempten im
Zumsteinhaus)

Satz und Druck: Gulde-Druck GmbH, Tübingen
Printed in Germany
ISBN 3-8062-1150-7

Vorwort

Wer heute das Allgäu bereist, dem fällt es schwer, sich vorzustellen, daß diese mit Naturschönheiten gesegnete und an Kulturdenkmälern reiche Landschaft sich während eines wichtigen Abschnitts ihrer Geschichte in dem höchst kritischen und risikobehafteten Zustand einer Grenzregion zwischen himmelweit verschiedenen politischen Systemen befand. So verhielt es sich in der Tat, nachdem im 3. Jahrhundert n. Chr. Germanen vom Stamm der Alamannen die Grenzsperre des obergermanisch-rätischen Limes überwunden und sich in den Besitz weiter Teile der römischen Provinz Rätien gesetzt hatten. Dadurch wurde es notwendig, eine neue Trasse der Reichsgrenze festzulegen und militärisch zu sichern. Von Bregenz am Bodensee zog sich im 4. Jahrhundert eine stark befestigte Grenzlinie am Alpenfuß entlang bis nach Kempten und folgte von da an dem rechten Ufer der Iller bis zu deren Mündung in die Donau; sie trennte das Territorium des römischen Reiches und das von barbarischen Stämmen beherrschte Gebiet. Von den Grenzbefestigungen, von Kastellen und Wachttürmen, haben sich mancherlei Spuren und Reste im Gelände erhalten, und Funde aus ihrem Bereich, durch Zufall oder archäologische Ausgrabungen zutage gekommen, befinden sich in den Museen des Landes – anschauliche Zeugnisse einer längst vergangenen Epoche, gleichwohl eines wichtigen und eigentümlichen Abschnittes der Geschichte des Allgäus.
Auf solche heute noch vornehmlich in den bayerischen Landkreisen Oberallgäu, Unterallgäu, Ostallgäu und Lindau und den Städten Kaufbeuren und Kempten sichtbaren Dokumente der Geschichte aufmerksam zu machen, ist das Anliegen dieses archäologischen Führers. Er berücksichtigt freilich nicht nur die Spätantike, sondern selbstverständlich auch andere Epochen – die weit zurückliegende Vorgeschichte ebenso wie die frühe Römerzeit und das

Mittelalter. Er soll hinführen zu den sichtbaren Resten der Vergangenheit, mögen sie draußen im Land oder in den Vitrinen der Museen zu finden sein, und er soll ihre historischen Zusammenhänge erklären. Das ist eine lohnende Aufgabe für ein Gebiet, das so reich an archäologischen Zeugnissen aus seiner Vergangenheit ist wie das Allgäuer Land.

Dieser Führer erscheint anläßlich der 73. Jahrestagung des West- und Süddeutschen Verbandes für Altertumsforschung, die in der Pfingstwoche des Jahres 1995 in Kempten stattfindet, und er wird den Teilnehmern dieses Kongresses als Leitfaden bei ihren wissenschaftlichen Exkursionen dienen. Um sein Zustandekommen haben sich alle Autoren sowie der Verlag verdient gemacht, besonders jedoch die Herren Dr. Czysz, Dr. Dietrich und Dipl. Ing. Dr. Weber. Das Bayerische Landesamt für Denkmalpflege und die Stadt Kempten unterstützten die Arbeit in hohem Maße; dadurch und dank eines namhaften Druckkostenzuschusses der Gesellschaft für Archäologie in Bayern konnte der Band in seinem Umfang erweitert werden. Durch die technische Hilfe der Vier P Verpackungsgruppe B. V. & Co. Holding KG und mit der finanziellen Förderung der Allgäuer Volksbank EG sowie des Allgäuer Überlandwerkes war es möglich, den Führer mit Farbabbildungen zu bereichern.

Die oft mühevolle redaktionelle Bearbeitung lag bei Frau Kociumaka in besten Händen. Allen so oder so Beteiligten sei an dieser Stelle herzlich gedankt!

Mainz, im Juni 1995   Univ.-Prof. Dr. Hermann Ament
Vorsitzender des
West- und Süddeutschen Verbandes
für Altertumsforschung

Inhalt

Objektbeschreibungen

2000 Jahre Cambodunum - da kann das Allgäuer Überlandwerk natürlich nicht mithalten.

Auch wenn die Wasserkraft schon im klassischen Altertum genutzt wurde, der Stromerzeugung dient sie erst rund 100 Jahre.

Mit Wasserkraft begann am 1. Januar 1920 - also vor 75 Jahren - die Geschichte des AÜW.

Sie ist eng verbunden mit der Geschichte der Stadt Kempten, denn seit der Gründung ist sie der Hauptgesellschafter der Allgäuer Überlandwerk GmbH.

Wir hoffen gemeinsam sehr alt zu werden.

Das AÜW-Wasserkraftwerk in Kempten an der Iller 1920

AÜW

Strom
für das Allgäu

**Allgäuer
Überlandwerk GmbH
Gerberstraße 2
87435 Kempten (Allgäu)
Telefon (0831) 2521-0
Telefax (0831) 2521-250**

Kurze Einführung in den geologischen Bau und die Landschaftsgeschichte des Allgäus

Einleitung

Der Untergrund des Allgäus läßt sich – geologisch betrachtet – in zwei übereinanderliegende Stockwerke gliedern: Ein tieferes, älteres Stockwerk, das aus mächtigen verfestigten Ablagerungen (Sedimentgesteinen) von Flüssen und Meeren besteht, die größtenteils in der Trias, im Jura, in der Kreide und im Tertiär entstanden sind, also rund 250–10 Millionen Jahre alt sind. Dieses tiefere Stockwerk ist seinerseits aus mehreren geologischen Einheiten zusammengesetzt, hat eine äußerst verwickelte Geschichte und ist im Detail sehr kompliziert gebaut (Abb. 1).

Über einer welligen, auf- und absteigenden Erosionsfläche folgt ein höheres, jüngeres Stockwerk aus den meist lockeren Ablagerungen des Quartärs, die im Eiszeitalter von den Gletschern und ihren Schmelzwässern sowie während der Nacheiszeit gebildet wurden bzw. teilweise sogar heute noch gebildet werden. Sie sind selten älter als einige Jahrhunderttausende, vergleichsweise also noch recht jung. Wie ein löchriges Tuch verhüllen diese bisweilen mehrere Dekameter mächtigen quartären Bildungen den tieferen Untergrund, der meist nur in tief eingeschnittenen Tälern und an steilen Bergflanken sichtbar wird.

Die einzelnen geologischen Einheiten, aus denen der tiefere Untergrund des Allgäus besteht, haben ganz unterschiedliche Entwicklungen durchgemacht und sind erst durch große horizontale Krustenverschiebungen in unmittelbare Nachbarschaft gelangt. Die verschiedenartigen Sedimentgesteine, die diese geologischen Einheiten aufbauen, waren im Laufe der Zeit in weit voneinander entfernt liegenden Ablagerungsräumen entstanden. Diese Ablagerungsräume kann man sich – stark vereinfacht – als lange und schmale, in Richtung des späteren Gebirges orientierte Tröge vor-

13

stellen, von denen mehrere parallel nebeneinander lagen. Durch eine Verkürzung der Erdkruste quer zu den Trogachsen wurden die Abstände zwischen ihnen erheblich verringert. Die hier abgelagerten Gesteinsfolgen wurden dabei tektonisch stark beansprucht und gefaltet. Als die Einengung weiterging, wurden sie vom Untergrund abgeschert und schließlich in Form tektonischer Decken übereinandergestapelt. Die einzelnen Decken sind durch Überschiebungsbahnen voneinander getrennt. In diesem Deckenstapel kann man tiefere und höhere tektonische Stockwerke unterscheiden. Im Allgäu und den angrenzenden Gebieten lassen sich Decken, die aus ähnlich ausgebildeten Gesteinsfolgen bestehen, zu mehreren großen geologischen Baueinheiten zusammenfassen und von anderen abtrennen, deren Gesteinsfolgen trotz jeweils gleichen Alters sehr unterschiedlich aussehen: Kalkalpin, Flysch, Helvetikum und Molasse (Abb. 1). Jede dieser Baueinheiten kommt in langen, mehr oder weniger schmalen Zonen an die Erdoberfläche, die parallel zum Nordrand der Alpen und von Norden nach Süden hintereinander angeordnet sind.

Das Tertiär

Das Kalkalpin

Die höchste und südlichst gelegene Baueinheit des Allgäus ist das Kalkalpin (Nördliche Kalkalpen), das den größten Teil der Allgäuer Alpen aufbaut (Abb. 1). Aus kalkalpinen Gesteinen bestehen die Berge mit den markantesten Gipfeln und schroffsten Bergformen wie Säuling, Hochvogel, Nebelhorn, Höfats, Trettachspitze oder Widderstein. Die Nördlichen Kalkalpen im Allgäu werden vor allem aus marinen Sedimentgesteinen aufgebaut, die in der Trias- und Jura-, untergeordnet auch in der Kreidezeit entstanden sind. Am Aufbau des Gebirges sind ganz unterschiedliche Schichtfolgen beteiligt, von denen einige Mächtigkeiten von weit über 1000 m erreichen können. Diese Schichtfolgen bestehen aus Dolomit- und Kalksteinen, Mergeln, Tonen, zum kleineren Teil auch aus Kon-

14

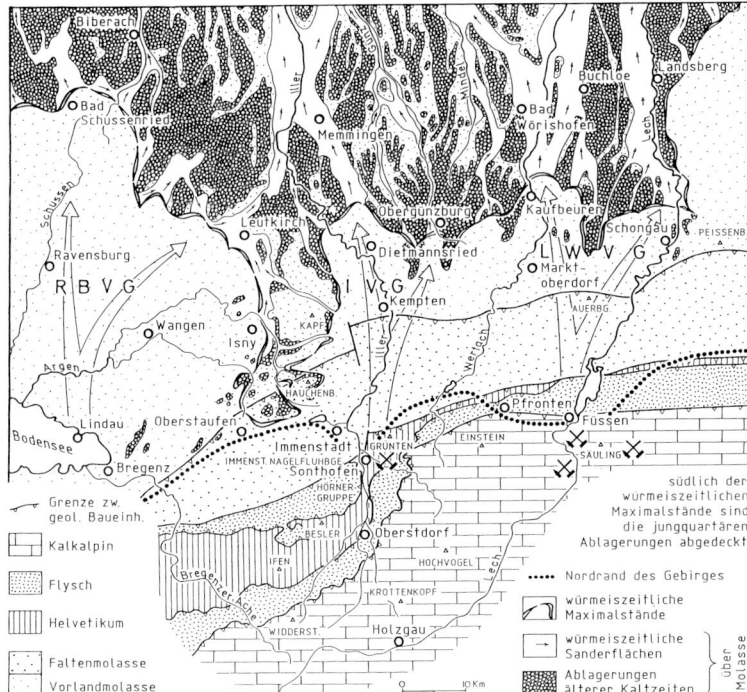

Abb. 1 Stark vereinfachte geologische Übersichtskarte des Allgäus. Südlich der eingezeichneten würmeiszeitlichen Maximalstände sind die jüngeren quartären Ablagerungen nicht dargestellt. RBVG=Rhein-Bodensee-Vorlandgletscher, IVG=Iller-Vorlandgletscher, LWVG=Lech-Wertach-Vorlandgletscher. Die Pfeile symbolisieren die Hauptstoßrichtung des Eises.

glomeraten, Sandsteinen, Hornsteinen und Gips. Während standfeste, mächtige Dolomit- und Kalksteinfolgen vielfach die schroffen, weitgehend vegetationslosen Berggipfel der Allgäuer Alpen aufbauen (z. B. Hauptdolomit und Wettersteinkalk), bilden leicht verwitterbare und wenig standfeste mergelige Schichtfolgen Hangverflachungen, feuchte Senken oder dachförmig zugeschnittene Grasberge (z. B. Allgäuschichten, Kössener Schichten).

15

Der Flysch

Unter den Kalkalpen kommt eine tiefere Baueinheit zum Vorschein, die man mit einem Schweizer Dialektausdruck als Flysch (sprich »Fliesch«) bezeichnet (Abb. 1). Die Flyschgesteine sind zum größten Teil in der Kreidezeit entstanden, haben somit zwar das gleiche Alter wie der jüngste Teil der kalkalpinen Ablagerungen, sehen aber ganz anders aus als diese.

Bei den Flyschgesteinen handelt es sich um mächtige Wechselfolgen von leicht verwitternden Mergeln und Tonen, in die Kalk- und Sandsteinbänke eingelagert sind. Sie werden als Tiefseeablagerungen gedeutet. Durch die hohen Anteile von tonig-mergeligen Gesteinen am Aufbau der Schichtfolgen fehlen den meist dachförmig zugeschnittenen Flyschbergen schroffe Gipfel. Dafür tragen sie fast immer ein dichtes Pflanzenkleid, neigen aber zur Vernässung und zum Rutschen. Im Bereich der Flyschberge liegen die wichtigsten Skigebiete der Allgäuer Alpen, etwa bei Balderschwang, in der Hörnergruppe oder am Fellhorn.

Das Helvetikum

Die nächst nördliche und tiefer gelegene Baueinheit, die unter den Flyschdecken herauskommt, ist das Helvetikum (Abb. 1). Wie der Name vermuten läßt, haben die helvetischen Gesteine ihre Hauptverbreitung in der Schweiz. Allerdings gehört auch ein guter Teil der Allgäuer Alpen dazu – vor allem westlich der Iller.

Die marinen Sedimentgesteine, aus denen das Helvetikum im Allgäu besteht – vor allem Kalksteine, Sandsteine und Mergel – sind größtenteils während der Kreide- und in der älteren Tertiärzeit als Ablagerungen eines relativ seichten, mitunter aber auch ziemlich tiefen Schelfmeeres entstanden. Das auffälligste helvetische Gestein ist der Schrattenkalk, eine mächtige Platte aus hellem Kalkstein, die von weniger widerstandsfähigen Sedimenten unter- wie überlagert wird. Aus Schrattenkalk bestehen die meisten Felsgipfel der helvetischen Berge, wie der Hohe Ifen, die Gottesackerwände, der Grünten oder die Alpspitze.

Die Molasse

Zwischen Alpennordrand und Donau gehört das Alpenvorland fast ganz zur Molasse, der tiefsten, aber gleichzeitig jüngsten und nördlichsten Baueinheit des Allgäus (Abb. 1). Westlich der Iller sind die südlichsten Abschnitte der Molasse sogar Teil des Hochgebirges und erreichen in den Immenstädter Nagelfluhbergen Höhen von über 1800 m. Die gebirgsnahen Teile der Molasseablagerungen sind im Jungtertiär gefaltet worden. Etwa an der Linie Bregenz–Kempten–Peiting grenzt die Faltenmolasse (Subalpine Molasse) an die Ungefaltete Molasse (Vorlandmolasse).

Die Sedimentgesteine der Molasse sind in der Tertiärzeit abgelagert worden. Es handelt sich größtenteils um Mergel und Sandsteine, in der Nähe des Alpennordrandes auch um grobkörnige Konglomerate (»tertiäre Nagelfluh«), den Abtragungsprodukten der zum Hochgebirge aufsteigenden tertiären Alpen, die in Form von Schlamm, Sand und Kies nach Norden geschwemmt und im Alpenvorland abgelagert wurden. Da der Untergrund des Alpenvorlandes über längere Zeit hinweg ungefähr in dem Maße, wie die Flüsse Material in das Becken brachten, ständig langsam einsank, konnten im Laufe der Zeit Tausende von Metern mächtige Ablagerungen entstehen. Bestimmte Abschnitte der Molasse sind aus Fluß- oder Seeablagerungen, andere dagegen aus marinen Sedimenten hervorgegangen.

Das Quartär

Obwohl Verwitterung und Erosion ständig an den Bergen nagen, sind die Alpen schon seit vielen Jahrmillionen ein Hochgebirge. Bei der heute meßbaren Abtragungsgeschwindigkeit müßten sie innerhalb weniger Jahrmillionen ein flachwelliges Hügelland sein, würden sie nicht ständig tektonisch herausgehoben werden – um Bruchteile von Millimetern pro Jahr. So ist das Relief der Allgäuer Alpen und ihres Vorlandes durch Abtragung aus den hier liegenden Gesteinsmassen in dem Maße herausgearbeitet worden, wie diese langsam aufgestiegen sind. Besonders intensiv ist die Landschaft in den Kaltzeiten während der letzten 2,4 Millionen Jahre, im quartären Eiszeitalter, geformt worden. In dieser Zeit erhielten die Gebirgsketten, Gipfel, Bergrücken und Hügelketten ihr heutiges Aussehen – gewissermaßen den letzten Schliff.

In einer Kaltzeit (Glazial) krochen die Gletscher aus den Hochlagen der Gebirge talwärts, erfüllten die Talsysteme und ließen nur noch die höchsten und schroffsten Gebirgsmassive eisfrei. Nach Norden hin traten die Gletscher durch die Pforten der großen Alpentäler ins Vorland und breiteten sich hier in flachen Zungen aus. Während die Gletscher am Alpenrand oft Hunderte von Metern dick waren, dünnten sie nach Norden zu langsam aus und erreichten am Eisrand schließlich ein labiles Gleichgewicht zwischen Nachfließen und Abschmelzen des Eises. Die Schmelzwässer flossen in breiten Flußtälern (Sanderflächen) nach Norden zur Donau und nach Westen zum Rhein hin ab.

In mehreren Kaltzeiten hintereinander wurde das Allgäuer Alpenvorland von drei größeren Gletschern überformt (Abb. 1): vom Lechgletscher (Lech-Wertach-Vorlandgletscher), vom Illergletscher (Iller-Vorlandgletscher) und vom Rheingletscher (Rhein-Bodensee-Vorlandgletscher). Während der Lech-Wertach- mit dem Iller-Vorlandgletscher im Gebiet des Kemptener Waldes zusammenhing, blieben der Iller- und der Rhein-Bodensee-Vorlandgletscher durch ein eisfreies Gebiet im Kürnach-Eschacher Wald getrennt.

Die südlichen Teile des Alpenvorlandes wurden von den Gletschern selbst überprägt; in der letzten Kaltzeit, der Würmeiszeit, stießen sie nach Norden bis in die Gegend von Schussenried, Leutkirch, Dietmannsried, Obergünzburg, Neugablonz und Schongau vor (Abb. 1). Unter dem Eis wurden die aufragenden Partien des Untergrundes rundgehobelt, die Felsen glattgeschliffen, ältere Kiese zu Stromlinienkörpern (Drumlins) umgeformt und tiefe Becken ausgeschürft, in denen sich später Seen stauten. Vor allem wurden aber Grundmoränen abgelagert, die dekametergroße Felsblöcke (Findlinge, Erratiker) enthalten können. Am Eisrand entstanden die Endmoränen, ganze Systeme von Kuppen und Hügelketten, von denen heute noch die Form der Gletscherzungen nachgezeichnet wird.

Die Gebiete nördlich der Endmoränen wurden zwar nicht von den Gletschern, wohl aber von ihren Schmelzwässern erreicht, die mächtige Schmelzwasserkiese (Schmelzwasserschotter) hinterließen. Gletscherfallwinde überstrichen die völlig vegetationslosen und in den Sommermonaten weitgehend ausgetrockneten Sanderflächen im Vorfeld des Eises, bliesen den Feinanteil der hier liegenden Schmelzwasserablagerungen aus und lagerten ihn in Form von Löß auf den zwischen den Schmelzwasserrinnen liegenden Höhenrücken ab, die in den Kaltzeiten eine steppen- oder tundrenartige Pflanzendecke trugen.

Die lockeren Schmelzwasserkiese aus der letzten Kaltzeit, der Würmeiszeit (Abb. 1), sind vielfach als Füllung breiter, tischebener Schmelzwassertäler erhalten geblieben, wo diese Niederterrassenschotter in zahlreichen Kiesgruben abgebaut werden. Die Kiesfüllungen der Schmelzwassertäler aus der vorletzten Kaltzeit, der Rißeiszeit, liegen dagegen noch deutlich höher, sind gegen die Niederterrassenflächen durch scharfe Erosionskanten abgesetzt und werden Hochterrassenschotter genannt. Die noch älteren Schmelzwasserkiese aus der Mindel-, Günz- und Donaueiszeit liegen noch um einiges höher und werden als Jüngere, Ältere und Älteste Deckenschotter bezeichnet. Durch Erosion sind diese alten Talfüllungen inzwischen vielfach als Berge herauspräpariert worden (Reliefumkehr) und bilden heute lange, Nord-Süd orientierte, plateauförmige, meist dicht bewaldete Höhenrücken, die teilweise mehr als 100 m über den jungen Talböden liegen. Die Schmelzwasserkiese aus älteren Kaltzeiten sind gewöhnlich auch nicht mehr locker, sondern zu porösen, aber teilweise sehr festen Konglomeraten verbacken, die mitunter als »quartäre Nagelfluh« bezeichnet werden. Im allgemeinen sind kaltzeitliche Schotter um so älter, je höher sie liegen und je besser sie verfestigt sind.

Der »Rückzug« der würmeiszeitlichen Gletscher von den Endmoränen begann vor 20000–18000 Jahren. Beim Abschmelzen des Eises entstanden mehrere Staffeln von Rückzugsmoränen. Der bis dahin vergletscherte Teil des Alpenvorlandes wurde von den

Schmelzwässern überformt. Viele der damals aktiven Schmelzwasserrinnen, die sich tief in die Grundmoränenlandschaft einschnitten, sind als Trockentäler bis heute erhalten geblieben. Beim Zurückweichen der Eisränder wurden auch viele größere Becken freigegeben, in denen Schmelzwasserseen entstanden. Einige von ihnen haben bis heute als Seen überdauert. Die meisten aber sind inzwischen verlandet, anhand der Verbreitung kaltzeitlicher Bändertone aber rekonstruierbar.

Einer dieser Seen war der Kemptener See, der ursprünglich einmal eines der Zungenbecken des Illergletschers ausgefüllt hatte – das breite Illertal zwischen Kempten und Krugzell. In das Südende dieses Sees, dessen Wasserspiegel ursprünglich etwa 690 m hoch lag, ergossen sich bei Kempten die Schmelzwässer des immer weiter nach Süden zurückweichenden Illergletschers. Hier entstand ein großes Kiesdelta, das durch die Iller inzwischen wieder zum Großteil zerstört worden ist. Auf der ebenen Oberfläche dieser kaltzeitlichen Deltakiese steht das römische > *) *Cambodunum*.

Vor rund 14000 Jahren schon, lange vor dem Ende der letzten Kaltzeit (das man auf 10200 Jahre vor heute festgesetzt hat), war das Alpenvorland endgültig eisfrei. Mit dem Rückschmelzen des Eises begannen Prozesse, die auch heute noch wirksam sind und die Landschaft unmerklich verändern. Wo kalkgesättigte Grundwässer in Form von Quellen austreten, entstehen seit der späten Würmeiszeit poröse Kalktuffe (Quelltuffe). In ausgedehnten Moorgebieten, die sich oft an Stellen bereits verlandeter kaltzeitlicher Seen entwickelt haben, reichert sich das abgestorbene Pflanzenmaterial unter Luftabschluß zu Torf an.

Auf der Oberfläche kaltzeitlicher Ablagerungen und der bloßliegenden Gesteine des älteren Untergrundes entstanden Verwitterungsböden – die wichtigste Grundlage für die landwirtschaftliche Nutzung des Allgäus. Unter dem Einfluß eines kühlfeuchten Klimas haben sich in Abhängigkeit von Gesteinsart, Höhenlage, Reliefexposition, Bewuchs, kleinklimatischen Gegebenheiten und

---

*)> vor Ortsnamen weist auf einzelne Objektbeschreibungen hin.

Durchfeuchtung sehr unterschiedliche Bodentypen entwickelt. In den würmeiszeitlich vergletscherten Gebieten und auf den Niederterrassenflächen ist die Bodenentwicklung, die hier ja erst vor etwa 14 000 Jahren einsetzte, noch nicht sehr weit fortgeschritten (Verwitterungstiefe ca. 0,5–1,5 m). Die Böden sind hier nur oberflächlich entkalkt, vielfach basisch und werden, falls sie nicht zu feucht sind, überwiegend landwirtschaftlich genutzt. Nördlich der Jungendmoränen ist die Bodenentwicklung dagegen bedeutend weiter fortgeschritten, denn die nach dem Eisrückzug einsetzende Verwitterung fand hier auf älteren Schmelzwasserschottern schon mächtige Böden vor, die während der interglazialen Warmzeiten entstanden waren, die die Kaltzeiten voneinander trennen (Verwitterungstiefe bis über 8 m). Diese mächtigen Böden sind meist tiefgründig entkalkt, vielfach sauer, landwirtschaftlich kaum nutzbar und deshalb mit Wald bestanden.

Literatur:
Bayer. Geol. Landesamt (Hrsg.), Geologische Karte von Bayern 1:500 000, mit Erläuterungen (1981). – H. Brunner/R. Hüttner u. a., Geologische Übersichtskarte von Baden-Württemberg 1:500 000 (1989). – O. Geier/M. Gwinner, Geologie von Baden-Württemberg (1914). – H. Jerz, Quartärgeologie von Bayern. In: Geologie von Bayern 2 (1993). – Oberrheinischer Geol. Verein (Hrsg.), Geologische Exkursionen in der weiteren Umgebung von Kempten. Sonderdruck aus Jahresber. Mitt. oberrhein. geol. Ver. N. F. 65, 1983. – Oberrheinischer Geol. Verein (Hrsg.), Geologische Exkursionen in der weiteren Umgebung von Bregenz/Vorarlberg. Sonderdruck aus Jahresber. Mitt. oberrhein. geol. Ver. N. F. 75, 1993. – D. Richter, Allgäuer Alpen. Sammlung geologischer Führer 77 (1984). – H. Scholz, Bau und Werden der Allgäuer Landschaft (1995). – H. Scholz/U. Scholz, Das Werden der Allgäuer Landschaft. Allgäuer Heimatbücher 81, 1981. – H. Scholz/W. Zacher, Geologische Übersichtskarte der Bundesrepublik Deutschland 1:200 000, Blatt CC 8726 Kempten (1983). – A. Schreiner, Einführung in die Quartärgeologie (1992). – A. Schreiner/A. Zitzmann u. a., Geologische Übersichtskarte der Bundesrepublik Deutschland 1:200 000, Blatt CC 8718 Konstanz (1991). – R. Streit/H. Weinig u. a., Geologische Übersichtskarte des Iller-Mindel-Gebietes 1:100 000, mit Erläuterungen (1975).

Herbert Scholz

Zur Geschichte der archäologischen Forschung

Erst im renaissancezeitlichen Humanismus fanden die antiken römischen Spuren in Kempten erkennbare Beachtung: Der Kemptener Notar Johann Kräler berichtet in seiner zwischen 1490 und 1506 geschriebenen Chronik des Stiftes vom Fund eines vermutlich römischen Depots (aus Schmuckobjekten sowie Gold- und Silbermünzen) im Brunnen auf der Burghalde, der, seit römischer Zeit verschüttet, unter Abt Konrad Dorn (954–961) wieder ausgegraben worden sei.

Schreibt Bruschius schon 1551 von einer »vorrömischen« Stadt auf dem Bleicherösch – dem heute bekannten römischen *Cambodunum* rechts der Iller – und einer römischen Befestigung auf der Burghalde, und berichten auch spätere Quellen von »heydnischen« Funden in Kempten rechts und links der Iller, so suchte der Augsburger Stadtpfleger Marcus Welser in seinen 1594 erschienenen »Libri octo« das römische »Camboduno« auf der Tabula Peutingeriana noch in der Gegend von München. Der 1550 von Sebastian Münster erstmals überlieferte >Meilenstein aus der Abtei Isny ließ jedoch an der Gleichsetzung Kemptens mit dem römischen *Cambodunum* keine Zweifel.

Unterstützt von königlichen Erlassen Ludwigs I. gelang Johann Nepomuk von Raiser (1768–1853) in Nachfolge von Staatsrat Josef von Stichaner (1769–1856) eine Pionierleistung im Sinne neuzeitlicher archäologischer Denkmalerfassung über die Grenzen des heutigen Bayerisch-Schwaben und damit des Allgäus hinaus. In seinen 1820–1833 erschienenen »Denkwürdigkeiten« schuf er – ab 1817 als Regierungsdirektor in Augsburg – die Grundlage eines historischen und archäologischen Katasters für den »Oberdonaukreis«. Letztlich setzte erst der Gymnasiallehrer und spätere Direktor am Ludwigsgymnasium in München, Friedrich Ohlenschlager (1840–1916), die Arbeit vor allem in bezug auf die »römischen Überreste in Bayern« fort. Zusammen mit Stabsauditeur Wilhelm

Sand und Johannes Ranke, Professor für Anthropologie und Urgeschichte sowie Gründer der Prähistorischen Staatssammlung (1885), gab Ohlenschlager auch den Anstoß zur ersten Cambodunum-Ausgrabung 1885, die ab 1886 der Kemptener Kaufmann August Ullrich (1857–1928) als Autodidakt fortführte und in Vorberichten beschrieb. Vor allem in Nachfolge der 1870 gegründeten »Gesellschaft für Anthropologie, Ethnologie und Urgeschichte« konstituierten sich auch im übrigen Land zahlreiche historische Vereine, so z. B. 1884 der Alterthumsverein Kempten a. V., in dessen Zeitschrift, dem »Allgäuer Geschichtsfreund«, ab 1888 die Vorberichte zu den Cambodunum-Ausgrabungen erschienen.

Mit dem 1908 geschaffenen »Königlichen Generalkonservatorium der Kunstdenkmale und Altertümer Bayerns«, ab 1917 das »Bayerische Landesamt für Denkmalpflege«, wurden die archäologischen Forschungen zunehmend in geordnete und wissenschaftliche Bahnen gelenkt. Dafür steht der Name Paul Reinecke (1872–1958), der 1908–1937 auch für den Regierungsbezirk Schwaben zuständig war. Das von Reinecke geschaffene Chronologiesystem für die süddeutschen Metallzeiten ist bis heute weitgehend gültig geblieben. Ab 1911 standen auch die Ausgrabungen im römischen Kempten unter seiner Leitung, bevor diese 1936–1942 an Ludwig Ohlenroth (1892–1959) überging. Ohlenroths Tätigkeit sind auch eine Reihe von grabungstechnisch fortschrittlichen Untersuchungen an vor- und frühgeschichtlichen wie mittelalterlichen Plätzen im Allgäu zu verdanken.

Bartholomäus Eberl (1883–1960), ab 1911 Benefiziat in Obergünzburg, promovierte 1928 über »Die Eiszeiten im nördlichen Alpenvorland« und widmete sich – ab 1930 zum Kreisheimatpfleger ernannt – wie sein Mentor Kurat Christian Frank (1867–1942) unter anderem der Römerstraßenforschung. Frank hatte bereits 1899 die »Deutschen Gaue« begründet, eine Edition von archäologischen und historischen Nachrichten und Quellen, die bis 1978 erschien und bis heute über den Allgäuer Raum hinaus gültig geblieben ist. Über eine Reihe eigener Untersuchungen berichteten Frank und Eberl auch in den Zeitschriften »Das Schwäbische Museum« (1925–1933) und »Schwabenland« (1934–1941/42).

Abb. 2   Kempten. Grabungsmannschaft 1929 im römischen Cambodunum.

Für die Kenntnis der zahlreichen Allgäuer Burgen, Burgställe und Erdwerke betrieb Otto Merkt (1877–1951), 1919–1942 Oberbürgermeister von Kempten, über Jahrzehnte Grundlagenforschung, die in seinem »Kleinen Allgäuer Burgenbuch« (Allgäuer Geschfreund 52, 1951) und im Allgäuer Burgenarchiv – heute im Stadtarchiv Kempten – ihren Niederschlag fand. Die Aufstellung von über 1700 Gedenksteinen und Tafeln an historischen Plätzen und Gebäuden wurde von ihm initiiert, über 400 von ihnen allein an Burgen und Geländedenkmälern.

Eine stete Triebfeder in der jüngeren Alt- und Römerstraßenforschung war der Kemptener Gymnasiallehrer Richard Knussert (1907–1966). Für die Steinzeitforschung im Oberallgäu lieferte schon in den dreißiger Jahren Christoph Graf Vojkffy erste Anhaltspunkte zur Besiedlung.

Seit 1960 ist die Außenstelle Augsburg des Landesamtes für Denkmalpflege für das Allgäu zuständig; in Kempten nimmt die 1982 begründete Stadtarchäologie die denkmalpflegerischen Aufgaben wahr. Grundlagenforschung vor Ort wird daneben durch zahlreiche ehrenamtliche Mitarbeiter und Sammler betrieben.

Gerade in den Städten, wie schon bislang in Kempten und in kleinem Umfang auch in Memmingen, wird und muß zukünftig die Archäologie des Mittelalters und der Neuzeit eine wichtige Aufgabe wahrnehmen.

Seit 1921 finden sich archäologische Berichte zum Allgäuer Raum in den Bayerischen Vorgeschichtsblättern. Für die Jahre 1972–1984 erschien eine eigene Chronik der »Ausgrabungen und Funde in Bayerisch-Schwaben« in der Zeitschrift des Historischen Vereins für Schwaben. Umfänglichere Publikationen erschienen u. a. in den Materialheften zur Bayerischen Vorgeschichte und in den Münchner Beiträgen zur Vor- und Frühgeschichte.

Literatur:

Kossack, Südbayern, 4 ff. – G. Krahe, Geschichte der Römerforschung in Bayerisch Schwaben. Die Römer in Schwaben. Arbeitsh. d. Bayer. Landesamts f. Denkmalpfl. 27 (1985) 306 ff. (m. weit. Lit.). – F. Ohlenschlager, Das römische Forum zu Kempten. Zeitschr. Hist. Ver. Schwaben und Neuburg 12, 1895, 96 ff. – B. Sprenzel, Zur Geschichte der Cambodunum-Forschungen. Allgäuer Geschfreund N. F. 95, 1995 (im Druck).

Gerhard Weber

Die Steinzeiten

Die verschiedenen naturräumlichen Haupteinheiten des Allgäus (s. S. 13ff.) haben einen spürbaren Einfluß auf die menschliche Besiedlung während der Steinzeit gehabt; darüber hinaus sind sie für die Überlieferung des archäologischen Fundgutes von entscheidender Bedeutung.

Die Grünlandwirtschaft im südlichen Bereich der Donau-Iller-Lech-Platte, dem Voralpinen Hügel- und Moorland und den Alpen bietet nur geringe Auffindungsmöglichkeiten für steinzeitliche Funde. Sie wurden hauptsächlich an Aufschlüssen oder bei Baumaßnahmen entdeckt, archäologische Untersuchungen sind bisher selten. Der überwiegende Teil der Funde wurde von Laien zusammengetragen, ihre intensive Begehungtätigkeit wirkt sich positiv auf die Anzahl der Fundstellen aus (Abb. 3).

Der nördliche Teil der Donau-Iller-Lech-Platte wird ackerbaulich bewirtschaftet, was sich auch in der Zahl der vor allem neolithischen Funde widerspiegelt. Aber auch hier treten Fundplatzkonzentrationen hauptsächlich in verstärkt begangenen Gebieten auf. Der Bereich des mittleren Allgäus, etwa auf der Linie Isny−Kempten−Marktoberdorf weist nur wenige neolithische Funde auf, was sicher auf eine Forschungslücke zurückzuführen ist. Keramik fand sich nur an drei Plätzen, dabei zwei Komplexe aus Gruben. Die

Abb. 3   Fundstellen des Paläolithikums, Mesolithikums und Neolithikums (im Text erwähnte Fundstellen sind numeriert). 1 Mindelheim; 2 Buxheim-Aumühle; 3 Dirlewang-Helchenried; 4 Dirlewang; 5 Jengen-Weicht; 6 Rieden; 7 Westendorf-Dösingen; 8 Fuchstal-Weldermühle; 9 Aichstetten; 10 Kaufbeuren; 11 Stöttwang; 12 Legau; 13 Reichenhofen; 14 Dietmannsried; 15 Badsee; 16 Schwangau, »Forggensee 14«; 17 Schwangau, »Forggensee 2«; 18 Schwangau »Forggensee 6«; 19 Schwangau, »Forggensee 1«; 20 Schwangau »Forggensee 4«; 21 Schwangau, »Forggensee 3/2«; 22 Schwangau, »Forggensee 6«; 23 Schwangau, »Forggensee«; 24 Halblech-Buching; 25 Schwangau (Bannwaldsee); 26 Schwangau (Bannwaldsee); 27 Schwangau (Bannwaldsee); 28 Hopferau, »Pertlesbichl«; 29 Hopferau »Pertlesbichl«; 30 Schwangau-Horn; 31 Füssen-Weißensee; 32 Oberstdorf; 33 Sontheim.

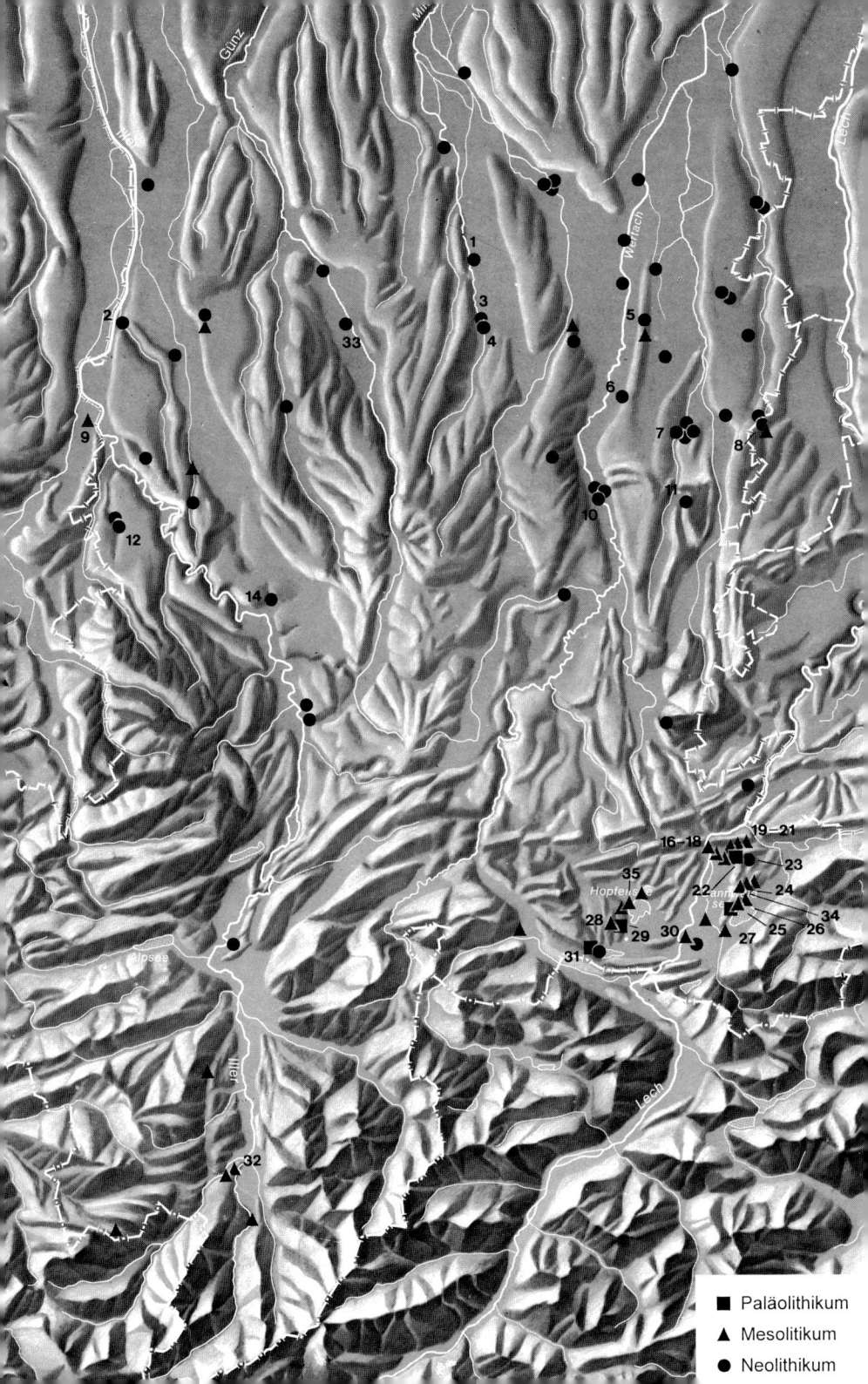

Paläolithikum ■
Mesolitikum ▲
Neolithikum ●

robusteren, besser erkennbaren Großsteingeräte dominieren auf neolithischen Fundstellen, Keramik unterliegt Umwelteinflüssen und ist, wie kleine Silexartefakte, oft nur schwer zu erkennen.

Paläolithikum (Altsteinzeit)

Die Altsteinzeit umfaßt alle Kulturäußerungen der Menschen des Eiszeitalters. In Alpennähe haben die Gletscher der letzten Eiszeit und ihre Schmelzwässer die Landschaft so nachhaltig überprägt, daß Siedlungsspuren in der Regel nicht mehr erhalten oder unter mächtigen Ablagerungen verschüttet sind. Funde aus dem Alt- oder Mittelpaläolithikum sind daher hier im allgemeinen nicht zu erwarten. Floren- und Faunenreste aus dem älteren Pleistozän zeigen, daß das Alpenvorland in den Zeiten zwischen den Gletscherhöchstständen gute Lebensbedingungen für Pflanzen und Tiere geboten hat. Es kann sicher mit einer Besiedlung durch den Menschen in diesen Perioden gerechnet werden, wenn auch die Erhaltungsbedingungen für archäologische Fundstellen denkbar schlecht sind.

Außerhalb der Jungendmoränen, d. h. des durch die letzte Eiszeit (Würmeiszeit) stark überprägten Bereiches, sollte man schon eher mit den Überresten älterpaläolithischer Besiedlung rechnen können. Der möglicherweise älteste Artefaktfund ist eine aus Jurahornstein gefertigte, bläulichweiß patinierte Gravettespitze aus Reichenhofen bei Leutkirch, nur wenig nördlich der Endmoräne (Abb. 4,2). Solche Geräte sind typisch für die Kultur des Gravettien

Abb. 4 Funde des Paläolithikums und des Mesolithikums. Jungpaläolithikum: 1 Schwangau, »Forggensee 6«; 2 Leutkirch i. A.-Reichenhofen. Spätpaläolithikum: 3–6 Hopferau, »Pertlesbichl«; 7–10 Füssen-Weißensee; 11–14 Schwangau (Bannwaldsee) »Judenberg«. Frühmesolithikum: 15 Hopferau-Scharrenmoos 2; 16–18 Hopferau, »Pertlesbichl«; 19–22 Schwangau (Bannwaldsee), »Judenberg«; 23 Aichstetten, Kr. Wangen, »Breitenbacher Köpfe«; 24–27 Halblech-Buching, »Bannwaldsee 2«; 28–30 Halblech-Buching, »Bayerniederhofen 1«; 31–37 Schwangau, »Feuerbichel«. Spätmesolithikum: 38–43 Schwangau, »Forggensee 2«; 44 Badsee I; 45 Oberstdorf, »Lumpental«; 46–49 Schwangau (Bannwaldsee), »Judenberg«; 50–54 Schwangau, »Forggensee 6«. M 1:2.

im mittleren Jungpaläolithikum, die ca. 25000–21000 ^{14}C-Jahre vor heute, kurz vor dem letzten Kältemaximum der letzten Eiszeit, anzusetzen ist.

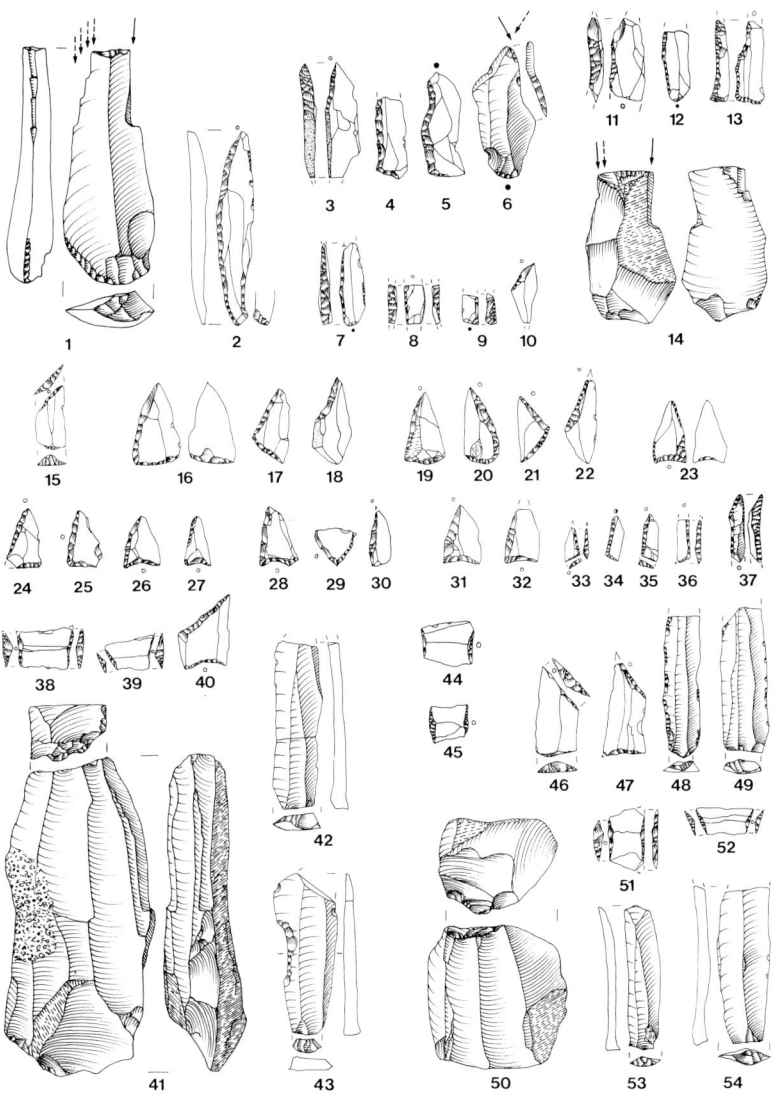

Nach dem Rückzug des Eises von den äußersten Jungendmoränen beginnt das Spätglazial (s. S. 19 f.). Während der Zeit nach dem Rückzug der Gletscher von den Höchstständen muß man sich das Alpenvorland als eine weitgehend offene Landschaft vorstellen, die durch die Nähe zum Vereisungsgebiet geprägt war. Allmählich, aber kontinuierlich siedelten sich wieder Bäume an, wie pollenanalytische Untersuchungen bezeugen. Große, in jahreszeitlichem Rhythmus wandernde Herden von Pferden und Rentieren lieferten den Menschen die wichtigste Lebensgrundlage. Seit dieser Zeit kann von günstigen Lebensbedingungen ausgegangen werden.

Archäologisch faßbare Kulturen treten ab etwa 14000 ^{14}C-Jahren vor heute mit dem jungpaläolithischen Magdalénien und dem darauffolgenden Spätpaläolithikum auf. Möglicherweise aus dem Magdalénien (in den vegetationsgeschichtlichen Perioden der Älteren Dryaszeit oder des Bölling-Interstadials) stammt ein Doppelstichel mit Endretusche vom > Nordufer des Forggensees bei Schwangau (Abb. 4,1). Das Werkzeug ist aus einer großen, kräftigen Jurahornsteinklinge gearbeitet und als Einzelfund im Bereich eines spätmesolithischen Fundplatzes aufgesammelt worden.

Das Spätpaläolithikum fällt in die vegetationsgeschichtlichen Perioden des relativ warmen Alleröd-Interstadials und der kälteren Jüngeren Dryaszeit zwischen etwa 11800 und 10500 ^{14}C-Jahre vor heute. Nur drei Plätze haben Artefakte geliefert, die eindeutig diesem Zeitraum zuzuweisen sind. Daß nur so wenige Fundstellen aus dem Allgäu bekannt sind, mag daran liegen, daß gerade Artefakte dieser Zeit sich nicht immer sicher von solchen des frühen Mesolithikums unterscheiden lassen. Zumindest im südlichen Ostallgäu und im oberen Illertal lassen sich spätpaläolithische Fundstellen unter den Plätzen vermuten, die in der Karte vermerkt sind. Die bisher älteste absolut datierte Fundstelle ist das > Abri »Unter den Seewänden« in Füssen-Weißensee, das in den Jahren 1984–1986 und 1988 ausgegraben worden ist. Je eine weitere Fundstelle befindet sich am Bannwaldsee (Abb. 4,11–14) und westlich des Hopfensees (Abb. 4,3–6). Beide Plätze liegen auf Geländeerhebungen und haben auch mesolithische Artefakte geliefert. Wegen dieser Vermischung ist eine Einschätzung des Siedlungscharakters nicht möglich. Die Reste der spätpaläolithischen Belegung werden an diesen Plätzen durch das Vorkommen von Rückenspitzen, Rückenmessern und Sticheln deutlich. Jurahornstein ist in geringem Maße vertreten. Besonders erwähnenswert ist die Rückenspitze von > Hopferau, die aus graublau gebändertem Plattenhornstein gefertigt ist, der aus Arnhofen bei Abensberg im Fränkischen Jura stammen könnte (Abb. 4,3).

Mesolithikum (Mittelsteinzeit)

Unter »Mittelsteinzeit« werden alle Kulturerscheinungen der nacheiszeitlichen Menschen verstanden, die als nicht seßhafte Jäger/Sammler/Fischer in der zunehmend dichter bewaldeten Landschaft lebten. Der Beginn des Mesolithikums ist geochronologisch durch den Anfang der Nacheiszeit definiert, sein Ende durch das Auftreten bäuerlicher Wirtschaftsweise.

Durch Grabungen in den Höhlen und Abris der oberen Donau konnten die Kulturerscheinungen des Mesolithikums in Südwestdeutschland chronologisch gegliedert und recht gute Vorstellungen von den sich wandelnden Umweltbedingungen gewonnen werden. Charakteristische Artefakte sind vor allem Mikrolithen − Pfeilspitzen oder schneidende Geräteeinsätze − deren Formen sich im Laufe der Zeit wandeln. Vier mittelsteinzeitliche Phasen sind vor allem aufgrund der Stratigraphie der Jägerhaushöhle bei Beuron an der oberen Donau beschrieben worden. ^{14}C-Daten und vegetationsgeschichtliche Untersuchungen führten zu folgender Einteilung: mittleres bis spätes Präboreal − Beuronien A (ca. 9500−9000 ^{14}C-Jahre v. h.), spätes Präboreal bis mittleres Boreal − Beuronien B (ca. 9000−8500 ^{14}C-Jahre v. h.), mittleres Boreal bis spätes Boreal − Beuronien C (ca. 8500−8000 ^{14}C-Jahre v. h.), spätes Boreal bis frühes Atlantikum − Spätmesolithikum (ab 8000 ^{14}C-Jahren v. h.).

Die mesolithischen Funde aus dem Allgäu lassen sich überwiegend gut in diese Gliederung einfügen. Es kann in der Regel von einer mehrfachen Belegung der überwiegend durch Oberflächenfunde bekannten Fundstellen in verschiedenen Perioden ausgegangen werden, die sich bei einigen Inventaren auch deutlich belegen läßt. 20 Plätze haben eine Besiedlung während des Frühmesolithikums ergeben. Bisher sind ein Inventar des Beuronien A (Abb. 4,15), vier des Beuronien B (z. B. Abb. 4,23–30) und vier des Beuronien C (z. B. Abb. 4,31–37) bekannt. Sechs Inventare gehören in ein Beuronien A oder B (z. B. Abb. 4,16–22), fünf lassen sich nur allgemein dem Frühmesolithikum zuweisen. Es ist ungewöhnlich für Süddeutschland, wo das Spätmesolithikum selten ist, daß von den 32 eindeutig mesolithisch belegten Plätzen immerhin 12 charakteristische spätmesolithische Artefakte aufweisen. Eine Konzentration von Fundstellen aus dieser Zeit findet sich am Nordufer des > Forggensees und am Westufer des Bannwaldsees. Ebenfalls vom Nordufer des Forggensees sind vier unterschiedlich große spätmesolithische Inventare bekannt (z. B. Abb. 4,38–43.50–54). Aus dem Bereich westlich des Bannwaldsee stammen spätmesolithische Artefakte von Fundstellen auf Geländeerhebungen, die auch schon im Frühmesolithikum aufgesucht worden sind (z. B. Abb. 4,46–49). Auch aus Oberstdorf im Oberallgäu sind zwei Plätze mit spätmesolithisch anmutenden Artefakten bekannt (Abb. 4,45). Eine Besiedlung der Allgäuer Alpen zu dieser Zeit ist wahrscheinlich, wie neue Funde der für die späte Mittelsteinzeit typischen regelmäßigen Klingen aus dem österreichischen Kleinwalsertal bezeugen.

Eine Holzkohleprobe von der Fundstelle Forggensee 2 ergab ein ^{14}C-Datum von 7980 ± 80 v. h. und bestätigt den postulierten Beginn dieser Kultur. Zur Frage nach der Dauer dieser Kulturerscheinung kann dagegen nichts ausgesagt werden, da die meisten Funde des Spätmesolithikums aus dem Allgäu nicht absolut datiert sind.

Die bisher bekannten Siedlungsplätze des Spätpaläolithikums und Mesolithikums sind fast ausschließlich Freilandstationen, die sich häufig auf den markanten Geländeerhebungen des Jungmoränenlandes in direkter Nähe von Gewässern befinden. In diesen Perioden wurden überwiegend lokale Silexmaterialien verwendet, allerdings treten in fast allen Inventaren auch Stücke auf, die aus

Jurahornstein gefertigt worden sind, der meist von der Schwäbischen Alb stammen dürfte. Wie typologische Merkmale der Steinwerkzeuge und die Silexrohstoffe nahelegen, kann das gesamte Voralpenland und die nördlichen Ausläufer der Alpen in spätpleistozäner und frühholozäner Zeit als zusammenhängender Wirtschafts- und Verkehrsraum angesehen werden, in dem sich die Jäger/Sammler/Fischergruppen in jahreszeitlichem Rhythmus bewegten und über weite Räume miteinander in Kontakt standen.

Neolithikum (Jungsteinzeit)

Die Jungsteinzeit beginnt mit dem Erscheinen der ersten Kulturen mit bäuerlicher Wirtschaftsweise. Dabei siedelte die Bevölkerung zunächst in Landschaften mit den besonders fruchtbaren Lößböden, auf denen Ackerbau betrieben werden konnte. In den jüngeren Phasen wurden auch Gebiete mit weniger guten natürlichen Voraussetzungen erschlossen. Viehhaltung und Waldwirtschaft spielen neben dem Ackerbau eine wesentliche Rolle.

Abb. 5   Funde des Alt- und Mittelneolithikums. 1–2 Buxheim; 3 Legau–Oberlandholz; 4 Dirlewang-Helchenried; 5 Schwangau, »Forggensee«, 6 Rieden. 3 M 1:2, sonst M 1:4.

33

Die Jungsteinzeit in Süddeutschland läßt sich grob in fünf Perioden gliedern, die auch im Allgäu vertreten sind. Auf das Altneolithikum mit der Kultur der Bandkeramik (ca. 5500–4900 v. Chr.) folgt das Mittelneolithikum (ca. 4900–4300 v. Chr.), das sich in verschiedene regionale Gruppen aufgliedern läßt. Das Jungneolithikum (ca. 4300–3400 v. Chr), ebenfalls mit unterschiedlichen Kulturgruppen, wird vom Spätneolithikum (3400–2700 v. Chr.) abgelöst, darauf folgt das Endneolithikum.

56 Fundstellen sind eindeutig neolithisch (Abb. 3). Lediglich fünf von ihnen haben Keramik geliefert, in vier Fällen ist sie zeitlich genauer einzuordnen. Die jungsteinzeitliche Besiedlung des Allgäus wird überwiegend durch Großgeräte aus Felsgestein deutlich (33 Fundstellen). Darüber hinaus führen an elf Fundpunkten flächenretuschierte Pfeilspitzen und in neun Fällen sonstige Silexgeräte zu einer Zuweisung in die Jungsteinzeit.

Der älteste Fund stammt nicht, wie erwartet werden könnte, aus den Lößgebieten im nördlichen Allgäu, sondern aus dem Voralpinen Hügel- und Moorland. Am Nordufer des > Forggensees kam ein Dechsel, wie er üblicherweise in bandkeramischem Zusammenhang vorkommt (Abb. 5,5), zutage. Über altneolithische Beilfunde außerhalb des typischen Siedelgebietes ist schon viel diskutiert worden; sie geben Anlaß, über die Beziehungen zwischen späten Jäger- und frühen Bauernkulturen nachzudenken.

Ein Großteil des Allgäus mit seinen mageren Böden ist für die frühneolithische Wirtschaftsweise nicht in Betracht gekommen. Damit kann aber nicht ausgeschlossen werden, daß sich hinter einigen der hier als spätmesolithisch vorgestellten Klingeninventaren auch Hinterlassenschaften von »Bandkeramikern« verbergen, die sich außerhalb ihrer Siedlungsgebiete aufgehalten oder dieses Umland ebenfalls genutzt haben.

Nur wenig nordöstlich des > Auerberges bei Bernbeuren befinden sich kleinere Lößgebiete. H. Küster hat bei seinen Untersuchungen an Pollenprofilen am Auerberg Getreidepollen im Langegger Filz festgestellt, die in bandkeramische Zeit datiert wurden. In allen dort untersuchten Profilen konnte er außerdem sporadische Siedeltätigkeit während des Altneolithikums durch die deutliche Anwesenheit von Spitzwegerich, der als charakteristischer Siedlungsanzeiger gilt, nachweisen.

Drei Schuhleistenkeile (Abb. 5,4) und eine dreieckige, beidseitig randlich retuschierte Pfeilspitze (Abb. 5,3) aus dem Bereich der Donau-Iller-Lech-Platte können sowohl in die Bandkeramik als auch in das darauffolgende Mittelneolithikum datieren. Keramik der mittelneolithischen Stichbandkeramik und Großgartacher Gruppe stammt aus zwei Siedlungsgruben, die in Buxheim bei Memmingen geborgen wurden (Abb. 5,1.2). Drei Beile und ein durchlochter Breitkeil (Abb. 5,6) aus dem nördlichen Allgäu können mittel- oder jungneolithischer Zeitstellung sein.

Die jungneolithische Besiedlung ist mit einer größeren Zahl von Beilen und flächenretuschierten Pfeilspitzen unterschiedlicher Form (z. B. Abb. 6,2), vor allem im Norden des Untersuchungsgebietes dokumentiert. Genauere Datierung lassen Knaufhammeräxte aus Kaufbeuren (Abb. 6,4) und Mindelheim zu, die ebenso der Altheimer Kultur zugerechnet werden können wie ein beidflächig

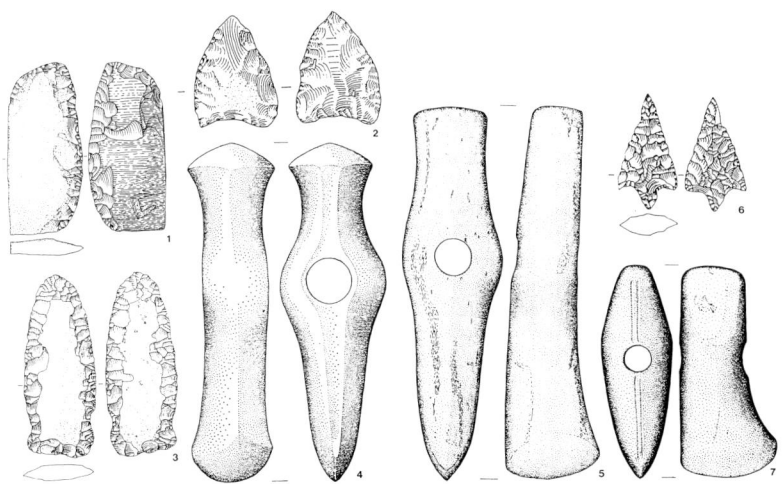

Abb. 6 Funde des Jung- und Endneolithikums. 1 Stöttwang; 2 Westendorf-Dösingen; 3 Fuchstal-Weldermühle; 4 Kaufbeuren; 5 Jengen-Weicht; 6 Dietmannsried; 7 Sontheim. 2, 6 M 1:2; 1, 3–5, 7 M 1:4.

bearbeitetes Messer aus Stöttwang im Ostallgäu (Abb. 6,1), das aus Baiersdorfer Plattenhornstein gefertigt ist. Aus Fuchstal/Weldermühle stammen mit Furchenstich verzierte Keramik und ein Dolch aus Plattenhornstein (Abb. 6,3), wahrscheinlich Überreste einer Pollinger Siedlung. Aus Dirlewang, Lkr. Unterallgäu, werden Funde der Michelsberger Kultur genannt, die bei der Ausgrabung des dortigen alamannischen Gräberfeldes entdeckt wurden.

Interessanterweise zeigt eine Reihe von Pollenprofilen aus den Alpen und dem direkten Alpenvorland eine deutlich zu bemerkende Siedeltätigkeit während des Jungneolithikums. Mit dem Profil vom Haslacher See am Auerberg konnte Küster seit der 1. Hälfte des 3. Jahrtausends v. Chr. kontinuierlich Getreideanbau nachweisen. Im Ammergebirge sind in den Pollenspektren Getreide, Siedlungsanzeiger und Hinweise auf Rodungsaktivitäten für die Zeit des Jungneolithikums in Moorprofilen in ca. 1150 m üNN erkennbar. Vergleichbares ist auch aus Pollenprofilen aus gleicher Höhe im Oberallgäu und im Kleinwalsertal bekannt. Nun lassen solche vereinzelten Ergebnisse keinen Rückschluß auf die dort ausgeübte Wirtschaftsweise zu, aber es wird deutlich, daß der Mensch seine natürliche Umgebung seit dem Jungneolithikum auch in den nördlichen Alpen spürbar verändert hat.

Elf Fundstellen mit steinernen Äxten sind entweder dem Jung- oder dem Endneolithikum zuzuweisen, für zwei Äxte kann man sicher endneolithische Zeitstellung annehmen (Abb. 6,5.7). Das ausgehende Neolithikum wird überwiegend durch gestielte, geflügelte Silexpfeilspitzen repräsentiert, die in der Regel als Einzelfunde auftreten (z. B. Abb. 6,6). Der bisher einzige bekannte Befund ist ein Grab der Glockenbecherkultur aus Kaltental-Gerbishofen. Endneolithische Funde sind vor allem im nördlichen Allgäu zu finden.

Zwar sind die Funde aus der Steinzeit im Allgäu, gemessen an anderen Regionen Deutschlands, noch recht spärlich, doch lassen sie einige Schlüsse auf die Besiedlungsgeschichte in urgeschichtlicher Zeit zu. Die Anbindung des Allgäu an die allgemeinen prähistorischen Entwicklungen in Süddeutschland wird dabei ganz deutlich. Die Verteilung der mesolithischen und neolithischen

Fundstellen scheint unterschiedliche Siedlungsräume anzudeuten. Zumindest in bezug auf die spätglazialen und frühholozänen Perioden kommt dieser Eindruck im nördlichen Allgäu mit Sicherheit durch eine Forschungslücke zustande. Ob die Verteilung der jungsteinzeitlichen Funde einen nur allmählichen Übergang von der wildbeuterischen zur bäuerlichen Wirtschaftsweise im alpennahen Allgäu widerspiegelt, läßt sich aufgrund des derzcitigen archäologischen Materialbestandes nicht beurteilen.

Literatur:
W. Bludau, Zur Paläoökologie des Ammergebirges im Spät- und Postglazial (1985). – H. Eberhard/E. Keefer u. a., Jungpaläolithische und mesolithische Fundstellen aus der Aichbühler Bucht. Fundber. Baden-Württemberg 12, 1987, 1 ff. – B. Frenzel, Die Vegetationsgeschichte Süddeutschlands im Eiszeitalter. In: H. Müller-Beck (Hrsg.), Urgeschichte in Baden-Württemberg (1983) 91 ff. – B. Gehlen, Steinzeitliche Funde im östlichen Allgäu. In: H.-J. Küster, Vom Werden einer Kulturlandschaft. Vegetationsgeschichtliche Studien am Auerberg (Südbayern) (1988) 195 ff. – G. Gulisano, Neue mittelsteinzeitliche Fundplätze im oberen Illertal und Kleinwalsertal. Arch.Inf. 17/1, 1994. – H. Oeschger/W. Taute, Radiokarbon-Altersbestimmungen zum süddeutschen Mesolithikum und deren Vergleich mit der vegetationsgeschichtlichen Datierung. In: W. Taute, (Hrsg.)., Das Mesolithikum in Süddeutschland 2 (1980) 15 ff. – P. Schröter, Eine mittelneolithische Siedlung bei Memmingen im Bayerischen Oberschwaben (Buxheim, Ldkr. Memmingen). Arch.Korrbl. 4.2, 1974, 121 ff. – W. Taute, Ausgrabungen zum Spätpaläolithikum und Mesolithikum in Süddeutschland. In: Ausgrabungen in Deutschland (1975), 64 ff. – P. Wischenbarth, Eine mesolithische Freilandfundstelle mit Konchylienfunden im Lkr. Neu-Ulm. Arch.Korrbl. 21, 1991, 203 ff.

Birgit Gehlen

Bronze- und Eisenzeit

Der Forschungsstand zu den Metallzeiten im Allgäu ist denkbar schlecht. Großflächige Grabungen neueren Datums fehlen. Kleinere Aktionen sind vereinzelt in Vorberichten veröffentlicht. Der Großteil des Fundmaterials in Privatbesitz und kleinen regionalen Museen ist nur schwer zugänglich.

Das Fundbild (Abb. 7 u. 10) ist für alle Zeitstufen durch die Entdeckungsbedingungen geprägt. Bodenfunde sind in der Regel nur in den nördlichen Teilen des Allgäus möglich, wo neben der Weide- und Waldwirtschaft in größerem Umfang Ackerbau betrieben wird. Verhältnismäßig gut sind dagegen die Erhaltungsbedingungen für obertägige Bodendenkmäler wie Grabhügel und Wallanlagen. Ein zweiter Faktor, der das Fundbild um Türkheim, Kirchheim und im Kaufbeurer Raum entscheidend prägt, ist der Wirkungskreis und das Interessengebiet regional tätiger Sammler.

Bronzezeit (2000–1200 v. Chr)

Das Fundmaterial der Bronzezeit kommt überwiegend aus dem nördlichen Allgäu. Hinweise auf eine dauerhafte Besiedlung des südlichen Allgäus geben Ausgrabungen von 1994 in Sonthofen (Abb. 7,14). Allerdings kann mit den wenigen Befunden – Feuerstellen und Gruben mit mittelbronzezeitlicher Keramik – vorerst noch kein klares Bild gezeichnet werden. Ein durch einen Prügel-

Abb. 7 Fundstellen der Bronze- und Urnenfelderzeit (im Text erwähnte Fundstellen sind numeriert). 1 Türkheim, »Goldberg«; 2 Buchloe-Honsolgen; 3 Memmingen-Volkratshofen; 4 Ottobeuren-Haizen; 5 Kronburg; 6 Grönenbach-Ittelsburg; 7 Grönenbach-»Falken«; 8 Kaufbeuren, »Vordere Märzenburg«; 9 Bidingen, »Sachsenrieder Forst«; 10 Osterzell-Ödwang; 11 Altusried-Ottenstall; 12 Burgberg i. A., »Agathazeller Moor«; 13 Schwangau-Hohenschwangau; 14 Sonthofen.

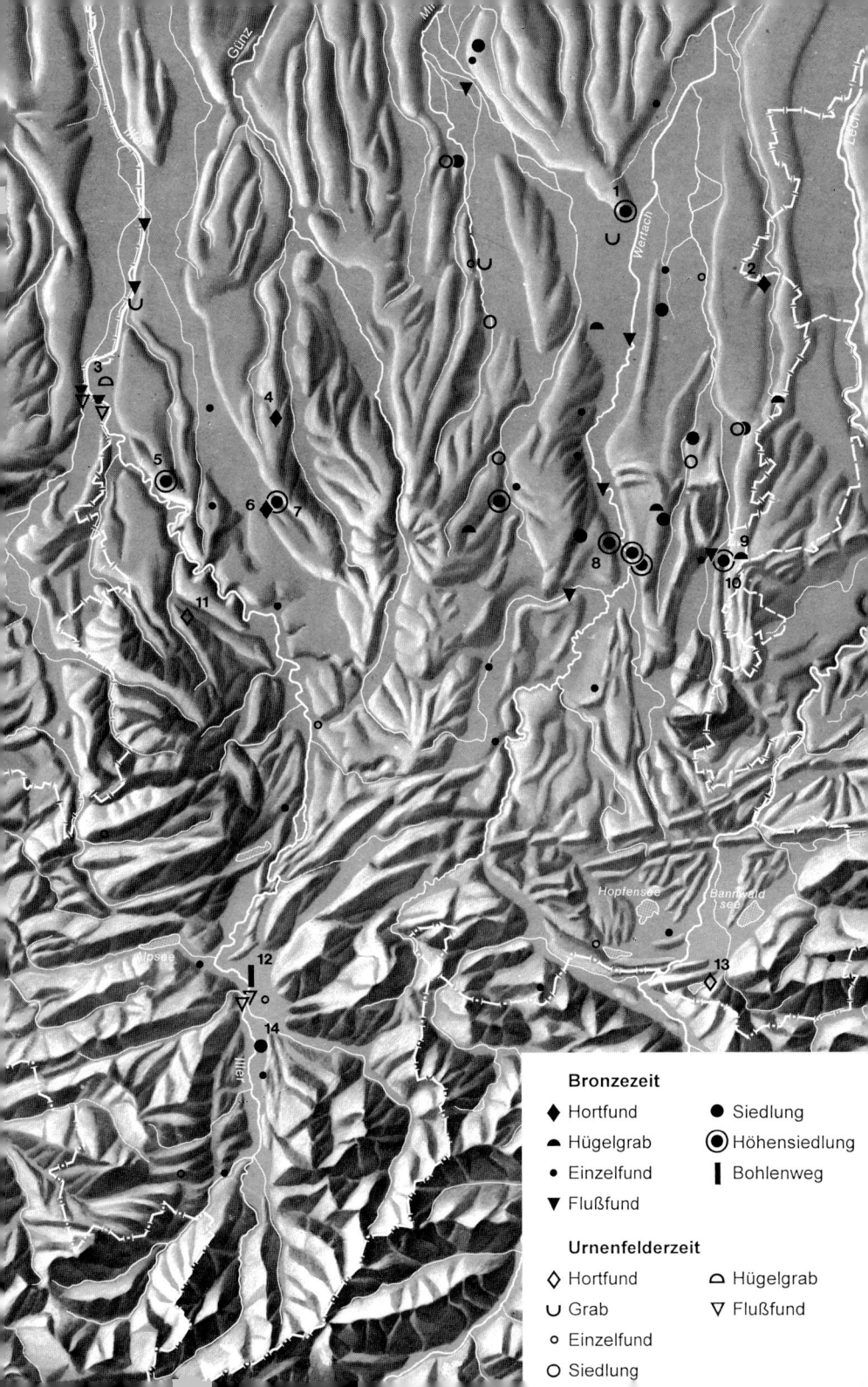

Bronzezeit

◆ Hortfund   ● Siedlung

◖ Hügelgrab   ◉ Höhensiedlung

• Einzelfund   ▮ Bohlenweg

▼ Flußfund

Urnenfelderzeit

◇ Hortfund   ◠ Hügelgrab

∪ Grab   ▽ Flußfund

○ Einzelfund

◯ Siedlung

weg datiertes Pollenprofil im Agathazeller Moor (Abb. 7,12) belegt bronzezeitlichen Ackerbau in dieser Region. Hier ist noch mit weiteren Entdeckungen zu rechnen, wie Einzelfunde erwarten lassen, die zumindest eine Begehung bis in die Gebirgszone hinein anzeigen.

Im Norden sind alle Fundgattungen vertreten, wenn sie sich auch nicht gleichmäßig über die gesamte Dauer der Bronzezeit verteilen. Verbreitungsschwerpunkte liegen im nördlichen Kreis Ostallgäu und dem Raum südlich von Memmingen (Abb. 7).

Grab- und Siedlungsfunde der älteren Bronzezeit sind noch nicht nachgewiesen. Aus dieser Periode sind bisher nur Einzel- und Depotfunde bekannt. Der Schmuckfund aus dem Moor von Buchloe-Honsolgen (Abb. 7,2) muß wohl als Hortfund interpretiert werden, ebenso wie die Funde von Haizen bei Ottobeuren (Abb. 7,4) und vom > Falken bei Grönenbach-Ittelsburg (Abb. 7,6), die u. a. Sicheln, Beile, Waffen und Rohmaterial erbrachten.

In der mittleren und späten Bronzezeit sind auch Siedlungen und Gräber belegt. Die fünf Fundorte mit Grabfunden aus Hügeln beschränken sich auf das nordöstliche Allgäu, wo auch der Schwerpunkt der Siedlungen liegt. Exemplarisch seien hier Funde (Abb. 8) aus dem Grabhügelfeld im Sachsenrieder Forst (Abb. 7,9) und der unmittelbar benachbarten > Welberschanze bei Osterzell-Ödwang (Abb. 7,10) vorgestellt. Ob die Befestigungsanlagen dieser Schanze und die anderer Höhensiedlungen, die nach dem Oberflächenbefund sehr wohl in vorgeschichtlicher Zeit entstanden sein können, schon zur Bronzezeit bestanden, müssen Ausgrabungen erst erweisen. Nur die Grabenanlage auf dem > Goldberg bei Türkheim (Abb. 7,1) ist sicher in die Bronzezeit zu datieren. Die Besiedlung dieser Plätze in der Bronzezeit belegen wenige Scherbenfunde. Einige Anlagen, wie der > Falken bei Grönenbach-Ittelsburg (Abb. 7,7) und die Befestigung auf dem Roßrücken bei Kronburg (Abb. 7,5), waren auch in den folgenden vorgeschichtlichen Perioden besiedelt und wurden vor allem im frühen Mittelalter mit umfangreichen Befestigungen versehen.

Flußfunde mit oft wenig gesicherten Fundumständen sind aus der

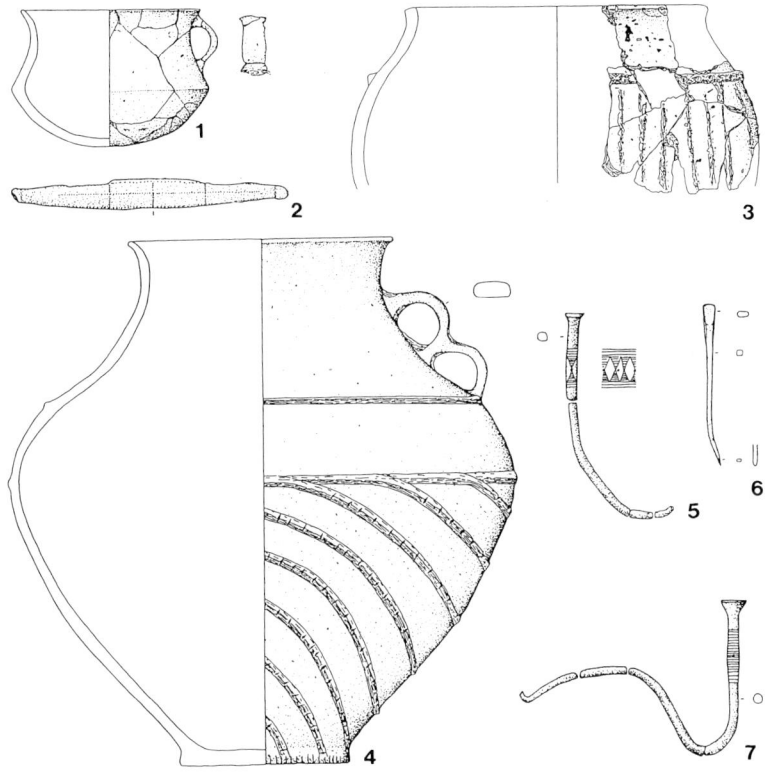

Abb. 8 Bronzezeitliche Funde von Osterzell-Ödwang, »Welberschanze« und aus Grabhügeln von Bidingen, »Sachsenrieder Forst«. Unterschiedl. Maßstäbe.

Iller bei Mindelheim und der Wertach bei Kaufbeuren bekannt. Es handelt sich fast ausschließlich um Beile und Schwerter, die in den Gewässern deponiert wurden. Die Auswahl der Gegenstände bei den Einzelfunden, hauptsächlich Waffen, wieder überwiegend Beile und Schwerter, aber auch Dolche und Lanzenspitzen, läßt an absichtliche Deponierungen denken, die in Verbindung mit den Gewässerfunden gesehen werden können.

Schon am Ende der Bronzezeit zeigt sich im Fundanfall ein Rückgang der Besiedlung, der sich in der Urnenfelderzeit anscheinend fortsetzt. Zu berücksichtigen sind hier aber in jedem Falle die schlechten Auffindungsbedingungen der für diese Zeit typischen Flachgräber und Probleme bei der Feindatierung der in unserem Raum nur wenig erforschten spätbronze-, urnenfelder- und auch hallstattzeitlichen Siedlungskeramik.

Die Fundarten und die Verbreitung der Fundstellen entsprechen weitgehend der der bronzezeitlichen Funde (Abb. 7). Soweit die wenigen Fundpunkte überhaupt einen Besiedlungsschwerpunkt erkennen lassen, liegt er wieder im nördlichen Teil des Allgäus, doch reichen auch in dieser Epoche die Einzel- und Hortfunde bis in den Süden, wo sie zumindest eine Begehung der Gebirgszone anzeigen.

Spärlich vertreten und außer den späturnenfelderzeitlichen Grabhügelbestattungen von >Memmingen-Volkratshofen (Abb. 7,3) sehr schlecht dokumentiert sind die Gräber dieser Epoche. Entsprechend verhält es sich bei den Siedlungsfunden – Lesefunde und Komplexe aus Notbergungen, denen keine Befunde zuzuordnen sind. Eine zeitliche Differenzierung und Wertung der Gräber und Siedlungen läßt der derzeitige Forschungsstand nicht zu.

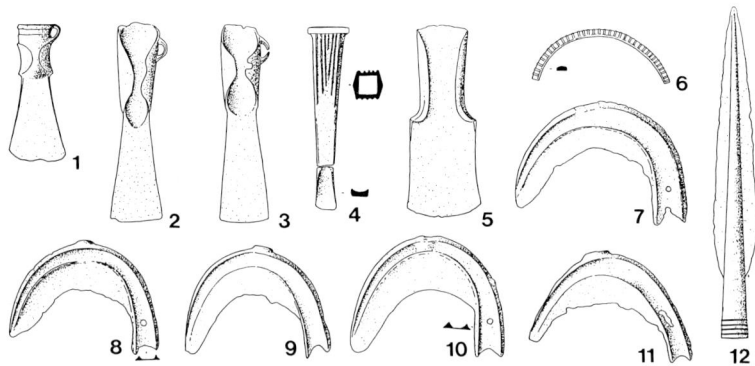

Abb. 9   Altusried-Ottenstall. Funde aus dem Depot. M 1:6.

In Fluß- und Einzelfunden sind die gleichen Fundkategorien vertreten wie schon in der Bronzezeit. Sie gehören wieder überwiegend zur männlichen Waffenausstattung. Bei den beiden Hortfunden handelt es sich um Altfunde aus dem letzten Jahrhundert. Sicher nicht mehr vollständig ist der umfangreiche Hortfund (Abb. 9) von Altusried-Ottenstall (Abb. 7,11) mit ursprünglich über 32 Einzelteilen – Sicheln, Beilen, einem Armring, einer Lanzenspitze und einem Tüllenmeißel – aus der jüngsten Phase der Urnenfelderzeit. Das gleiche gilt für den Fund von Hohenschwangau (Abb. 7,13), von dem nur noch drei Lappenbeile erhalten sind.

Hallstattzeit (750–500 v. Chr.)

Anders als in der Bronze- und Urnenfelderzeit kommt in der Hallstattzeit der weitaus größte Teil des Fundmaterials aus den zahlreichen Grabhügeln, die schon seit Beginn des letzten Jahrhunderts das Interesse der Ausgräber auf sich zogen. Siedlungsfunde sind selten, Hort- und Flußfunde fehlen völlig. Bei den wenigen Einzelfunden handelt es sich wohl um Reste zerstörter Gräber.

Die Besiedlung konzentriert sich wieder im Norden des Arbeitsgebietes (Abb. 10), wie die Verbreitung der Grabhügel zeigt. Die größten Nekropolen mit weit über 100 Hügeln liegen im Mindel- und Wertachtal. Das ausgedehnteste bekannte Grabhügelfeld des Allgäus bei Mindelheim-Nassenfels (Abb. 10,2) wurde schon 1829 vermessen. Leider sind von den ehemals über 200 Hügeln heute nur noch wenige in einem Waldstück erhalten. Der Rest ist völlig verflacht und vom Pflug weitgehend zerstört. Die Nekropolen finden sich in den Flußniederungen oder an den Rändern der Höhen über den Tälern, auffälligerweise oft an ausgesprochenen Aussichtspunkten (Abb. 11).

Über den hallstattzeitlichen Grabritus sind wir, nicht nur im Allgäu, dank zahlreicher, auch neuerer Untersuchungen wie in > Bad-Wörishofen-Schlingen (Abb. 10,10) und > Memmingen-Volkratshofen (Abb. 10,9) vergleichsweise gut informiert. In der älteren Hallstattzeit überwiegt der Brandritus. Der Leichenbrand

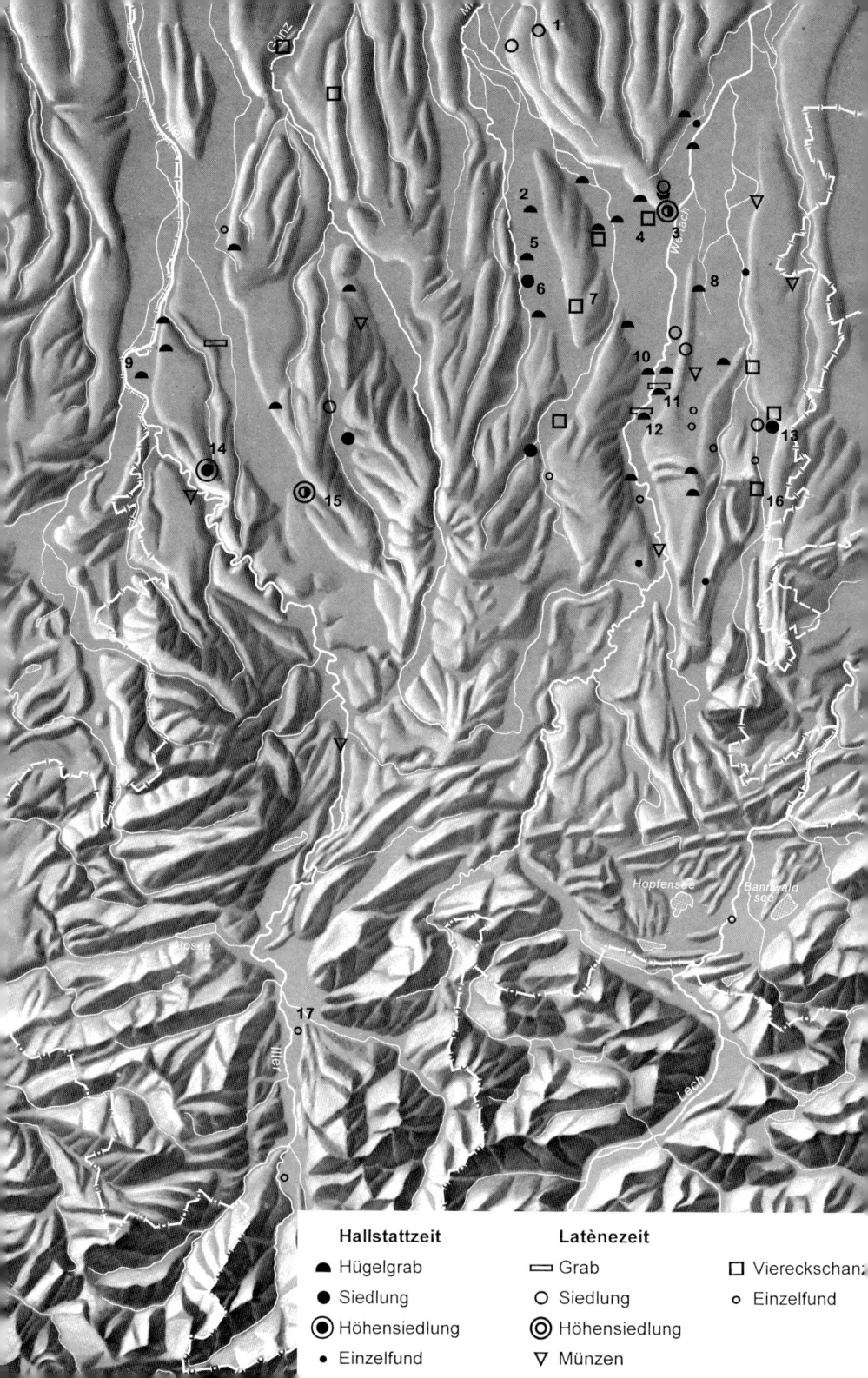

Hallstattzeit

◗ Hügelgrab

● Siedlung

◉ Höhensiedlung

• Einzelfund

Latènezeit

▭ Grab

○ Siedlung

◉ Höhensiedlung

▽ Münzen

□ Viereckschanz

○ Einzelfund

wurde zusammen mit einem umfangreichen Keramiksatz aus Vorratsgefäßen, Schöpfern, Schalen und Tellern in einer hölzernen Kammer beigesetzt, über der dann ein Hügel aufgeschüttet wurde. Gräber hervorgehobener Persönlichkeiten können wie in Mindelheim (Abb. 10,5) neben qualitätvoller Keramik mit Pferdegeschirr und Schwert ausgestattet sein (Taf. 2). In der jüngeren Hallstattzeit überwiegen dann Körpernachbestattungen in den Hügelschüttungen mit Trachtzubehör, Schmuck und nur wenig Keramik. Neben den vielen Gräbern der älteren sind erst sehr wenige der jüngeren Hallstattzeit bekannt. Dies mag auch an den alten Grabungen, die sich auf das Hügelzentrum beschränkten, und an den schlechteren Erhaltungsbedingungen in den Hügelschüttungen liegen.

Über das Siedlungswesen sind wir nur schlecht unterrichtet. Die besten Befunde liegen bisher vom > Goldberg bei Türkheim vor (Abb. 10,3). Die mit zwei Gräben befestigte Niederlassung wird als Herrenhof zu deuten sein. Die Innenbebauung ist durch römische Überbauung weitgehend zerstört. Hallstattzeitliches Fundmaterial ist auch von den Höhensiedlungen bei Kronburg (Abb. 10,14) und vom > Falken bei Grönenbach-Ittelsburg (Abb. 10,15) bekannt. Mit den Befestigungen läßt es sich jedoch ohne Grabungen nicht in Verbindung bringen. Siedlungsbefunde – Teile von Hausgrundrissen, Gruben und Werkplätze, die sehr wahrscheinlich zur Metallverarbeitung dienten, – wurden bei Notbergungen auf der Autobahntrasse bei Apfeltrach südlich von Mindelheim (Abb. 10,6) und bei Kaltental-Gerbishofen (Abb. 10,13) freigelegt. Die auf Teilflächen beschränkten und unter sehr schlechten Bedingungen durchgeführten Maßnahmen lassen leider keinen Schluß auf Dauer, Aufbau und Größe der Siedlungen zu. Eine chronologische Unterteilung der Siedlungsfunde ist derzeit noch nicht möglich. Weit außerhalb des Verbreitungsgebietes der bisher behandelten Fundplät-

Abb. 10 Fundstellen der Hallstatt- und Latènezeit (im Text erwähnte Fundstellen sind numeriert). 1 Eppishausen-Haselbach; 2 Mindelheim-Nassenfels; 3 Türkheim, »Goldberg«; 4 Türkheim, »Poenburg«; 5 Mindelheim; 6 Apfeltrach; 7 Dirlewang; 8 Wiedergeltingen; 9 Memmingen-Volkratshofen; 10 Bad Wörishofen-Schlingen; 11 Rieden-Zellerberg; 12 Pforzen; 13 Oberostendorf-Gerbishofen; 14 Kronburg; 15 Grönenbach-»Falken«; 16 Kaltental-Frankenhofen; 17 Sonthofen.

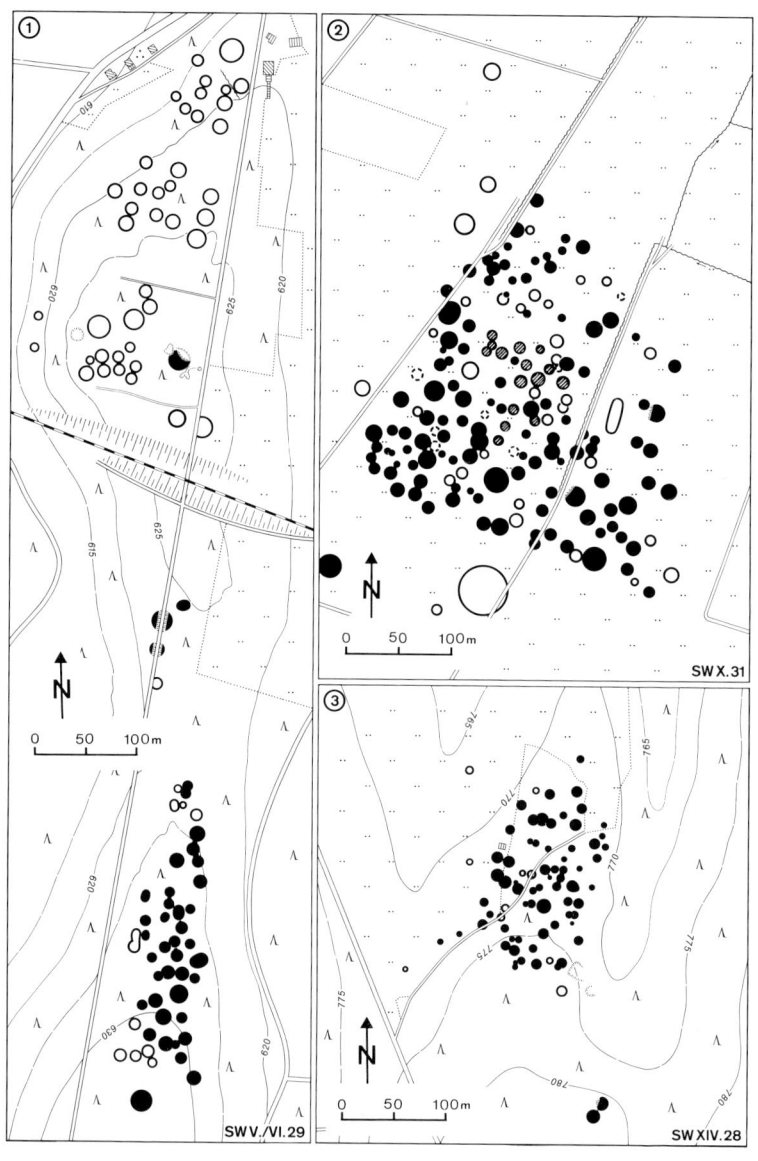

Abb. 11   1 Wiedergeltingen; 2 Pforzen; 3 Bidingen. Topographie der Grabhügelfelder.

ze wurden südlich von Pfronten Teile eines nach ^{14}C-Datierungen (540–50 v. Chr.) hallstattzeitlichen Bohlenweges entdeckt. Dies ist bisher der einzige Fund, der auf eine Besiedlung der Gebirgszone schließen läßt.

Latènezeit (500–15 v. Chr.)

Das Verbreitungsbild (Abb. 10) der Funde der Latènezeit entspricht in vielem dem der Bronze- und Urnenfelderzeit (Abb. 7). Der Schwerpunkt der keltischen Besiedlung liegt wieder im Norden, vor allem aber im Nordosten. Einzelfunde zeigen eine Begehung der Gebirgszone an. Funde aus der Frühlatènezeit fehlen bisher. Die bekannten Grabfunde, ein Flachgrab und zwei Nachbestattungen in Hügeln, datieren in die mittlere Latènezeit, aus der nur wenige Siedlungs- und Einzelfunde stammen, darunter ein Schlüssel mit einer Stierkopfplastik am Griff (Abb. 12) aus Sonthofen (Abb. 10,17). Verhältnismäßig häufig sind Siedlungsfunde der Spätlatènezeit, überwiegend Graphittonkeramik, wie sie auch in

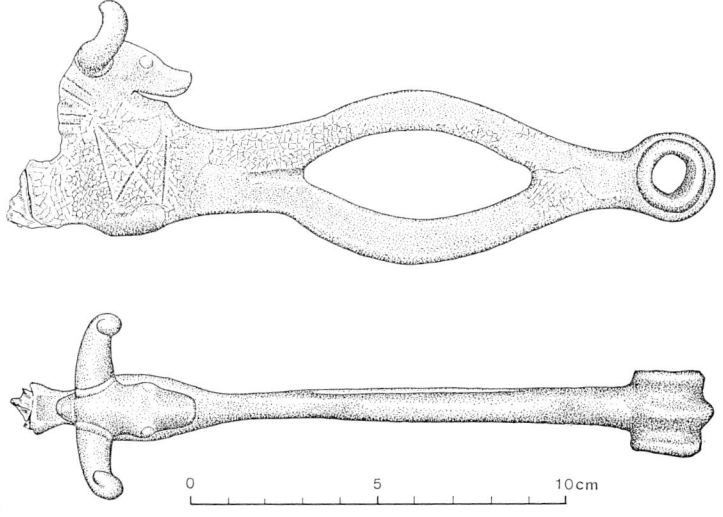

Abb. 12   Sonthofen. Latènezeitlicher Schlüsselgriff.

einer Töpferei mit einem Brennofen bei Eppishausen-Haselbach (Abb. 10,1) entdeckt wurde.

In diese Zeit werden auch die Viereckschanzen datiert. Der Verbreitungsschwerpunkt dieser meist in den Tallagen zu findenden rechteckigen Wall-Graben-Anlagen liegt wieder im Nordosten. Aussagekräftige Grabungsbefunde aus diesen als Kultstätten angesprochenen Geländedenkmälern fehlen im Allgäu noch. Die Prägung und Verbreitung von Münzen, die generell am Ende der Latènezeit ihren Höhepunkt erreicht, findet hier ihren Niederschlag nur in wenigen Einzelfunden von goldenen Regenbogenschüsselchen. An die Fundortangabe »Sontheim« eines Goldmünzschatzes aus der Hand eines Sondengängers kann wegen der unwahrscheinlichen und mit zahlreichen Ungereimtheiten behafteten Fundgeschichte nur der glauben, der Interesse an einem in Bayern gelegenen Fundort hat.

Fundmaterial der 2. Hälfte des 1. Jahrhunderts v. Chr. fehlt, womit sich auch im Allgäu die in weiten Teilen Süddeutschlands beobachtete Besiedlungslücke vor der römischen Okkupation anzeigt.

Literatur:

Christlein, Marktoberdorf. – F. Holste, Die bronzezeitlichen Vollgriffschwerter Bayerns. MBV 4 (1953). – F. Innerhofer, Die Bronzezeit in Schwaben. In: H. Frei u. a. (Hrsg.), Hist. Atlas von Bayerisch-Schwaben Bl. III, 2 (3. Lieferung 1990). – Kossack, Südbayern. – W. Krämer, Die Grabfunde von Manching und die latènezeitlichen Flachgräber in Südbayern. Die Ausgrabungen in Manching 9 (1985). – K. Mansel, Ein latènezeitlicher Schlüssel mit Stierplastik aus Sonthofen im Allgäu. Germania 67, 1989, 572 ff. – M. Menke, Studien zu den frühbronzezeitlichen Metalldepots Bayerns. Jahresber. Bayer. Bodendenkmalpfl. 19/20, 1978/79, 5 ff. – H. Müller-Karpe, Beiträge zur Chronologie der Urnenfelderzeit nördlich und südlich der Alpen. Röm.-Germ. Forsch. 22 (1959). – H. Schmeidl, Der bronzezeitliche Prügelweg im Agathazeller Moor. Bayer. Vorgeschbl. 27, 1962, 131 ff. – L. Sperber, Untersuchungen zur Chronologie der Urnenfelderkultur im nördlichen Alpenvorland von der Schweiz bis Oberösterreich. Antiquitas 3, 29 (1987). – F. Stein, Bronzezeitliche Hortfunde in Süddeutschland. Saarbrücker Beitr. z. Altkde. 23 (1976). – W. Torbrügge, Die Bronzezeit in Bayern. Ber. RGK 40, 1959, 1 ff. – Ders., Vor- und frühgeschichtliche Flußfunde. Ber. RGK 51–52, 1970–71, 1 ff. – H. P. Uenze, Drei spätlatènezeitliche Keramikfunde aus dem südlichen Schwaben. In: Forschungen zur Geschichte der Keramik in Schwaben. Arbeitsh. d. Bayer. Landesamtes f. Denkmalpfl. 58 (1993) 51 ff. – St. Winghart, Vorgeschichtliche Deponate im ostbayerischen Grenzgebirge und im Schwarzwald. Ber. RGK 67, 1986, 89 ff.

Hanns Dietrich

Die frühe und mittlere römische Kaiserzeit

Der aus Amaseia in Kleinasien stammende griechische Historiker und Geograph Strabon (ca. 64/63 v.–18/23 n. Chr.) schreibt in seiner »Geographika«: ». . . auch die Estionen gehören zu den Vindelikern, ebenso die Brigantier; und ihre Städte (sind) *Brigantion* und *Kambodounon*, und die der Likatier, gleich einer Akropolis, (ist) *Damasia*.«

Die historische Forschung stimmt weitgehend darin überein, in den genannten Namen die vindelikischen, also keltischen, Stammesgruppen zu sehen, die zur Zeit der römischen Okkupation im westlichen Bodenseegebiet und in wesentlichen Teilen des heutigen Allgäus ansässig waren: die Brigantier mit ihrem Zentralort *Brigantium*-Bregenz, die Estionen mit *Cambodunum*-Kempten und die Likatier – als Anwohner des Lech (*Licca*) – mit ihrer Höhensiedlung *Damasia*, deren Identifikation mit dem Auerberg bei Bernbeuren naheliegt. Aus archäologischer Sicht (s. S. 48) scheinen die genannten Gebiete im 1. Jahrhundert v. Chr. nahezu unbesiedelt gewesen zu sein, insbesondere im Zeitraum der römischen Okkupation der späteren Provinz Rätien. Nach der Ausweitung des römischen Imperiums im Osten – beginnend mit der vertraglichen Einbindung des *regnum Noricum* Ende des 2. Jahrhunderts v. Chr. – und in den gallischen und germanischen Ländern im Westen, eingeleitet von Cäsars Feldzügen, war die Eroberung Rätiens eine »konsequente Folge«. Die Okkupation wurde von römischer Seite mit angeblich wiederholten grausamen Übergriffen der Alpenbewohner offiziell gerechtfertigt. Schon 25 v. Chr. wurden im Aostatal die Salasser unterworfen. Spätestens 23 v. Chr. war der Trienter Raum im direkten römischen Einflußgebiet. 16 v. Chr. kämpft der Prokonsul P. Silius Nerva siegreich gegen die *Cammuni* im Val Camonica und die *Vennii* im mittleren Alpengebiet.

15 v. Chr. zwang der 23jährige Drusus, ein Stiefsohn des Kaisers

Augustus, die Räter zum Rückzug wohl ins obere Etschtal. Im Frühsommer desselben Jahres zogen Drusus, sein Bruder und späterer Kaiser Tiberius und der Konsul L. Calpurnius Piso auf verschiedenen Routen über die Alpen. Drusus dürfte über den Brenner oder/und Reschenpaß nach Norden vorgestoßen sein; Tiberius und Piso im Westen vielleicht über das Rhonetal von Gallien her und über die Bündner Pässe in das Oberrheintal. Am 1. August, dem Geburtstag des Kaisers, vereinigten sich die Heere in der Bodenseegegend und beendeten in einer »schweren Schlacht« den Sommerfeldzug.

Archäologisch läßt sich dieser Feldzug bislang im Allgäuer Raum nicht nachweisen. Eine kleine Serie augusteischer Sigillaten und das Spektrum der ältesten Fibelfunde aus Bregenz ließen dort einen okkupationszeitlichen Militärplatz vermuten. Ein jüngst entdeckter einheimischer Opferplatz mit römischen Waffen südlich von Oberammergau wird aus guten Gründen mit dem Drusus-Feldzug

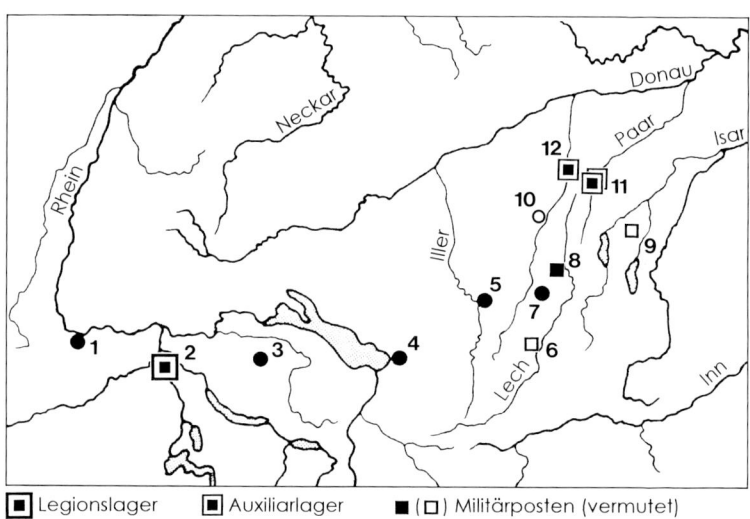

Abb. 13 Das Alpenvorland um 20 n. Chr.: 1 Augst; 2 Windisch; 3 Oberwinterthur; 4 Bregenz; 5 Kempten; 6 Füssen; 7 Auerberg; 8 Epfach; 9 Gauting; 10 Schwabmünchen; 11 Friedberg-Rederzhausen; 12 Augsburg.

in Verbindung gebracht. Auch nach dem Jahr 15 v. Chr. sind Kampfhandlungen nicht auszuschließen. Man denke an die Zwangsrekrutierung der waffenfähigen Männer in einer Zeit, da nach einer Bemerkung bei Cassius Dio (54,22,2) das Land an der Schwelle eines Aufruhrs stand. Erst ab ca. 15 n. Chr. und vor allem in späteren schriftlichen Quellen wird eine Art rätische Heimatmiliz (*iuventus Raetorum*) – wenigstens acht Racter- und vier Vindelikerkohorten – faßbar sowie »gemischte« *cohortes Raetorum et Vindelicorum*.

Die Zuordnung der namentlich genannten Stämme im Alpen- und nördlichen Voralpengebiet zur »Volksgruppe« der Räter und Vindeliker ist nicht immer einheitlich. Auf dem 7/6 v. Chr. errichteten monumentalen Denkmal zur Feier des Sieges über die Alpenvölker, dem *Tropaeum Alpium* in La Turbie hoch über Monaco, werden 45 Völkerschaften genannt. Unter den vier aufgeführten vindelikischen Stämmen lassen sich nur die *Licates* sicher mit den bei Strabon erwähnten Lechanwohnern gleichsetzen.

Auch am Beginn unserer Zeitrechnung gibt es nur wenige archäologische Nachweise einer römischen Präsenz: am wichtigsten sicher der von ca. 8/5 v. Chr.–ca. 9 n. Chr. bestehende Militärstützpunkt in Augsburg-Oberhausen und ein Militärposten auf dem Lorenzberg bei *Abodiacum*-Epfach. Im zivilen Bereich läßt sich nördlich von Füssen zumindest eine Art Kontinuität an einigen »rätischen Brandopferplätzen« (Abb. 17) aus vorrömischen Traditionen bis in die frühe römische Kaiserzeit beobachten.

Dendrochronologische Untersuchungen ergaben für die Errichtung der ersten Holzbauten im *vicus Vitudurum*-Oberwinterthur das Datum 1 v. Chr. Eine Ehreninschrift für Lucius Caesar, Enkel und Adoptivsohn des Augustus, aus der Zeit zwischen 3 v.–2 n. Chr. ist in Chur erhalten geblieben.

Erst ins 2. Jahrzehnt n. Chr. dürften die frühesten Belege einer kleinen »nichtrömischen« Kulturgruppe (Typ Heimstetten) gehören. Die fremdartigen Trachtenelemente und die im zeitgleichen römischen Totenbrauchtum nicht üblichen Körperbestattungen lassen sich nicht ohne weiteres mit alpinen Traditionen erklären. Im Allgäuer Raum sind die möglicherweise zugewanderten

»Heimstettener« Siedler bislang nur im Fundgut des römischen *Cambodunum* (vgl. Abb. 34 b) nachweisbar.

Spätestens im 2. Jahrzehnt n. Chr. besteht nun eine Reihe von Siedlungs- und Militärplätzen im Voralpengebiet: *Brigantium*-Bregenz (Abb. 13 u. 17), > *Cambodunum*-Kempten und die mit einer Rasensodenmauer und einem vorgelagerten Spitzgraben befestigte Höhensiedlung auf dem > Auerberg bei Bernbeuren (Abb. 13), in der verschiedene Handwerker u. a. militärisches Gerät herstellten (Abb. 14). Mit einem in > Füssen vermuteten und dem in *Abodiacum*-Epfach gesicherten Militärposten ist die N–S-Route der späteren > Via Claudia Augusta (Abb. 17, 36) markiert, die ihr vorläufiges Ziel in Augsburg findet, wo seit kurzem ein knapp 8 ha großes Kastell mit zugehörigem Kastelldorf archäologisch erschlossen werden konnte. Mit Bregenz, Kempten, Epfach und einem in Gauting vermuteten Militärposten wird aber auch die strategisch wichtige Fernverbindung vom Standlager der 13. Legion im obergermanischen *Vindonissa*-Windisch ins norische *Iuvavum*-Salzburg und zur mittleren Donau deutlich.

Mit Sextius Pedius Hirrutus und C. Octavius Sagitta werden die ersten hochrangigen römischen Befehlshaber inschriftlich faßbar. Hirrutus, als Präfekt der Räter, Vindeliker, des Wallis und der »leichten Miliz«, wohl zwischen 14 und spätesten 18 n. Chr. in Rätien tätig, und Sagitta, vielleicht noch vor Hirrutus, als »Prokurator des Kaisers Augustus in Vindelikien, Rätien und im Wallis«. Beide standen keinem selbständigen Verwaltungsgebiet vor und waren wohl dem Rheinkommando unterstellt. Wenn 14 n. Chr. Germanicus Veteranen – angeblich zum Schutz gegen einen drohenden Überfall der Sueben – vom Rheinland nach Rätien abordnet, kehren damit vielleicht auch einige rekrutierte Soldaten in »heimisches Land« zurück und gehören mit ihren in der Fremde angeheirateten Frauen zu den ersten Siedlern.

Zur Regierungszeit des Kaisers Tiberius (14–37 n. Chr.) entwikkeln sich in Bregenz, Kempten, Epfach, Schwabmünchen und am Augsburger Kastell sehr rasch zivile Siedlungen (Abb. 17). Sie bestehen zunächst ausschließlich aus Holzbauten; zahlreiche Funde von militärischer Ausrüstung lassen militärische Präsenz

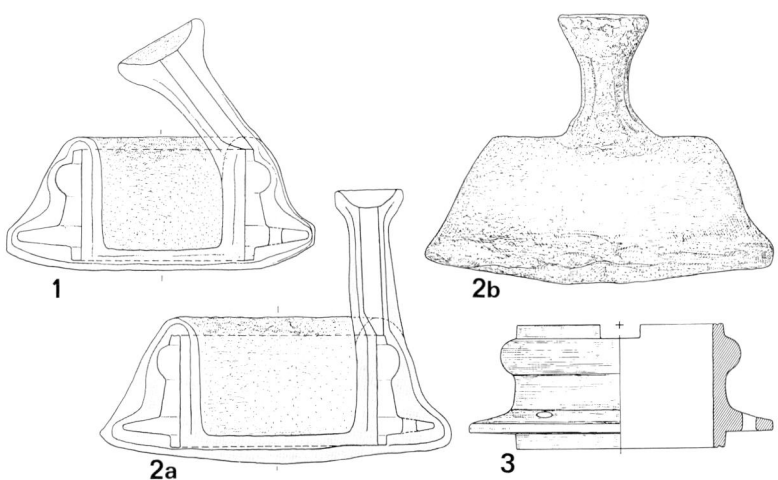

Abb. 14   Auerberg-Damasia. 1, 2a u. b Rekonstruktion von Gußformen zur Herstellung von Spannbuchsen für Pfeilkatapulte. 3 Rekonstruktion einer Spannbuchse. M 1:4.

in Bregenz und vor allem in Kempten und auf dem Auerberg erkennen.

Vielleicht unter Kaiser Caligula (37–41 n. Chr.) oder spätestens unter Claudius (41–54 n. Chr.) wird Rätien zur eigenständigen Provinz. In die Zeit von 41 bis 47 n. Chr. gehört eine Inschrift, die einen Caecilius Cisiacus Septicius Pica Caecilianus als kaiserlichen Prokurator mit legatorischer Kompetenz (*pro legato*) nennt. Wohl noch in claudischer Zeit wird das Wallis von Rätien getrennt.

Zwei Meilensteine aus den Jahren 46 bzw. 47 n. Chr. bezeugen den Ausbau der N-S-Verbindung, jetzt als > Via Claudia Augusta, über die Alpen vom Po bzw. von der Adria bis zur Donau. Und noch unter Claudius entstehen in *Cambodunum* und wohl auch in *Brigantium* die ersten großen Steinbauten. Der 800 x 600 römische Fuß (ca. 238 x 179 m) große ummauerte Heilige Bezirk in Kempten (Abb. 32) bot um den zentral gelegenen Altar viel Platz für die Versammlung von Gesandtschaften eines größeren Territoriums. Das Kemptener Forum (Abb. 33) wurde mit qualitätvollen Reliefs und Inschriften auf von weither importierten Marmorplatten aus-

Abb. 15 Kempten-Cambodunum. Reliefierte Platten aus weißem südalpinem oder italischem Marmor vom Forum: 1 Reiher und Echse unter Lorbeerzweig, in Kymationrahmen, M 1:5; 2 stilisiertes Antemion.

gestattet (Abb. 15). An das Forum schließt im Nordosten ein palastartiger Komplex an, der wohl schon als Holzbau im Sinne eines *praetoriums* (Abb. 16) gedeutet werden kann und an den sich spätestens in neronischer Zeit (54–69 n. Chr.) eine eigene Badeanlage, die sogenannten Kleinen Thermen, anschloß (Abb. 34a). Betrachtet man Augsburg zu dieser Zeit, so existierte dort zwar ein zweifellos bedeutendes Militärlager mit einer zugehörigen Zivilsiedlung, doch bis heute konnte im Kerngebiet und Weichbild der römischen Stadt kein Steingebäude erfaßt werden, das sich eindeutig noch ins 1. Jahrhundert n. Chr. datieren läßt. Die Vermutung liegt nahe, daß der Statthalter von Rätien seinen Hauptsitz zunächst

54

in Kempten hatte. Mit seinen verschiedenen Aufgabenbereichen konnte ein kaiserlicher Prokurator für die Provinzverwaltung und Gerichtsbarkeit ebenso zuständig sein wie für die Steuern und Finanzen, für den militärischen Oberbefehl, die Militärbauten und den Truppensold.

Auch in Bregenz dürften einige Steinbauten bereits in claudisch-frühflavischer Zeit bestanden haben; Bauteile ließen sich ebenfalls

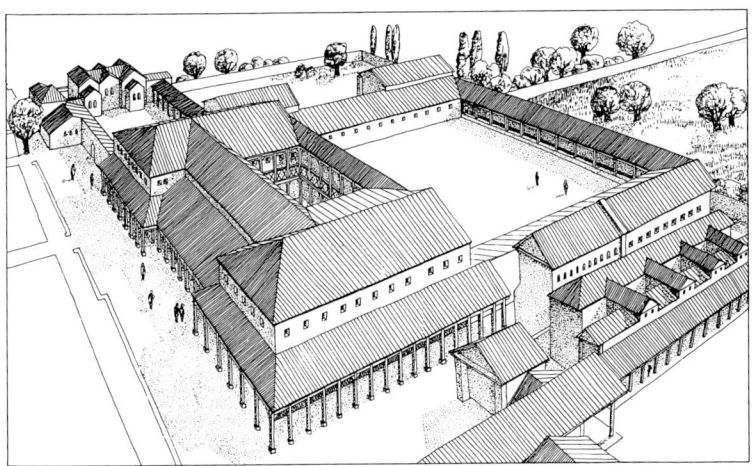

Abb. 16 Kempten-Cambodunum. Das Praetorium und spätere »Unterkunfts-haus« um 100 n. Chr.

zu einem größeren Altarbezirk und Versammlungsplatz ergänzen. Zieht man dazu noch die durch die spätere intensive Überbauung nur bruchstückhafte Kenntnis des Augsburger Siedlungsgrundrisses in Betracht, so kommt man zu der Überlegung, daß ein Statthalter auch an verschiedenen Orten – vielleicht für verschiedene Aufgabenbereiche – residiert haben könnte.

Nach dem Selbstmord von Nero, dem letzten Kaiser aus der julisch-claudischen Familie, scheinen kriegerische Auseinandersetzungen um die Thronfolge neben einigen Militärlagern an der Donau auch Bregenz und Kempten betroffen zu haben, soweit sich Zerstörungshorizonte in diese Zeit datieren lassen.

Die teilweise Neuorganisation der Donaugrenze unter dem ersten flavischen Kaiser Vespasian (69–79 n. Chr.), die direkte Verbindung (*iter de[rectum]*) von der Legionsbasis in *Argentorate*-Straßburg über die Kinzigtalstraße nach Rottweil und an die obere Donau sowie die nachfolgende sukzessive Besetzung der *agri decumates* und der Schwäbischen Alb brachten naturgemäß eine weitgehende Veränderung nicht nur der militärisch-strategischen Situation in Rätien mit sich. Unter den Kaisern der flavischen Dynastie kam ein weiterer Schub von Siedlern und Veteranen ins Land. Neben Neugründungen von Ortschaften im Norden zeichnen sich in den schon bestehenden Siedlungen auch im Hinterland sprunghafte Vergrößerungen ab. Die Römerstadt *Cambodunum* (Abb. 30) wird in ihrem zentralen Bereich weitgehend mit Steinbauten erneuert. Im offenen Land setzt nun deutlich die Besiedlung mit ungeschützten kleinen Ortschaften und Gutshöfen (*villae rusticae*) ein.

Spätestens um die Wende zum 2. Jahrhundert ist Augsburg die Hauptstadt Rätiens. Mit »der sich prächtig entwickelnden Kolonie der Provinz Rätien« (*splendidissima Raetiae provinciae colonia*) könnte Tacitus in seiner wohl 98 n. Chr. veröffentlichten Germania noch *Cambodunum* gemeint haben; der enorme bauliche Aufschwung im römischen Augsburg des 2. Jahrhunderts und die gleichzeitig in Kempten und seiner Region mehr oder weniger deutlich erkennbare Stagnation bzw. relativ bescheidene Fortentwicklung unterstützen das Bild vom Bedeutungswechsel in beiden Orten. Das weit-

Abb. 17 Fundstellen der mittleren und späten römischen Kaiserzeit (im Text erwähnte Fundstellen sind numeriert). 1 Kellmünz-Caelius Mons; 2 Türkheim-Goldberg; 3 Memmingen; 4 Dirlewang; 5 Bad Wörishofen-Schlingen; 6 Baisweil; 7 Ronsberg; 8 Dietmannsried-Schrattenbach; 9 Obergünzburg-Willofs; 10 Obergünzburg-Willofs, »Rottach-Wald«; 11 Ebersbach-Reichholz; 12 Ebersbach, »Gugger«; 13 Obergünzburg; 14 Günzach; 15 Günzach-Albrechts; 16 Günzach-Sellthüren; 17 Kraftisried; 18 Lauben-Stielings; 19 Marktoberdorf-Rieder; 20 Wiggensbach; 21 Kempten-Ursulasried; 22 Kempten-Cambodunum; 23 Isny-Kleinhaslach-Vemania; 24 Weitnau-Spitalhof; 25 Buchenberg-Kenels (Schwarzerd-Wenk); 26 Buchenberg, Römerstraße und Paßhöhe; 27 Buchenberg-Ahegg; 28 Durach; 29 Sulzberg-Öschlesee; 30 Sulzberg-Steingaden; 31 Sulzberg-Zipfwang, »Loja-Kapelle«; 32 Martinszell-Widdum; 33 Meckatz; 34 Heimenkirch-Dreiheiligen; 35 Grünenbach; 36 Via Claudia Augusta; 37 Füssen-Foetibus; 38 Schwangau; 39 Sonthofen.

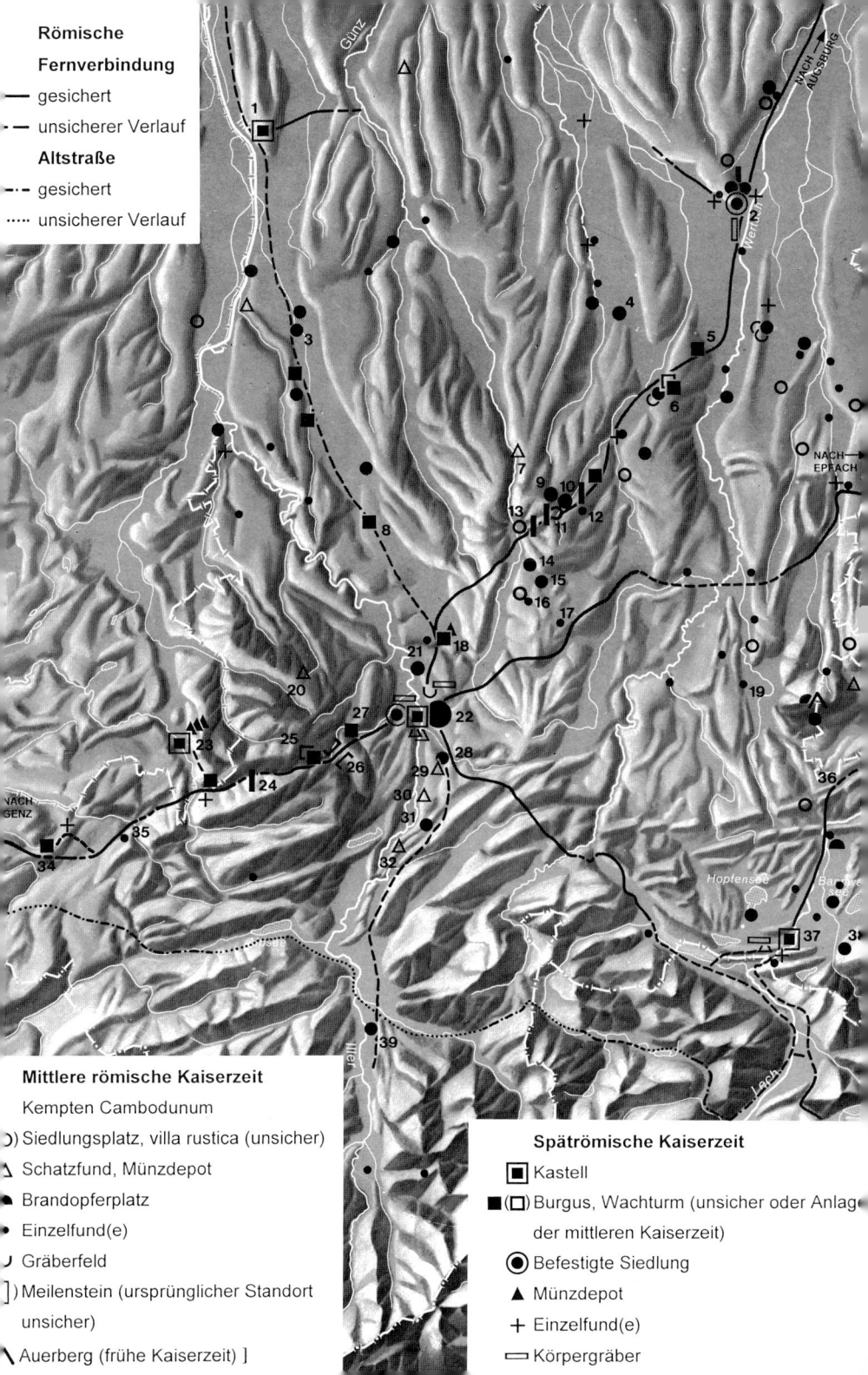

Römische
Fernverbindung
— gesichert
- — unsicherer Verlauf
Altstraße
-·- gesichert
···· unsicherer Verlauf

Mittlere römische Kaiserzeit
Kempten Cambodunum
◗) Siedlungsplatz, villa rustica (unsicher)
△ Schatzfund, Münzdepot
▰ Brandopferplatz
● Einzelfund(e)
⌣ Gräberfeld
]) Meilenstein (ursprünglicher Standort
unsicher)
⟍ Auerberg (frühe Kaiserzeit)]

Spätrömische Kaiserzeit
▣ Kastell
■ (▢) Burgus, Wachturm (unsicher oder Anlage
der mittleren Kaiserzeit)
◉ Befestigte Siedlung
▲ Münzdepot
+ Einzelfund(e)
▱ Körpergräber

gehende Fehlen von den erst im 2. Jahrhundert in größerer Zahl hergestellten Steininschriften und -bildwerken in Kempten, Bregenz und im rätischen Voralpenland kann als weiteres Indiz für diesen Wandel gewertet werden.

Während eines für 120/121 n. Chr. angenommenen Besuchs in Rätien könnte Kaiser Hadrian Augsburg zum *municipium Aelium Augustum* erhoben haben.

Die pax Romana zur Zeit der Kaiser Trajan (98–117 n. Chr.) bis Antoninus Pius (138–161 n. Chr.) – unter letzterem entstand auch die rätische Limesmauer – schuf ideale Voraussetzungen für den Zuzug römischer Bürger aus Italien und den westlichen Provinzen, insbesondere aus der Trierer Gegend. Relativ wenige davon scheinen den Weg ins Voralpengebiet gefunden zu haben. Die meisten der ca. 30 gesicherten Kleinsiedlungen und Gutshöfe im Allgäu lassen sich vor allem im 2. und frühen 3. Jahrhundert nachweisen. Sie liegen entlang der Fernverbindungen, so zwischen dem Raum Günzach/> Obergünzburg (Abb. 17,13.14) und dem Raum > Baisweil (Abb. 17,6) und > Türkheim (Abb. 17,2) an der Straße nach Augsburg und im Memminger Raum nahe der Illertalstraße. Zur Straße, deren Verlauf streckenweise nur vermutet werden kann, haben mehr als die Hälfte der Kleinsiedlungen eine Distanz von weniger als 2 km. Außer vielleicht der > *villa rustica* von Dirlewang (Abb. 17,4) ist keine der Anlagen im Allgäu bislang auch nur annähernd vollständig erfaßt worden.

Es ist wohl kein Zufall, daß praktisch keiner der gesicherten Plätze an den O-W-Verbindungen Bregenz–Kempten, Kempten–Füssen oder dem vermuteten inneralpinen Altweg zwischen Bregenz und Füssen zu liegen kommt. Ob darin auch ein Hinweis auf die untergeordnete Bedeutung der erstgenannten Strecke im prosperierenden 2. Jahrhundert zu sehen ist, kann hier nicht diskutiert werden.

Die Landsuche der Markomannen und die damit verbundenen Kriege 166–180 n. Chr. haben in Süd-Rätien kaum eindeutige Spuren hinterlassen. In Kempten wurden ein Münzschatz und ein Schadenfeuer damit in Verbindung gebracht, bei dem u. a. ein Terra-Sigillata-Geschirrdepot in einem Keller verschüttet worden war.

Im 2. Jahrhundert waren ca. 8000 Auxiliarsoldaten in vier Reiter-einheiten (*alae*) und 10–14 Kohorten in Nord-Rätien rekrutiert. Bis zur Etablierung der 3. italischen Legion ab 172 n. Chr. und der Fertigstellung ihres Standlagers 179 n. Chr. in Regensburg genügte ein Ritter als oberster Vertreter der kaiserlichen Macht. Von nun an übernimmt ein senatorischer Legionslegat die Statthalterschaft des Prokurators in Augsburg.

Unter Kaiser Septimius Severus (193–211 n. Chr.) scheint sich das *Imperium Romanum* noch einmal erholt zu haben. Die auf einigen Meilensteinen überlieferte weitgehende Erneuerung von rätischen Fernstraßen (Abb. 17) ab 195 n. Chr. muß vor allem im Zusam-menhang mit großen Truppenbewegungen gesehen werden, und sie läßt die rätischen Alpenpässe wieder an Bedeutung gewinnen.

Zwei Inschriften und mindestens ein Steinrelief aus Augsburg be-zeugen Textilhandel und -produktion(?) in Rätien im 2. Jahrhun-dert. Auch zahlreiche Funde von Warenanhängern aus Blei von einem Fundort nördlich von Füssen und aus *Cambodunum* schon aus dem 1. Jahrhundert n. Chr. lassen sich vor allem mit Textilien in Verbindung bringen.

Neben dem bei Strabon (Geographika 4,6,9) überlieferten Tausch-handel der Alpenbewohner mit Harz, Pech, Käse, Kienholz und Wachs könnte damit – mit aller Vorsicht – dem Textilgewerbe in Rätien eine gewisse Bedeutung zugemessen werden.

Ob der in der Historia Augusta genannte Alpenkäse, nach dessen übermäßigem Genuß Kaiser Antoninus Pius gestorben sein soll, aus Rätien stammte, muß natürlich Spekulation bleiben.

In einer um 200 n. Chr. zu datierenden Sarkophaginschrift aus Augsburg erfahren wir von einem P(ublius) Frontinius Decoratus, daß er u. a. Großpächter von Eisenerzbergwerken in Rätien und Dakien war. Eine der wenigen in Rätien bergmännisch abbaubaren Eisenerzvorkommen liegt südlich von *Cambodunum* im Sonthofe-ner Raum am >Grünten (Abb. 17,39). Ein in Sonthofen über vorgeschichtlichen Straten beobachteter römischer »Werkplatz« läßt den Verdacht aufkommen, daß hinter dem kühnen Nachtrag eines Kartographen »römisches Bergwerk« auf dem Meßtischblatt TK 8427 Immenstadt i. Allgäu (Ortsakten Bayer. Landesamt

Denkmalpfl.) bei Blaichach doch ein wenig Wahrheit stecken könnte.

Die Einfälle der germanischen Alamannen im Jahr 233 n. Chr. lassen sich im Kemptener Raum mit mindestens fünf Münzschätzen in Verbindung bringen (Taf. 5). Bescheidene Baumaßnahmen in Kempten geben vielleicht Zeugnis von einer gewissen Erholung in den Jahren danach.

Erneute Vorstöße der Alamannen 259/60 n. Chr. fanden wiederum ihren Niederschlag in drei Münzschätzen südlich von Kempten und in Füssen-Bad Faulenbach (Abb. 17). Eine zweitägige siegreiche Schlacht 260 n. Chr. über die Juthungen bei Augsburg (S. 61) und 260/61 n. Chr. über die Alamannen bei Mailand konnten den Verlust der nördlich der Rhein-Iller-Donau gelegenen Provinzgebiete nicht verhindern.

Literatur:

Arbeitsgemeinschaft Alpenländer, Kommission 3 (Hrsg.), Die Räter (1992). – J. Bellot/W. Czysz u. a. (Hrsg.), Forschungen zur provinzialrömischen Archäologie in Bayerisch-Schwaben. Schwäbische Geschichtsquellen und Forschungen 14 (1995). – W. Czysz, Der Sigillata-Geschirrfund von Cambodunum-Kempten. Ber. RGK 63, 1982, 281 ff. – R. Degen, Die raetischen Provinzen des römischen Imperiums. Beiträge zur Raetia Romana (1987) 1 ff. – K. Dietz/G. Weber, Fremde in Raetien. Chiron 12, 1982, 422 ff. – W. Drack/R. Fellmann, Die Römer in der Schweiz (1988) 13 ff. – G. Weber, Im Land der Estionen. Festschr. G. Ulbert (i. Druck). – E. Keller, Die frühkaiserzeitlichen Körpergräber von Heimstetten. MBV 37 (1984). – H.-J. Kellner, Die Römer in Bayern (1971). – M. Konrad, Augusteische Terra Sigillata aus Bregenz. Germania 67, 1989, 588 ff. – M. Mackensen, Frühkaiserzeitliche Kleinkastelle bei Nersingen und Burlafingen a. d. Donau. MBV 41 (1987) bes. 156 ff. – B. Overbeck, Geschichte des Alpenrheintales in römischer Zeit 1. MBV 20 (1982). – S. Schön, Der Beginn der römischen Herrschaft in Rätien (1986). – H. Swozilek, Brigantium und Vorarlberg zur Römerzeit – kleine Bibliographie. Jahrb. Landesmusver. 1986, 53 ff. – W. Zanier, Eine römische Katapultpfeilspitze der 19. Legion aus Oberammergau. Neues zum Alpenfeldzug des Drusus im Jahre 15 v. Chr. Germania 72, 1994, 587 ff.

Zusammenfassend: W. Czysz, Die Eroberung des Bayerischen Alpenvorlandes durch die Römer 15 v. Chr. und die Provinz Raetien bis zum Ende des 1. Jahrhunderts n. Chr. Hist. Atlas von Bayerisch-Schwaben (1981) 3,6 A. – W. Czysz/K. Dietz u. a., Die Römer in Bayern (1995). – Die Römer in Schwaben. Arbeitsh. d. Bayer. Landesamts f. Denkmalpfl. 27 (1995). – A. Schönberger, Die römischen Truppenlager der frühen und mittleren Kaiserzeit zwischen Nordsee und Inn. Ber. RGK 66, 1995, 320 ff.

Gerhard Weber

Die spätrömische Grenze im Gebiet
von Cambidano-Kempten

Als Folge der seit Jahrzehnten wiederkehrenden germanischen Einfälle und Plünderungszüge in die Provinz Rätien wurden die im Grenzgebiet nördlich der oberen Donau unerläßlichen militärischen Einrichtungen (Kastelle unterschiedlicher Größe und Wachttürme) entlang der linearen Reichsgrenze um 260 n. Chr. oder bald darauf wohl planmäßig geräumt.

Die Ereignisse um 260 und die schwerwiegenden Folgen der bis weit nach Oberitalien vorgetragenen Einfälle der Alamannen und Juthungen beleuchtet schlaglichtartig die Inschrift eines Siegesaltars aus Augsburg; nicht nur der Sieg der vom rätischen Statthalter M. Simplicinius Genialis befehligten Truppen der Provinzen *Raetia* und *Germania Superior* über die Juthungen wird hier genannt, sondern auch die Befreiung von mehreren tausend verschleppten Italikern.

In den schriftlichen Quellen wird immer wieder auf die unruhigen Jahrzehnte der 2. Hälfte des 3. Jahrhunderts und die Plünderungszüge germanischer Verbände Bezug genommen, die die physische und materielle Existenz insbesondere der in ungeschützten dörflichen Siedlungen (*vici*) und Einzelgehöften (*villae rusticae*) lebenden Provinzbevölkerung nicht nur bedrohten, sondern vielfach vernichteten. So erwähnt ein Panegyrikus wohl in rhetorischer Übertreibung in einer am 1. März 297 in Trier auf den Caesar Constantius Chlorus gehaltenen Lobrede, daß unter Kaiser Gallienus (259–268) Rätien verlorengegangen und die benachbarten Provinzen *Noricum* und *Pannonia Superior et Inferior* verwüstet worden seien (»*sub principe Gallieno ... amissa Raetia, Noricum Pannoniaeque vastatae*«). Der Gebietsverlust dürfte sich jedoch nur auf die jenseits der oberen Donau und die westlich der Iller bzw. nördlich der Hauptverkehrsstraße *Brigantium*-Bregenz—> *Cambodunum*-Kempten gelegenen Teile Rätiens bezogen haben.

Militärische Erfolge über germanische Truppen und Befriedungs-maßnahmen der Kaiser Aurelianus (270–275) und Probus (276–282) sind für die Provinz Rätien überliefert. Die im Jahr 281 vom Statthalter [...] inus, einem *v(ir) p(erfectissimus) a(gens) v(ices) p(raesidis) prov(inciae) Raet(iae)*, in der Provinzhauptstadt *Aelia Augusta* (Augsburg) gesetzte monumentale Ehreninschrift nennt Kaiser Probus als *[restitutor pr]ovinciarum et operum [publicorum]* – also als Wiederhersteller der Provinzen und der öffentlichen Bauwerke. Daraus darf man auf eine Tätigkeit des Probus in Rätien schließen; möglicherweise ist hier ein Hinweis auf die Instandsetzung öffentlicher Bauten (von Wehrmauern ziviler Siedlungen bis hin zur Infrastruktur mit Straßen und Brücken) gegeben. Keinesfalls ist jedoch aus dieser Inschrift die planmäßige Erbauung militärischer Befestigungen an der neuen Reichsgrenze entlang der Iller und der oberen Donau um 280 n. Chr. abzuleiten.

Münzschatzfunde nicht nur der sechziger, sondern auch der achtziger Jahre des 3. Jahrhunderts spiegeln ebenso wie Brand- und Zerstörungshorizonte in städtischen und ländlichen Siedlungen die Gefährdung und die Not der Zivilbevölkerung in Rätien wider. Wohl noch im Herbst 288 unternahm Kaiser Diocletianus (284–305) einen Feldzug in den vor Rätien gelegenen Teil Germaniens; doch kennt man weder den Ausgangspunkt noch das Zielgebiet der erfolgreichen Expedition, die als Reaktion auf die fortwährende Gefährdung der Provinz anzusehen ist.

Durch die Aufgabe des westlich der Iller gelegenen Oberschwaben war *Cambodunum* nun zu einer Grenzstadt geworden. Die wenigen bekannten, jetzt im unmittelbaren Grenzgebiet des Illertals gelegenen Einzelgehöfte werden nach 260 n. Chr. nicht mehr bewirtschaftet worden sein (Abb. 17). Als Folge der Alamannen- und Juthungeneinfälle und des ausgeprägteren Schutzbedürfnisses der Zivilbevölkerung wurde die städtische Siedlung *Cambodunum* auf dem Lindenberg aufgegeben und vom östlichen Illerhochufer auf eine hochwasserfreie Terrasse westlich der Iller verlagert (Abb. 29). Dieser ca. 50 m breite und wenigstens 200 m lange Bereich am Fuß der > Burghalde, eines inselartigen, ca. 25 m aus dem Illertal steil aufragenden Geländerückens war nicht nur durch die

Iller und einen Seitenarm mit Flußauen geschützt. Vielmehr wurde wohl schon im letzten Viertel des 3. Jahrhunderts eine Wehrmauer mit vorspringenden Türmen zum Schutz der mit ca. 1,0 ha flächenmäßig stark reduzierten Stadt erbaut. Die Ausdehnung und der Mauerverlauf nördlich, südlich und östlich der Burghalde sind noch unklar. Aufgrund der bebaubaren Fläche innerhalb der Befestigung muß mit einer deutlich verminderten Bevölkerungszahl auf dem Lindenberg gerechnet werden. Die Bebauung ist zwar nur in geringen Ausschnitten freigelegt, scheint aber relativ dicht gewesen zu sein. Ob die spätrömische Stadt (*civitas*) *Cambidano* auch im 4. Jahrhundert über eine Selbstverwaltung mit Magistraten und Ratsversammlung (*ordo decurionum*) sowie Gemeinderäten (*decuriones* oder *curiales*) verfügte, ist mangels inschriftlicher Quellen nicht nachzuweisen, jedoch m. E. anzunehmen.

In der *Notitia Dignitatum*, einem offiziellen, für das weströmische Reich zuletzt um 430 redigierten Verzeichnis der verschiedenen zivilen und militärischen Ämter und Dienststellen sind nun auch die Grenztruppen aufgeführt, die in den beiden seit konstantinischer Zeit (nach ca. 303/314 bzw. vor 354) eingerichteten Provinzen *Raetia I et II* stationiert waren und von einem *dux* befehligt wurden: *Cambidano* gehörte zur *Raetia II* und ist in der *Not. Dig. Occ. XXXV 19* als Standort einer Abteilung der *legio III Italica* unter dem Befehl eines *praefectus* bezeugt; dieser war für den Grenzabschnitt von dem ca. 20 km westlich von Kempten gelegenen > Kastell *Vemania* (Bettmauer bei Isny) (Abb. 17,23) bis *Cassiliacum* (im Raum Memmingen?) zuständig. Die Teileinheit war wohl auf dem schon durch die natürlichen Gegebenheiten und zusätzlich durch dem Geländeverlauf angepaßte Befestigungsanlagen geschützten, ca. 130 m langen und zwischen 20 und 95 m breiten Burghaldeplateau (ca. 0,7 ha) stationiert. Möglicherweise wurde die militärische Befestigung nicht gleichzeitig, sondern erst einige Jahre nach Errichtung der Stadtmauer in den späten neunziger Jahren des 3. Jahrhunderts erbaut; doch entzieht sich dies vorerst ebenso einer sicheren Beurteilung wie die Annahme, daß die vielleicht nur etwa 200 Mann starke Legionsabteilung bereits seit etwa 300 n. Chr. auf der Burghalde stationiert war.

Wesentlich besser als für die spätrömische Garnisonsstadt *Cambidano* ist der Kenntnisstand für das ungefähr 4 km nördlich der Straße Bregenz–Kempten bei Isny gelegene > Kastell *Vemania*. Die Erbauung des fünfeckigen Steinkastells mit seinem dem Gelände angepaßten Grundriß ist durch einen Münzschatzfund vor 280 n. Chr. gesichert. Neben den in Holzbauweise errichteten Mannschaftsunterkünften sind die Stallungen an der Südmauer und ein kleines, an die Ostmauer angebautes Stabsgebäude bemerkenswert, bei dem die Diensträume mit den Wohnräumen und einem kleinen Bad für den Befehlshaber der in *Vemania* stationierten Reitereinheit *(ala II Valeria Sequanorum)* kombiniert waren. *Vemania* ist somit das einzige bereits unter Kaiser Probus in den späten siebziger Jahren des 3. Jahrhunderts erbaute Steinkastell im neuen, militärisch kontrollierten Grenzgebiet (*limes*) Rätiens.

Entlang der Straße nach *Brecantia* (Bregenz) sind für diese Zeit keine weiteren militärischen Einrichtungen bekannt. Der Grenzverlauf ist hier nur schwer zu bestimmen. Geht man davon aus, daß in dieser Region wie z. B. am Schweizer Hochrhein und ebenso entlang der Iller und der oberen Donau die Grenze im späten 3. und 4. Jahrhundert bevorzugt an besser kontrollierbaren Flüssen ausgerichtet wurde, so könnte die untere Argen, die nördlich von Isny nach Westen in den Bodensee floß, als sog. nasse Grenze gedient haben.

Vergleichbar mit dieser Situation ist diejenige der rätischen Nordwestgrenze: Denn zwischen Kempten und Kellmünz verläuft die römische Straße gleichfalls in einer Entfernung von bis zu 7 km östlich des Flußtals, obwohl die Iller als natürliche Grenze angesehen wird. Entlang dieser Straße *Cambidano–Caelio* sind keine kleineren militärischen Einrichtungen des späten 3. oder frühen 4. Jahrhunderts – etwa in Holzbauweise errichtete Wachttürme (*burgi*) – bekannt.

Aufgrund neuer archäologischer Untersuchungen läßt sich die Erbauung des 0,86 ha großen Kastells *Caelius Mons* (Kellmünz a. d. Iller) mit Hilfe stratifizierter Münzen frühestens ins Jahr 297 n. Chr. datieren. Das 35 m hoch über dem Illertal auf einem durch die natürlichen Gegebenheiten geschützten Plateau gelegene Kastell

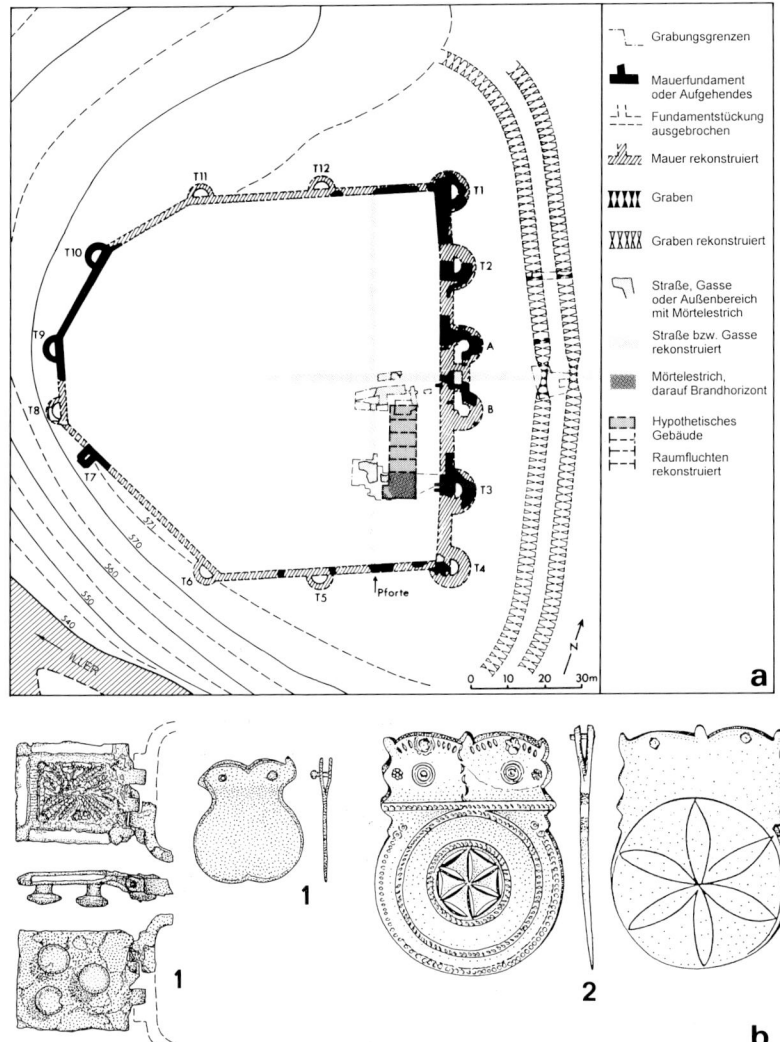

Abb. 18 a Kellmünz-Caelius Mons. Spätrömisches Kastell mit doppeltem Abschnittsgraben und rekonstruierter Innenbebauung (um 300). b Kempten-Cambidano. 1 Keckwiese, Grab 367. Silberne Gürtelgarnitur mit fragmentierter Schnalle, rechteckigem Beschläg mit Vergoldung auf den abgeschrägten Seiten und herzförmiger Riemenzunge. 2 Burghalde. Kerbschnitt- und punzverzierte Riemenzunge mit Pferdeprotomen. M 1:2.

(Abb. 18a) weist einen vieleckigen, dem Gelände angepaßten Grundriß mit Innenmaßen 98,50 x 101,50 m auf. Hervorzuheben ist die sehr repräsentative, mächtige Kastellostmauer mit weit vorspringenden, halb- und dreiviertelrunden Zwischen- und Ecktürmen sowie U-förmigen Tortürmen und einem vorgelagerten doppelten Abschnittsgraben. Im Innern wurde ausschnittsweise das rechtwinklige Bebauungsschema und eine mehrperiodige Bebauung untersucht; bei einem in Holzbauweise errichteten Wohngebäude handelt es sich vielleicht um eine Mannschaftsunterkunft mit sog. Kopfbau. Laut *Not. Dig. Occ. XXXV 30* war in *Caelio* die *cohors III Herculea Pannoniorum* unter dem Befehl eines *tribunus* stationiert. Aufgrund der Größe der Kastellinnenfläche könnte die Mannschaftsstärke ungefähr 300 Mann betragen haben.

Doch nicht nur für das Kastell *Caelius Mons* ist eine Erbauung erst in den letzten Jahren des 3. Jahrhunderts nachzuweisen. In Rätien läßt sich eine Datierung um 300 n. Chr. auch für einige militärische Befestigungen an der oberen Donau wie das 0,16 ha große Kastell *Pinianis* (Bürgle bei Gundremmingen), das Kastell *Submuntorio* (Burghöfe bei Mertingen) und das 0,15 ha große Kastell *Abusina* (Eining) anhand der Münzreihen wahrscheinlich machen. Der Bau dieser relativ kleinen, stark befestigten und mit Ausnahme des Eininger Reduktionskastells schon durch die topographischen Gegebenheiten geschützten Kastelle ist, wie das inschriftlich in die Jahre 293/305 n. Chr. datierbare Kastell *Tasgaetium* in Burg bei Eschenz am Hochrhein in der westlichen Nachbarprovinz *Sequania*, mit einem militärischen Bauprogramm der Kaiser Diocletianus und Maximianus Herculius in Verbindung zu bringen.

Sowohl die beiden Münz- und Schmuckschatzfunde mit ihren 305 n. Chr. geprägten Schlußmünzen aus *Vemania* als auch ein Brandzerstörungshorizont mit den jüngsten Prägungen aus den Jahren 300/303 in *Caelius Mons* und ein außerhalb dieses Kastells im Jahr 308 verborgener größerer Münzschatzfund weisen auf unvorhersehbare Ereignisse im Grenzgebiet hin.

Die Situation scheint sich aber in konstantinischer Zeit während des 2. Viertels des 4. Jahrhunderts beruhigt und sogar zu einer partiellen Instandsetzung und Wiederbesiedlung von Wohnbauten auf dem Kemptener Lindenberg geführt zu haben. Darauf weist nicht nur die Verbreitung von spätrömischen Münzen, Kleinfunden und Glas hin, sondern auch die Anlage eines Körpergräberfeldes auf dem östlichen Illerhochufer im Bereich der > Keckwiese. In der kleinen Nekropole mit 28 beigabenlosen von insgesamt 38 Körpergräbern überwiegen deutlich die Bestattungen von Frauen und Kindern einer romanisch geprägten Bevölkerung. Hervorzuheben ist Grab 367 eines maturen Mannes mit Teilen einer kostbaren silbernen Gürtelgarnitur (Abb. 18 b,1), der zur gesellschaftlichen Führungsschicht von *Cambidano* gehört haben dürfte. Das Belegungsende der Nekropole im letzten Drittel des 4. oder sogar erst im frühen 5. Jahrhundert ist nicht genauer zu bestimmen.

Die bei dem zeitgenössischen Geschichtsschreiber Ammianus Marcellinus überlieferten Einfälle der Sueben und Juthungen in den Jahren 357/358 sind im Gebiet von Kempten ebensowenig nachzuweisen wie die Alamanneneinfälle der Jahre 364 und 370. Im Rahmen eines Bauprogramms des Kaisers Valentinianus I. wurden 370/372 entlang der Grenze in der *Raetia II* und in den benachbarten Provinzen am Hochrhein (*Maxima Sequanorum*) und an der mittleren Donau (*Noricum Ripense, Pannonia I, Valeria*) verstärkt auch kleinere militärische Anlagen, vor allem zweistöckige *burgi* mit quadratischem Grundriß und ziegelgedeckten Dächern, in Stein erbaut. Sowohl vom Schweizer Hochrhein (371) als auch aus Österreich (370) wie vom ungarischen Donauknie nördlich von Budapest (371/372) – leider jedoch nicht aus Bayern – liegen mehrere genau datierte Bauinschriften von Wachttürmen vor; diese kontrollierten die Grenze bzw. die grenznahe Straße und den grenzüberschreitenden Personen- und Warenverkehr.

In Holz errichtete mittelkaiserzeitliche oder tetrarchisch-konstantinische Vorgängerbauten dieser *burgi* sind an den von Kempten nach Bregenz bzw. nach Kellmünz führenden Straßen bislang nicht sicher nachgewiesen. Dagegen sind hier einige Wachttürme bekannt, darunter der schon 1913 von B. Eberl flächig untersuchte *burgus* von > Lauben-Stielings (Abb. 17,18) mit vier Pfostengruben im Innern. Im Wachtturm von > Buchenberg-Ahegg (Abb. 17,27) wurde dagegen nur eine Pfostengrube für einen hölzernen Mittelpfeiler festgestellt. Die meisten dieser Bauten haben Seitenlängen von ca. 11,2 bis 12,2 m, nur derjenige von > Buchenberg-Kenels (Abb. 17,25) ist mit 8,6 m wesentlich kleiner. Zumindest in den *burgi* von > Dietmannsried-Hörensberg (Abb. 17,8), Stielings, Buchenberg-Ahegg und -Kenels, > Heimenkirch-Dreiheiligen (Abb. 17,34) und -Meckatz (Abb. 17,33) sowie Hörbranz, ca. 5 km nordöstlich von Bregenz, wurden Brandschichten festgestellt, die mit Zerstörungen im späten 4. oder frühen 5. Jahrhundert in Zusammenhang zu bringen sind. Münzen der Prägeperiode 388/395/408 liegen aus den *burgi* von Heimenkirch-Meckatz und Hörbranz an der Straße Kempten–Bregenz vor, so daß eine Nutzung noch im frühen 5. Jahrhundert durchaus wahrscheinlich ist. Dafür sprechen auch die zwei 394/395 und 407/411 geprägten Goldmünzen aus dem Wachtturm von Finningen, Stadt Neu-Ulm.

Allem Anschein nach waren im Gebiet von Kempten die Kastelle *Vemania* und *Cambidano* − u. a. aufgrund von kerbschnitt- und punzverzierten Trachtzubehör (Abb. 18 b, 2) − sowie zumindest ein Teil der Wachttürme auch über 406 hinaus noch während des 1. Viertels des 5. Jahrhunderts, vielleicht sogar bis um 430, mit limitanen Einheiten, in denen wohl größtenteils Soldaten germanischer Herkunft dienten, besetzt. Gleichzeitig ist in der befestigten Zivilsiedlung *Cambidano* mit einer romanischen Restbevölkerung zu rechnen, die sich aber in den beigabenlosen Körperbestattungen einer sicheren chronologischen Beurteilung entzieht.

Literatur:
L. Bakker, Raetien unter Postumus − das Siegesdenkmal einer Juthungenschlacht im Jahre 260 n. Chr. aus Augsburg. Germania 71, 1993, 369 ff. − W. Czysz, Die spätrömische Kaiserzeit, 3.−5. Jahrhundert nach Chr. In: Hist. Atlas Bayerisch-Schwaben. 3. Lief. (²1990) III 6C. − K. Dietz, Die Provinz Rätien im 4. Jahrhundert n. Chr. In: Die Römer in Schwaben. Arbeitsh. d. Bayer. Landesamtes f. Denkmalpfl. 27 (1985) 257 ff. − Ders., Das Ende der Römerherrschaft in Rätien. Ebd. 287 ff. − J. Garbsch, Die Burgi von Meckatz und Untersaal und die valentinianische Grenzbefestigung zwischen Basel und Passau. Bayer. Vorgeschbl. 32, 1967, 51 ff. − Ders., Der spätrömische Donau-Iller-Rhein-Limes (1970). − R. Heuberger, Rätien im Altertum und Frühmittelalter. Schlern-Schr. 20, 1932, 75 ff. − E. Keller, Germanenpolitik Roms im bayerischen Teil der Raetia Secunda während des 4. und 5. Jahrhunderts. Jahrb. RGZM 33, 1986, 575 ff. − H.-J. Kellner, Datierungsfragen

zum spätrömischen Iller-Donau-Limes. In: Limes-Studien (1959) 55 ff. – M. Makkensen/A. Faber, Das spätrömische Grenzkastell Caelius Mons in Kellmünz a. d. Iller. Arch. Jahr Bayern 1993 (1994), 111 ff. – M. Mackensen, Das Kastell Caelius Mons (Kellmünz a. d. Iller) – eine tetrarchische Festungsbaumaßnahme in der Provinz Raetien. Arh. Vestnik 45, 1994, 145 f. – Ders., Die Innenbebauung und der Nordvorbau des spätrömischen Kastells Abusina/Eining. Germania 72, 1994, 479 ff. – H. U. Nuber, Der Verlust der obergermanisch-raetischen Limesgebiete und die Grenzsicherung bis zum Ende des 3. Jahrhunderts. In: F. Vallet/M. Kazanski (Hrsg.), L'armée romaine et les barbares du IIIe au VIIe siècle (1993) 101 ff. – O. Schöner/W. Keinert, Untersuchungen am spätrömischen Donau-Iller-Rhein-Limes im Bereich Buchenberg. Allgäuer Geschfreund N. F. 85, 1985, 14 ff. – A. Ullrich, Das Castrum Cambodunum. Allgäuer Geschfreund 7, 1894, 1 f.

Michael Mackensen

Das frühe Mittelalter

Nach dem endgültigen Zusammenbruch der römischen Militär- und Zivilgewalt wohl spätestens um die Mitte des 5. Jahrhunderts vollzog sich mit der alamannischen Landnahme ein tiefgreifender Wandel, der nicht nur die Siedlungs-, Wirtschafts- und Bevölkerungsstrukturen, sondern das gesamte kulturelle und soziale Gefüge veränderte.

Da historische Überlieferungen weitgehend fehlen, sind wir bei der Aufhellung dieses frühen Abschnittes der Landesgeschichte Schwabens fast ausschließlich auf archäologische Quellen angewiesen. Bis auf wenige Ausnahmen handelt es sich hierbei um Grabfunde, Siedlungen konnten im südlichen Schwaben bislang noch nicht aufgedeckt werden (Abb. 19). Durch die regelhafte Lage der sog. Reihengräberfelder in der Nähe von noch heute bestehenden Ortschaften geben sich zahlreiche Orte als frühmittelalterliche Gründungen zu erkennen, wodurch sich wiederum die seltene Entdeckung der zugehörigen Vorgängersiedlungen erklären läßt.

In den teilweise mehrere hundert Bestattungen umfassenden Friedhöfen wurden die Verstorbenen in ihrer Tracht beigesetzt und mit Trank- und Speisebeigaben ausgestattet. Frauen erhielten zudem ihren Schmuck, Männer ihre Waffen samt den dazugehörigen Gürteln und gegebenenfalls Teilen des Reitzeuges mit ins Grab. Umfang und Qualität dieser Ausstattungen entsprachen in der Regel dem jeweiligen sozialen Rang der Verstorbenen. Die chronologische und kulturhistorische Auswertung der Funde erlaubt es – falls ein vollständig untersuchter Friedhof vorliegt – relativ genaue

Abb. 19 Fundstellen des frühen Mittelalters (im Text erwähnte Fundstellen sind numeriert). 1 Salgen; 2 Kirchdorf a. d. Iller; 3 Mindelheim; 4 Igling-Unterigling; 5 Dirlewang; 6 Jengen; 7 Bad-Wörishofen-Schlingen; 8 Pforzen; 9 Denklingen; 10 Denklingen-Epfach; 11 Marktoberdorf; 12 Roßhaupten; 13 Schwangau; 14 Sonthofen-Altstädten.

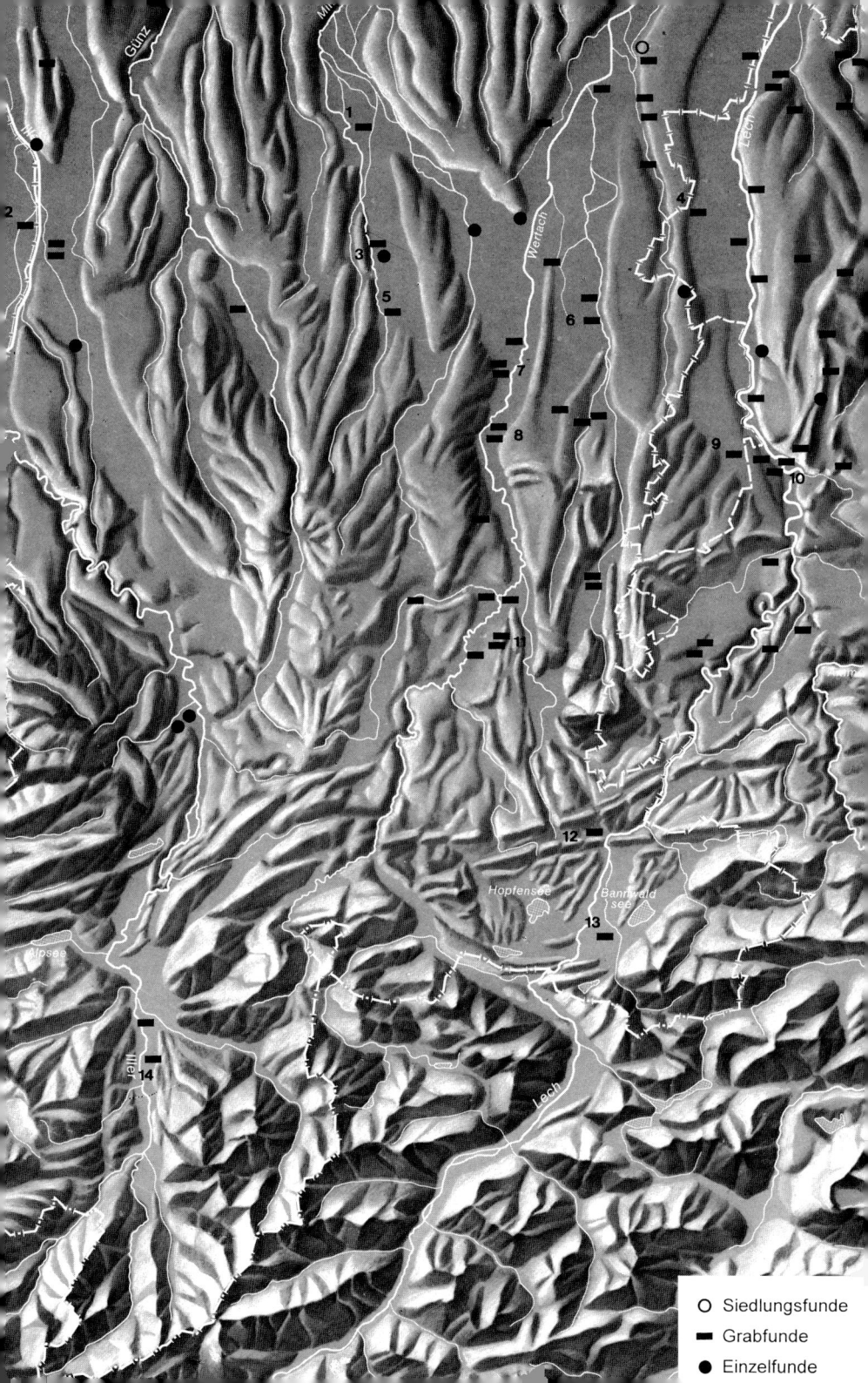

Günz

Mü...

Günz

O

Lech

1

Wertach

4

3

5

6

7

8

9

10

11

12

Hopfensee

Bannwald see

13

14

Iller

Lech

Siedlungsfunde

Grabfunde

Einzelfunde

Aussagen über die Gründung, Herkunft, Größe und Entwicklung, aber auch die Bevölkerungs- und Sozialstruktur der bestattenden Siedlungsgemeinschaft zu treffen.

Den Beginn der germanischen Landnahme im West-Teil der ehemaligen Provinz *Raetia II* markieren nach dem heutigen Forschungsstand eine Reihe von donaunahen (Zusamaltheim, Unterthürheim) bzw. im unteren Lechtal (Nordendorf, Langweid, Gablingen, Augsburg-Lechhausen, Schwabmünchen) gelegenen Gräberfeldern, deren Belegung spätestens in den Jahrzehnten um 500 einsetzt. Die südlichen Ausläufer dieser frühen Siedlungsphase reichten bereits bis weit in die mittelschwäbischen Terrassenlandschaften hinein, wie Grabfunde aus Denklingen-Epfach (Abb. 19,10), > Pforzen (Abb. 19,8) und vermutlich auch > Salgen (Abb. 19,1) nahelegen. Leider wurde bis auf Pforzen und Gablingen keine dieser zudem meist alt gegrabenen Fundstellen vollständig untersucht. Zweifellos ist es nur eine Frage des Forschungsstandes, daß Gräberfelder mit einem Beginn in der Mitte oder 2. Hälfte des 5. Jahrhunderts bislang noch nicht entdeckt werden konnten. Nach Ausweis der Funde handelte es sich bei den Siedlern vor allem um Alamannen aus den nordwestlich angrenzenden Regionen Südwestdeutschlands, in denen sich der germanische Stammesverband seit dem späten 3. Jahrhundert niedergelassen hatte. Daneben waren auch germanische Bevölkerungsgruppen aus dem mitteldeutsch-böhmischen Raum vertreten.

Es ist wahrscheinlich, daß zumindestens ein Teil dieser frühen Siedlungsgründungen mit der historisch überlieferten Niederlage der Alamannen gegen die Franken 496 bei *Tolbiacum*-Zülpich bzw. dem gescheiterten alamannischen Aufstand von 506 in Verbindung zu bringen sind, durch den weite Teile der alamannischen Siedlungsgebiete an Rhein, Main und Neckar verloren gingen und dem Merowingerreich einverleibt wurden. So geht aus einem Brief des Ostgotenkönigs Theoderich an den fränkischen König Chlodwig hervor, daß sich Teile der flüchtenden Alamannen unter seine Schutzherrschaft begeben haben, die sich wohl auch auf das zur ehemaligen Provinz Raetia II gehörige Gebiet zwischen Iller und Lech erstreckte.

72

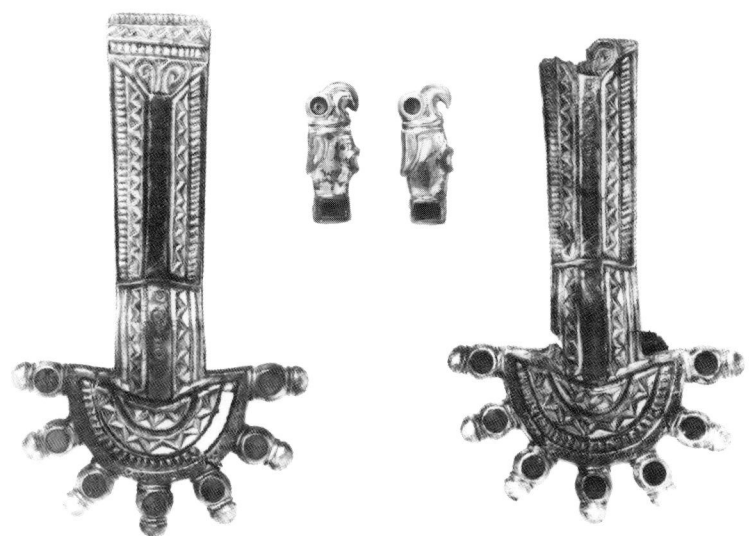

Abb. 20 Pforzen, Grab 59. Vogel- und Bügelfibelpaar, Silber vergoldet, mit Almandineinlagen. M 2:3.

536/37 geriet dann auch das Alpenvorland endgültig unter fränkische Herrschaft. Die Auswirkungen dieser Machtausweitung spiegeln sich auch in den Bodenfunden des Allgäus wider, wie etwa das Beispiel des Gräberfeldes von > Pforzen zeigt. Mit der Eingliederung in das Frankenreich wurde hier in einer bereits bestehenden alamannischen Siedlung eine fränkische Familie ansässig. Hervorzuheben ist etwa die Bestattung einer wohlhabenden Frau aus Grab 59, die eine vollständige fränkische Vierfibeltracht trug (Abb. 20), sowie die beiden kostbaren, aus rheinischen Werkstätten stammenden Rüsselbecher (Abb. 21), die wohl eher durch persönliche Kontakte oder Geschenke als durch Handel nach Süddeutschland gelangten.

Durch einen sich stetig intensivierenden Landesausbau wurden bis zur Mitte des 6. Jahrhunderts fast alle größeren Tallandschaften sowohl des südlichen Mittelschwabens als auch bereits des Allgäuer Jungmoränengebietes zumindest punktuell erschlossen

Abb. 21   Pforzen. Rüsselbecher aus dem Männergrab 123 (li.) und dem Frauengrab 59 (re.).

(Abb. 19). Zu ihnen gehörten das Illertal bei Memmingen (Kirchdorf-Unteropfingen, Abb. 19,2), das mittlere Mindeltal (Salgen, Abb. 19,1), die weiten Ebenen der Lech-Wertach-Schotterterrassen (Schwabmünchen, Pforzen, Igling-Unterigling, Denklingen) sowie das Altdorfer Becken (Marktoberdorf, Abb. 19,11). Am Ende des 6. Jahrhunderts wurde mit dem oberen Illertal > (Sonthofen-Altstädten) und der Füssener Bucht (Roßhaupten, Schwangau) auch der Alpenrand erreicht. Bis zum Ende des 7. Jahrhunderts blieb die Siedeltätigkeit dann im wesentlichen auf diese Tallandschaften, die im Rahmen eines inneren Landesausbaus weiter erschlossen wurden, beschränkt. Ein übereinstimmendes Bild zeigt auch die Verbreitung der ältesten auf -ingen bzw. -heim endenden Ortsnamen. Ein Ausgreifen auf die höher gelegenen Moränengebiete erfolgte hingegen erst während der mittelalterlichen Rodungsphasen. In der Regel wurden die Siedlungen am Rand weitläufiger Niederterrassenfelder, die eine hochwassersichere Lage gewährleisteten und zugleich geeignete Bedingungen für Ackerbau und Viehzucht boten, angelegt. Stets führte ein kleinerer Bachlauf unmittelbar an der Siedlung vorbei.

Am Beispiel von drei Gräberfeldern des mittleren Mindeltales läßt sich das schrittweise Voranschreiten des Landesausbaus innerhalb einer Siedlungskammer exemplarisch darstellen. Den Ausgangspunkt bildete – nach dem heutigen Forschungsstand – das am Nord-Ende dieser naturräumlich geschlossenen Tallandschaft gelegene > Salgen (Abb. 19,1), dessen Gründer vermutlich zu jenen bereits angesprochenen ersten landnehmenden Alamannen gehörten. Im Laufe der 2. Hälfte des 6. Jahrhunderts wurde dann rund 10 km mindelaufwärts der Friedhof von > Mindelheim (Abb. 19,3) angelegt, und in der 1. Hälfte des 7. Jahrhunderts folgte, nun am Südende des Tales gelegen, der Ausbauort Dirlewang (Abb. 19,5). Bei den beiden letztgenannten Gräberfeldern läßt sich nachweisen, daß der Landesausbau von einer nur durchschnittlich wohlhabenden und nicht etwa – wie in der Frühzeit – durch die sozial führende Bevölkerungsschicht getragen wurde. Erst mehrere Jahrzehnte nach der Gründung dieser Siedlungen gelang es einigen Familien, überdurchschnittlichen Wohlstand zu erreichen. Über die Herkunft der Siedler aus Mindelheim und Dirlewang lassen die Grabfunde keine Aussagen zu, jedoch legt die chronologisch abgestufte Reihung der Gräberfelder entlang der Mindel enge, vielleicht sogar verwandtschaftliche Beziehungen nahe, so daß sie mit großer Wahrscheinlichkeit als Ausbauorte von Salgen anzusehen sind.

Auch in den gut erforschten Friedhöfen von Marktoberdorf, Schwangau, Roßhaupten und > Sonthofen-Altstädten (Abb. 22) entstammten die ersten Siedler einer nur wenig begüterten Bevölkerungsschicht. Jedoch hat sich in diesen alpennahen Siedlungen die wirtschaftliche Potenz während der gesamten, durch die Belegungszeit der Friedhöfe zu überblickenden Phase, niemals entscheidend verbessert.

Ein weiterer, im Laufe des 7. Jahrhunderts zunehmend an Bedeutung gewinnender Träger frühmittelalterlichen Landesausbaus tritt uns mit jenen kleinen Nekropolen wie Jengen (Abb. 19,6) und Bad Wörishofen-Schlingen (Abb. 19,7), die sich aufgrund ihrer Belegungsstruktur und der qualitätvollen Beigabenausstattung als Be-

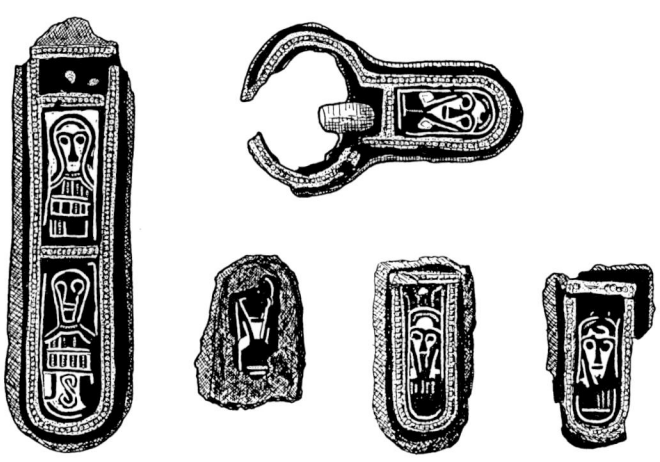

Abb. 22 Sonthofen-Altstädten. Maskenplattierte Beschläge einer vielteiligen Gürtelgarnitur. M 2:3.

stattungsplatz eines adeligen Herrenhofes zu erkennen geben, entgegen. So fanden sich in dem nur in Ausschnitten bekannten Friedhof von Jengen neben zwei Kreisgräben immerhin drei Pferdebestattungen, darunter auch ein Pferdedoppelgrab. Aus einem zerstörten Reitergrab stammt ein prunkvolles Wehrgehänge, dessen Bronzebeschläge eine Verzierung aus Krückenkreuzen und Buchstaben zeigen (Abb. 23). In Schlingen ist das fast vollständig beraubte Grab eines Mannes mit den Resten einer massiv silbernen, vielteiligen Gürtelgarnitur und eines mit Goldbrokatborten besetzten Gewandes hervorzuheben. Beide Fundstellen liegen bezeichnenderweise in unmittelbarer Nachbarschaft zu Kirchen mit Martinspatrozinien. Zumindestens für Schlingen konnte durch Grabungen nachgewiesen werden, daß es sich hierbei um eine Eigenkirche aus dem 8. Jahrhundert handelt. An der nördlichen Innenwand der ältesten Kirche, einem einschiffigen Pfostenbau, fand sich das beigabenlose Grab des Kirchenstifters. Als Nachfahre der vornehmen Sippe des 7. Jahrhunderts bewirtschaftete er zweifellos jenen Herrenhof weiter, der aufgrund seiner wirtschaftlichen Kraft am Beginn der Siedlungsentwicklung stand bzw. diese entschei-

76

dend beeinflußte, wie nicht zuletzt seine zentrale Lage im alten Ortskern belegt.

Spätestens im frühen 8. Jahrhundert wurden die Reihengräberfelder aufgelassen. Für wenige Jahrzehnte bestattete man nun familienweise in der Nähe der einzelnen Hofstellen, bevor sich der Platz bei der Kirche als allgemeiner Bestattungsplatz der dörflichen Bevölkerung endgültig durchsetzte. Mit dem bereits in der 2. Hälfte des 7. Jahrhunderts einsetzenden allmählichen Erlöschen der Beigabensitte entziehen sich die bis dahin so aussagekräftigen Gräber durch ihre Beigabenlosigkeit der archäologischen Auswertung.

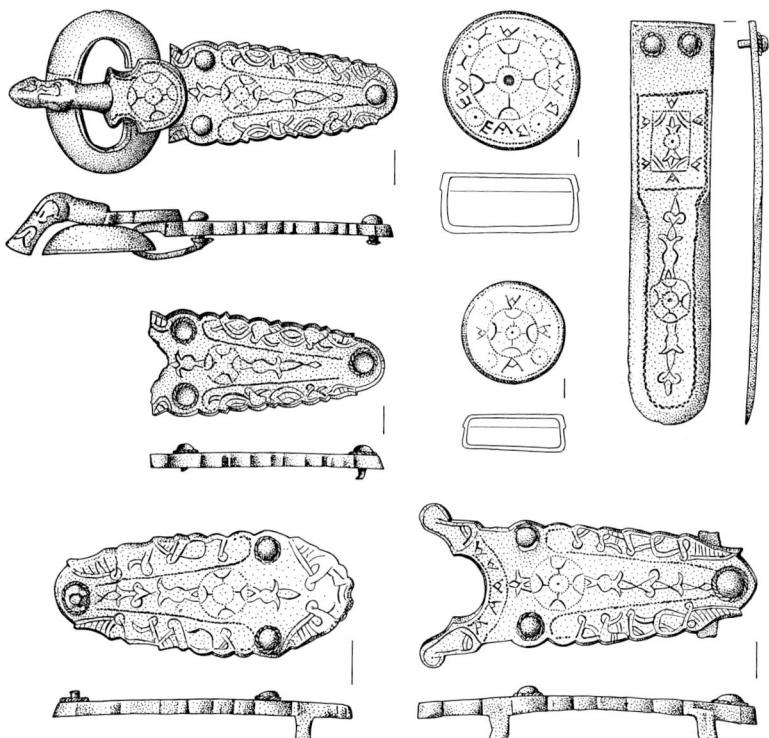

Abb. 23   Jengen. Teile einer bronzenen Spathagarnitur aus einem zerstörten Männergrab. M 1:2.

77

Literatur:
M. Franken, Die Alamannen zwischen Iller und Lech. Germ. Denkmäler Völkerwanderungszeit 5 (1944). – J. Werner, Das alamannische Gräberfeld von Mindelheim. Materialh. Bayer. Vorgesch. 6 (1955). – R. Christlein, Das alamannische Reihengräberfeld von Marktoberdorf. Materialh. Bayer. Vorgesch. 21 (1966). – Ders., Das alamannische Gräberfeld von Dirlewang bei Mindelheim. Materialh. Bayer. Vorgesch. 25 (1971). – Ders., Die Alamannen. Archäologie eines lebendigen Volkes (1978). – V. Babucke, Die Reihengräberzeit in Schwaben (5.–7. Jahrhundert). In: Historischer Atlas von Bayerisch-Schwaben (^{2}1985) Karte III,9.

Volker Babucke

Das Allgäu in Mittelalter und früher Neuzeit

Die Städte

Mit dem Fall des Limes sowie dem Vorrücken der Alamannen war die hochentwickelte römische Zivilisation weitgehend untergegangen. Die verbliebene Bevölkerung zog sich in der Spätantike auf leicht zu verteidigende Orte zurück; die großen städtischen Zentren wie etwa > *Cambodunum* blieben verödet liegen. Die alamannische Ansiedlung der darauffolgenden Jahre dürfte die römischen Ruinen weitgehend gemieden und offene Dorfsiedlungen bevorzugt haben. So sind also die hier behandelten Städtc (Abb. 24) weitgehend Neugründungen des hohen Mittelalters, die sich aber jeweils an ältere Siedlungsstrukturen anlehnen und die nun am Anfang dieses Überblicks zusammenfassend dargestellt werden sollen. Als Einschränkung muß jedoch angefügt werden, daß der archäologische Forschungsstand ungleich zu anderen, etwa norddeutschen Städten hier noch sehr in den Anfängen steckt, so daß vieles des im folgenden Gesagten hypothetischen Charakter haben muß.

Am günstigsten ist noch die Ausgangslage für > Kempten (Abb. 24,4), wo die Stadtarchäologie seit ihrem Bestehen auch die mittelalterliche Stadt denkmalpflegerisch überwacht. Legt auch die Herleitung des Namens Kempten von *Cambodunum* ein Bestehen von der Spätantike bis ins Mittelalter nahe, kann doch die Archäologie nur wenig anführen, um eine Kontinuität wahrscheinlich zu machen. Die Münzreihe endet vorläufig im Jahr 395; auch Ausgrabungen etwa in der Gegend der Burgstraße unterhalb der spätrömischen Befestigung auf der > Burghalde konnten hier keine weiteren Indizien für eine Weiterbesiedlung bis ins Frühmittelalter erbringen. Die wenigen merowingischen Grabfunde aus dem Innenhof der Residenz stammen aus dem 7. Jahrhundert; somit muß die

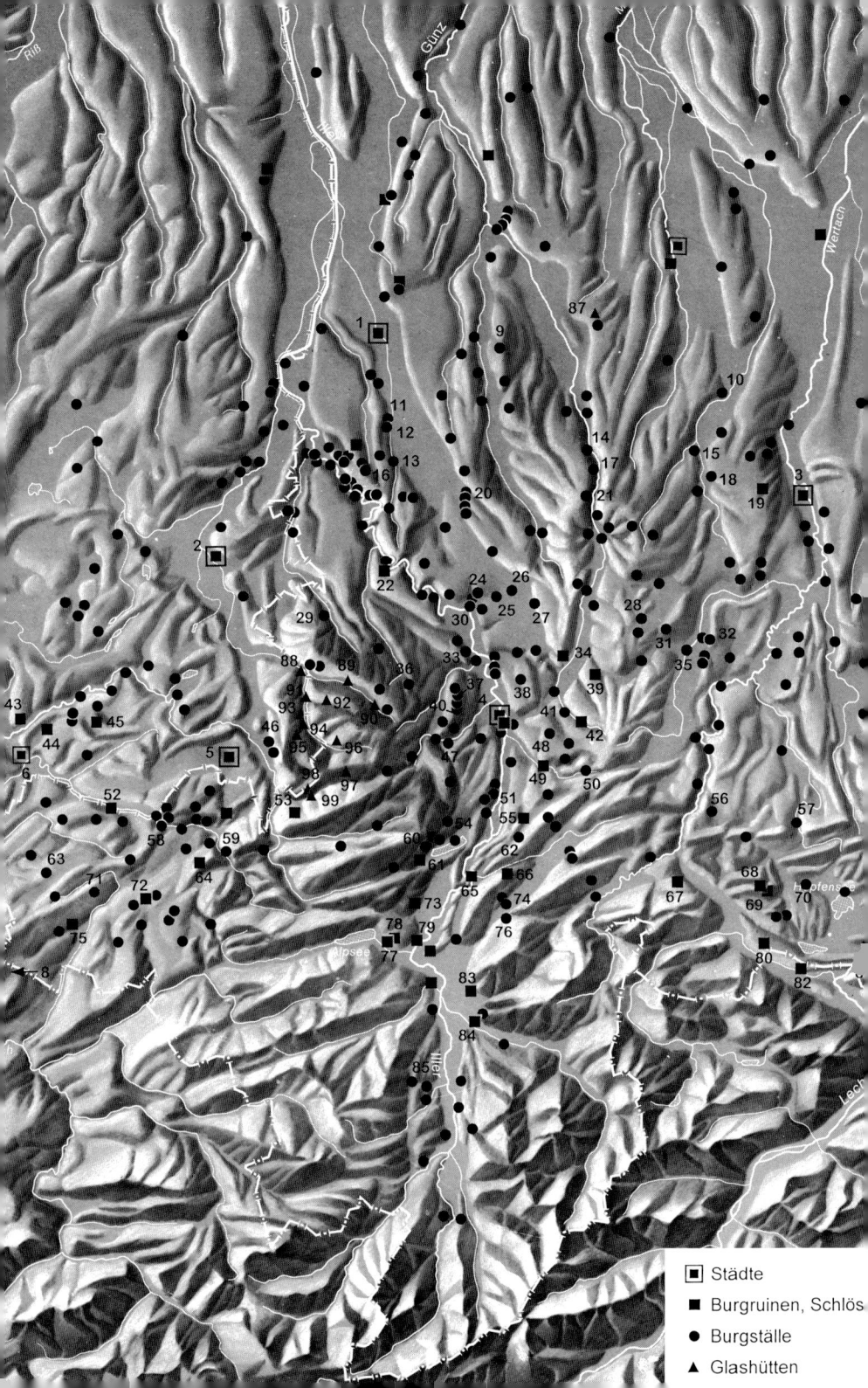

Städte

Burgruinen, Schlös

Burgställe

Glashütten

Erforschung der »dark ages« zwischen dem Abzug der Römer und der Gründung des Klosters in der Mitte des 8. Jahrhunderts weiterhin eine der vorrangigen Aufgaben archäologischer Arbeit in Kempten bleiben.

Für die Zeit der Reichsstadt liegen inzwischen Befunde vor, die die Entstehung des mittelalterlichen Kempten aus zwei Siedlungskernen wahrscheinlich machen (Abb. 25). Die Entwicklung der Siedlung um die > Pfarrkirche St. Mang, unter der auch die erste Klosterkirche vermutet werden darf, kann in Grenzen noch heute am Stadtplan nachvollzogen werden. Von dem Oval bei St. Mang, das etwa den ältesten Klosterbezirk markiert, läßt sich das Ausgreifen der Besiedlung nach Westen, wo zunächst ein zweiter Illerarm eine natürliche Grenze setzte, noch recht deutlich ablesen. Die archäologischen Befunde vom > Rathausplatz vermögen die Dynamik der Entwicklung im 13. Jahrhundert, als die erstarkende Stadtgemeinde auch in den Quellen faßbar wird, zu illustrieren.

Abb. 24 Fundstellen des Mittelalters und der frühen Neuzeit (im Text erwähnte Fundorte sind numeriert). 1 Memmingen; 2 Leutkirch; 3 Kaufbeuren; 4 Kempten; 5 Isny; 6 Wangen; 7 Füssen, 8 Lindau; 9 Stephansried; 10 Baisweil; 11 Woringen, »Vogelhaus«; 12 Woringen, »Burgösch«; 13 Zell; 14 Stein; 15 Eggenthal; 16 Hoher Rain (Süd); 17 Ronsberg; 18 Eggenthal-Romatsried; 19 Kemnat; 20 Grönenbach-Ittelsburg, »Falken«; 21 Obergünzburg-Liebenthann; 22 Kalden; 23 Bidingen; 24 Dietmannsried; 25 Überbach; 26 Haslach; 27 Haldenwang; 28 Kipfenberg; 29 Hohenthann; 30 Illerberg; 31 Reinhardsried; 32 Unterthingau-Haugen; 33 Rappenscheuchen; 34 Wagegg; 35 Reichenbachschanze; 36 Wiggensbach; 37 Elmatried; 38 Aschen; 39 Wolkenberg; 40 Kalbsangst; 41 Betzigau, »Heinzelberg«; 42 Baltenstein; 43 Praßberg; 44 Oflings; 45 Ratzenried; 46 Rohrdorf; 47 Stockach; 48 Haßberg; 49 Neuenburg (Durach); 50 Rothen; 51 Fischen; 52 Syrgenstein; 53 Alttrauchburg; 54 Oberburg; 55 Sulzberg; 56 Rückholz; 57 Seeg (Burk); 58 Zwirkenberg; 59 Hohenegg; 60 Linsen; 61 Niedersonthofen; 62 Burzatbachtel; 63 Tannenfels; 64 Altlaubenberg; 65 Langenegg; 66 Rettenberg; 67 Nesselburg; 68 Hohenfreyberg; 69 Eisenberg; 70 Hopfenburg; 71 Schreckenmanklitz; 72 Ellhofen; 73 Werdenstein; 74 Emmereis (Kapelle und Burgstall); 75 Altenburg (Altweiler); 76 Kranzegg; 77 Rothenfels; 78 Hugofels; 79 Laubenberg-Stein; 80 Falkenstein; 81 Füssen (Hohes Schloß); 82 Vilsegg; 83 Burgberg; 84 Fluhenstein; 85 Bolsterlang-Kierwang; 86 Ehrenberg; 87 im Glasergarten (Am Hohen First); 88 Schmidsfelden; 89 in der Unteren Kürnach; 90 in der Oberen Kürnach; 91 im Ulmer Tobel; 92 am Ausgang des Ulmer Tobels; 93 am Herrenberg; 94 im Eisenbach; 95 am Eisenbach; 96 im Eschachtal (Batschen); 97 oberhalb Wengen; 98 am Spitalhaus (Wengen); 99 bei Götzenberg.

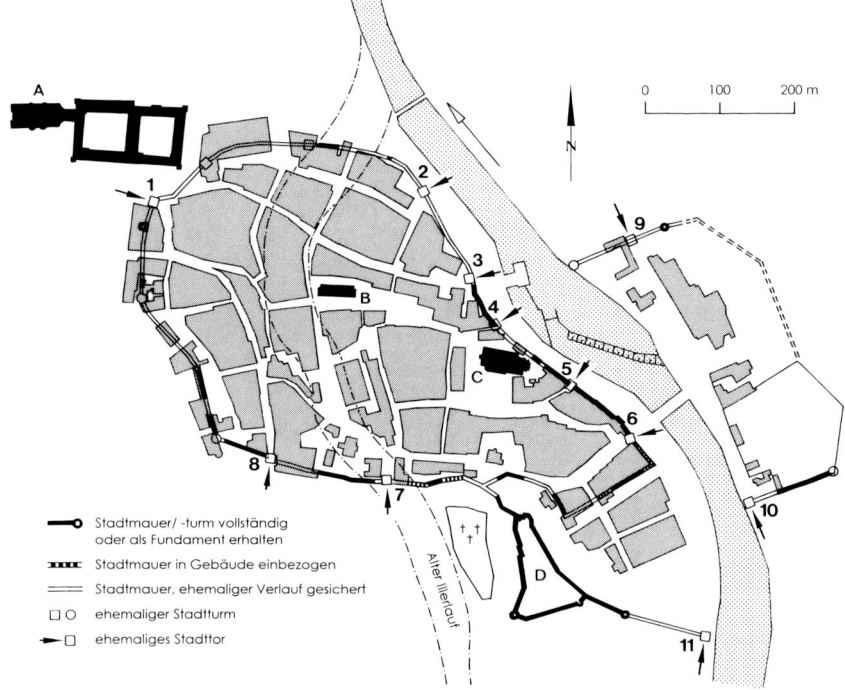

Abb. 25   Kempten und seine mittelalterliche Stadtbefestigung. Ummauerung vermutlich seit dem Ende des 13., bzw. Anfang des 14. Jahrhunderts. Anschlußstücke nach der Zerstörung der Burghalde 1363. Befestigung der Iller- und Brennergassenvorstadt im 15. Jahrhundert. Umbauten, Reparaturen und Verstärkungen bis zum Teilabbruch seit der Säkularisation. Keines der Tore ist im Original erhalten. A Basilika St. Lorenz mit Residenz; B Rathaus; C St. Mang; D Burghalde. 1 Klostertor, 2 Katzentor, 3 Radbadtor, 4 Mühltor, 5 Ankertörle, 6 Metzgertor, 7 Waisentor, 8 Fischertor, 9 Siechentor, 10 Steinrinnentor, 11 Tor in die Brennervorstadt.

Ein zweiter Siedlungskern war offenbar schon früh westlich des Illerarms entstanden, der bis ins Mittelalter die Diözesangrenze zwischen Konstanz und Augsburg bildete. Das Gräberfeld unter > St. Lorenz mit seinem wohl noch in das 8. Jahrhundert reichenden Belegungsbeginn läßt in Verbindung mit den eingangs erwähnten merowingischen Grabfunden aus dem Residenzhof darauf schließen, daß auch hier, auf der hochwasserfreien Terrasse, eine ins Frühmittelalter zurückreichende Siedlung gelegen haben muß, deren genaue Lage bislang jedoch unklar ist.

Undeutlicher als in Kempten ist die Entwicklung in >Füssen (Abb. 24,7), das ebenfalls eine römische Vorbesiedlung aufweist. Die Gründung einer Mönchszelle 746 durch den St. Gallener Mönch Magnus bildet hier den Ausgang der Siedlung, in der sich auch ein karolingischer Königshof zur Verwaltung des Fiskalbesitzes an der den Ort durchziehenden ehemaligen Via Claudia befunden haben muß. Dieser Königshof läßt sich bislang nur aus den Urkunden in der Gegend des heutigen Brotmarktes lokalisieren. Wie sich daraus die Ende des 13. Jahrhunderts ummauerte Stadt entwickelt hat, die durch die konsequente Herrschaft des Bischofs von Augsburg nie den Status einer Reichsstadt erlangen konnte, ist wegen des Fehlens von Grabungsresultaten praktisch unbekannt. Immerhin hat Füssen mit der um 1000 erbauten Magnuskrypta eines der wenigen vorromanischen Baudenkmäler des Allgäus.

Erheblich besser ist die Situation in >Memmingen (Abb. 24,1), das ebenfalls römische Wurzeln aufweist. Die bisherigen, mehr bauforscherisch-architekturgeschichtlich orientierten Forschungen konnten die Entwicklung des schon unter den Welfen bedeutenden Ortes in ihren Grundzügen aufzeigen; die jüngsten Grabungsresultate fügen wesentliche neue Erkenntnisse gerade zur Stadtwerdung hinzu. Besonders interessant ist der Nachweis der frühen Stadtbefestigung mit einem aufgeschütteten Wall, der bislang noch ohne Vergleich in der Region ist. Memmingen mit seinem noch recht gut erhaltenen spätmittelalterlichen Hausbestand sowie der guten archäologischen Ausgangslage könnte ein Wegweiser für die Stadtarchäologie im Allgäu werden.

Archäologische Befunde zur Stadtentwicklung des mittelalterlichen >Lindau (Abb. 24,8) fehlen bislang. Eine römische Vorbesiedlung der Insel ist nach dem bisherigen Kenntnisstand auszuschließen. Die Entstehung des Ortes aus den beiden Kernen um die Fischersiedlung bei St. Peter im Westen sowie um das adelige Damenstift bei St. Marien im Osten der Stadtinsel, die dann wohl in staufischer Zeit planmäßig miteinander verbunden wurden, ist in ihren Grundzügen zwar bekannt, könnte aber sicher durch die

Archäologie präzisiert werden. Da die Lindauer Altstadt von größeren baulichen Eingriffen weitgehend verschont blieb, sollte hier noch genügend archäologische Substanz im Boden vorhanden sein, in der sich durch die Lage Lindaus im Bodensee für Süddeutschland sonst seltene Materialien wie Holz oder Leder erhalten haben könnten. Vor allem die durch Aufschüttungen ab dem 13. Jahrhundert gewonnenen Parzellen im Norden und Süden der Insel lassen analog zu Konstanz auf gute Erhaltungsbedingungen hoffen, so daß durch die Dendrochronologie genaue Daten zur Baulanderschließung und so zur Stadtentwicklung gewonnen werden könnten.

Als Keimzelle des späteren > Kaufbeuren (Abb. 24,3) wird ein Königshof vermutet, dessen Lage in der Gegend des Franziskanerinnenklosters bislang nur aus einer Urkunde von 1261 zu erschließen ist. Während sich die staufische Stadterweiterung des 13. Jahrhunderts gut aus dem Stadtplan ablesen läßt, sind die Strukturen des welfischen Kaufbeuren unklar. Die Lage einer möglichen Burg des 1116 genannten Ortsadels ist aus den Urkunden ebenfalls nicht zu beantworten und muß somit fraglich bleiben.

Isny (Abb. 24,5) wurde von den Grafen von Veringen aus einem Fronhof planmäßig zu einem Marktort ausgebaut, wie der Stadtgrundriß mit seinem Hauptstraßenkreuz nahelegt. Die genaue Lage dieser bei der Klostergründung 1042 erstmals genannten *villa* ist jedoch nicht bekannt.

Schließlich sei noch auf Leutkirch verwiesen, wo die Ende des 8. Jahrhunderts erstmals genannte Kirche des Nibelgaus schon früh zentrale Funktionen wahrgenommen haben dürfte. Nach dieser Leutkirche wurde der Ort benannt, der sich aus den beiden Alamannendörfern Ufhofen und Mittelhofen entwickelte und der 1239 als *burgum* genannt wird.

Sieht man einmal von Kaufbeuren und Memmingen ab, die schon unter den Welfen mit ihrem Versuch der Errichtung eines geschlossenen Territoriums eine gewisse Bedeutung erlangen konnten, fällt die große Zeit der Städte auch im Allgäu in die staufische Epoche. Überall hören wir von der Formierung der Räte in den aufstrebenden Städten; der Prozeß der Loslösung vom Stadtherrn, der schließlich in die Reichsstadtwürde führen sollte, beginnt. Begünstigt wurde dies sicher durch die wirtschaftliche Bedeutung, die der Region in dieser Zeit zukam. Die Verarbeitung von Flachs zu Leinen, der von der Kaufherrenschaft bis in den Mittelmeerraum verhandelt wurde, schuf die Basis für den Wohlstand, der im Reichssteuerverzeichnis von 1241 deutlich vor Augen tritt. So konnte das vergleichsweise junge Kaufbeuren mit 90 Mark Silber selbst die alte Bischofsstadt Konstanz, die dem Reich 60 Mark schuldete, überholen.

Spätestens unter Rudolf von Habsburg, der nach dem Ende der Stauferherrschaft auch das Allgäu in der Landvogtei Oberschwaben neu organisierte, waren aus den hier behandelten Städten Reichsstädte geworden. Einzige Ausnahme bildet Füssen, das durch die Verpfändung der Vogtei an die Augsburger Bischöfe nicht über den Status einer Landstadt hinauskam. Doch auch in den übrigen Städten war es bis zur endgültigen Ablösung aller Rechte der ehemaligen Grundherren ein weiter Weg. Isny mußte dem Truchseß von Waldburg die Reichsfreiheit 1365 um 9000 Pfund

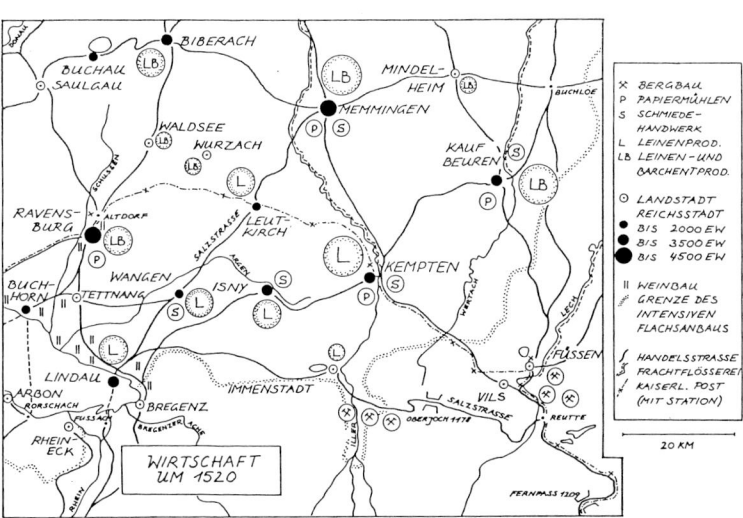

Abb. 26   Wirtschaft und Handelswege im Allgäu und im östlichen Oberschwaben in der frühen Neuzeit.

Heller abkaufen, in Kempten befreite die Bürgerschaft sich erst im »Großen Kauf« von 1525 endgültig von der Herrschaft des Stifts.

Das 14. Jahrhundert wird von dem Zusammenschluß der Städte des Allgäus im Schwäbischen Städtebund geprägt, bei dem die Verteidigung der Reichsfreiheit im Vordergrund stand. Im Wirtschaftsleben erfolgte in dieser Zeit ein großer Umschwung, gewann doch im Laufe des Jahrhunderts die Barchentherstellung an Bedeutung. Die Verarbeitung von Barchent, einem Mischgewebe aus Leinen und Baumwolle, blühte dermaßen auf, daß geradezu von einer Barchentindustrielandschaft gesprochen werden kann. Wichtig für das Wirtschaftsleben war aber auch die Eisenverarbeitung; Erzeugnisse Allgäuer Schmiede wie etwa Sensen wurden weithin verhandelt (Abb. 26).

Den sichtbaren Ausdruck reichsstädtischen Selbstverständnisses bilden die Stadtbefestigungen; mehr oder weniger umfangreiche Reste, die in ihren ältesten Teilen in der Regel noch in das 13. Jahrhundert zurückreichen, haben sich in den meisten Städten erhalten. Isny und Wangen können darüber hinaus noch mit gut erhaltenen Stadttoren aufwarten. Auch die Rathäuser zeigen das Selbstbewußtsein der Städte, wovon die großen spätmittelalterlichen Bauten in Lindau und Kempten noch heute Zeugnis ablegen. In Kempten ging man sogar so weit, eine Gruppe von Bürgerhäusern abzureißen, um das Rathaus baulich freizustellen.

Die Erforschung der Bürgerhäuser in den Städten steckt noch in den Anfängen, in den einschlägigen Bürgerhausbänden sucht man die Region vergebens. Lediglich Lindau mit seinem umfangreichen Bestand an gotischen, teilweise noch bis in die Romanik zurückreichenden Bürgerhäusern hat bereits eine eingehende Bearbeitung erfahren. Eine solche steht für die übrigen Orte noch aus, obwohl auch dort der Hausbestand oft noch mindestens bis ins Spätmittelalter zurückreicht und mit Ausnahme Kemptens, das in einer Modellsanierung der sechziger und siebziger Jahre einen Großteil seiner Altbausubstanz einbüßte, recht gut bis in unsere Zeit gekommen ist.

Literatur:
F. L. Baumann/J. Rottenkolber, Geschichte des Allgäus (1883–1938). – V. Dotterweich u. a. (Hrsg.), Geschichte der Stadt Kempten (1989). – K. O. Müller, Die oberschwäbischen Reichsstädte. Ihre Entstehung und ältere Verfassung (1912). – W. Petz, Reichsstädte zur Blütezeit 1350–1550. Alltag und Kultur im Allgäu und in Oberschwaben (1989). – W. v. Stromer, Die Gründung der Baumwollindustrie im Mittelalter. Monogr. zur Gesch. d. Mittelalters 17 (1978).

Stefan Kirchberger

Die Burgen

Das Allgäu hatte im Mittelalter mit über 240 nachweisbaren Burgen eine erstaunliche Burgendichte (Abb. 24). Dies erklärt sich aus mehreren Faktoren: Bergbau, Eisenverarbeitung, Flachsverarbeitung und der Handel mit diesen Produkten spielten zu der Zeit eine bedeutende Rolle. Zudem zogen zwei wichtige Handelswege durch das Allgäu: Eine W–O–Route von München an den Bodensee und die alte N–S-Verbindung zum Brenner. Daher bildeten sich hier schon im Hochmittelalter miteinander konkurrierende Zentren, allen voran die Klöster, die ihre ausgedehnten Besitzungen mit Dienstmannen besetzten. Die Verhältnisse waren, nicht zuletzt durch häufigen Besitzerwechsel, oft kompliziert. Das Hochstift Augsburg hielt u. a. Füssen, Seeg, Hopfen, Kranzegg, Nesselburg, später dann auch Burgberg und > Fluhenstein; das Kloster St. Gallen hatte Besitzungen vor allem um Wangen mit den Burgen Oflings, Praßberg, Ratzenried, Syrgenstein, Tannenfels sowie (Alt-)Laubenberg; dem Kloster Ottobeuren gehörten Altusried und Haldenwang. Die meisten Ministerialen aber standen in Diensten des Stiftes Kempten, mit Burgen u. a. in Kalden, > Langenegg, Neuenburg bei Durach, Sulzberg, Wagegg, Werdenstein, Wolkenberg etc. Daneben gab es edelfreie Geschlechter, von denen die Rettenberger mit Nebenlinien auf Alttrauchburg, Hohenegg, Hohenthann und Vilsegg wohl die bedeutendsten waren. Im 15. Jahrhundert entstand zusätzlich die Reichsgrafschaft Rothenfels unter den Grafen von Montfort.
Auch die geologische Beschaffenheit begünstigte das Entstehen

einer dichten Burgenlandschaft, denn das Allgäu ist in weiten Teilen ein Berg- und Hügelland mit vielen Tälern (=Tobeln). Dementsprechend finden wir hier sehr viele Burganlagen auf Hügelgipfeln oder Felsklötzen, vor allem aber auf Bergspornen neben Tobeln oder über Flußschleifen. Hierbei war die Wahl des Platzes weniger von fortifikatorischen Aspekten bestimmt; wichtig war, gut sichtbar am Talrand zu sitzen und vor allem die Sicherheit der für die Versorgung der Burg lebenswichtigen Wirtschaftsgründe und -betriebe gewährleisten zu können. Daher finden wir meist im direkten Umfeld der Burg den alten Meierhof, für den sich im Allgäu schon im Spätmittelalter der Terminus »Bauhof« eingebürgert hat. Noch immer anschauliche Beispiele für die unmittelbare Nähe von Burg und Wirtschaftsgut sind Sulzberg sowie die Doppelburg Rothenfels und Hugofels.

Spätestens im 12. Jahrhundert kommen die Motten auf, die noch im 13. und evtl. 14. Jahrhundert beim niederen Adel als Bauform beibehalten werden. Ein eindrucksvolles Beispiel ist Seeg, wo den kreisrunden konischen Mottenhügel ein breiter Wassergraben umgab. Auf diesem Hügel stand anfangs wohl ein palisadenumwehrter hölzerner Turm- oder Hausbau, der später in Stein ersetzt wurde. Solche Anlagen aus vergänglichem Material sind ohne archäologische Untersuchungen nicht näher datierbar, da sie mitunter komplizierte Bauabfolgen aufweisen und auf ältere, überschüttete Vorgängerbauten zurückgehen können. Die Anlage bei Weiler-Simmerberg-Schreckenmanklitz mit einem mächtigen Doppelwassergraben mit Mittelwall zeigt die Langlebigkeit dieses Burgentyps, wird die Burg doch erst 1403 sicher erwähnt.

Während sich der niedere und mittlere Adel einfachste Burganlagen aus Holz und Erde errichtete, bauten viele der bessergestellten Geschlechter um 1130/40 schon in Stein. Kleinformatige, sog. »hammergerechte« bzw. handliche Steinquader in sorgfältiger Schichtung kennzeichnen diese frühen Bauten. Hochinteressant ist die Architektur der Burgruine Rettenberg. Die Rettenberger standen sozial hoch über allen benachbarten Adelsfamilien. Dies illustriert auch ihre wohl im frühen 12. Jahrhundert aus Stein erbaute Burg: Ihr Gemäuer sprang weithin sichtbar am Nordende des

Rottachberges vor. Der erneute Machtzuwachs unter den Staufern äußert sich im Ausbau der Burg. Mit dem extremen Lageplatz waren natürlich Unbequemlichkeiten verbunden, die man offensichtlich des Statussymbols wegen in Kauf nahm. Neben Rettenberg ist Burgberg ein instruktives Beispiel: Die W-Hälfte der zweigeschossig aufragenden Nordwand ist der Rest eines schlichten Turmbaues von etwa 10 x 10 m Größe.

Im rückwärtigen Teil der ausgedehnten Burgruine > Sulzberg (Abb. 24,55) wurde 1991/1992 eine kleine Vorgängerburg ausgegraben. Sie bestand aus einer Ringmauer, die ein Felsplateau umfriedete, einem Eckturm und dem Wohngebäude.

Sulzberg leitet sinnvoll über zum Burgenbau der Stauferzeit, denn hier kam es wohl im 13. Jahrhundert zum Großausbau der Burg, die nun eine gleichfalls zeitgemäße Repräsentationsarchitektur erhielt. Immerhin waren die Sulzberger als Mundschenken des Stiftes Kempten bedeutende Ministerialen. Als Statussymbol fungierte vor allem der hochaufragende ca. 10 x 10 m große Bergfried.

Eine Sulzberger Nebenlinie gründete im 13. Jahrhundert die Burg Neuensulzberg, heute Neuenburg ob Durach. Auch hier findet sich ein etwa gleichgroßer Bergfried, der den Zugang zur Burg mitsicherte, sich also an der Frontseite erhob (Abb. 27).

Auffällig ist, daß im 13. und 14. Jahrhundert im Allgäu eine ganze Reihe viereckiger Bergfriede mit einem Standardmaß von etwa 10 x 10 m entstanden (Praßberg, Sulzberg, Neuenburg, Wolkenberg, Vilsegg in Nordtirol usw.); daneben existieren typische Vertreter des etwas kleineren Bergfriedtyps wie Rothenfels, Ellhofen, Altenburg. Runde Bergfriede fehlen; Rundtürme gehören erst ins 15. oder 16. Jahrhundert (Laubenberg-Stein, Hohenfreyberg, Ratzenried).

Feste Häuser sind gleichfalls selten; der älteste Teil der Alttrauchburg besteht aus solch einem Kernbau. Auch die sagenumwobene Burg > Falkenstein bei Pfronten (Abb. 24,80) muß man diesem Typ zurechnen, wenngleich sie erst im späten 13. Jahrhundert entstand.

Wohntürme bzw. Turmhäuser aus der Stauferzeit sind im Allgäu durchaus bekannt. > Waltenhofen-Langenegg (Abb. 24,65) als

Abb. 27   Rekonstruktionsvorschlag der Ruine Neuenburg.

sehr gut erhaltenes Beispiel datiert wohl in die Mitte des 13. Jahrhunderts. Ungewöhnlich ist der länglich-polygonale Wohnturm von Baltenstein, der seine Grundform dem Findling anpaßt, auf dem er steht. Aufgrund seiner geringen Grundfläche ist mit einem stark vorkragenden Fachwerkaufbau zu rechnen.

Ins ausgehende 13. und vor allem 14. Jahrhundert gehören die meisten Schildmauerburgen Deutschlands. So auch die beiden Allgäuer Vertreter dieses Typs, Grönenbach im Unterallgäu und die > Nesselburg bei Nesselwang (Abb. 24,67). Diese Burg liegt an einem sehr steilen Hang und wendete ihm daher eine 2,6 m starke, fensterlose Schildmauer zu (Abb. 78). Sie dürfte kurz vor 1300 entstanden sein.

Burgneubauten nehmen im 14. Jahrhundert stark ab. > Fluhenstein bei Sonthofen, 1362 errichtet, ist ebenso wie > Eisenberg (Abb. 24,69) ein anschauliches Beispiel dafür, wie stark gekrümmte Bauformen nun in die Grundrißkonzeptionen Eingang fanden.

90

Bei Fluhenstein mündet das trapezoide Hauptgebäude hangseitig in einen höher aufragenden Halbrundturm, der zugleich auch das danebengelegene Tor zur Vorburg mitsicherte (Abb. 88). Die wohl 1330/40 erbaute Kernburg von Eisenberg ist eine eigenwillige Burganlage von ovaler Grundgestalt mit einer enorm hoch aufragenden Mantelmauer, an die sich innen mehrgeschossige Wohnbauten mit Pultdach anlehnten.

1418–1432 entstand gegenüber Eisenberg die > Burg Hohenfreyberg (Abb. 24,68): eine langrechteckige Kernburg mit Halbrundtürmen an beiden Enden, noch ohne spezielle Artilleriescharten.

Erst das späte 15. und 16. Jahrhundert brachten entscheidende Änderungen in der Wehrarchitektur. Jetzt hatte man geeignete Bauformen gefunden, um Artilleriewaffen einzusetzen und abzuwehren. Umwehrungen mit maul- und schlüsselschartenbewehrten Rundtürmen oder Halbschalentürmen entstanden auf Ratzenried, Hohenfreiberg, Eisenberg, Neuenburg/Durach, Alttrauchburg, Sulzberg, Laubenberg-Stein, Praßberg, Neu-Kalden etc. Manche Burgen (Ratzenried, Hohenfreiberg, Laubenberg-Stein, Ehrenberg in Nordtirol) erhielten zusätzlich einen wuchtigen donjonartigen Rundturm als Artilleriebollwerk.

Literatur:
A. Antonow, Burgen des südwestdeutschen Raumes im 13. und 14. Jahrhundert unter besonderer Berücksichtigung der Schildmauer (1977). – Ders., Planung und Bau von Burgen im süddeutschen Raum (1993). – G. P. Fehring, Frühmittelalterliche Wehranlagen in Südwestdeutschland. In: Chateau Gaillard V (1972). – Merkt, Burgen. – Nessler I u. II. – Petzet 1959. – Ders., 1960. – Ders., 1964. – J. Zeune, Salierzeitliche Burgen in Bayern. In: H.-W. Böhme (Hrsg.), Burgen der Salierzeit (1991), 177 ff.

Joachim Zeune

Die Burgställe

Der Begriff »Burgstall« hat sich als Bezeichnung für eine Befestigungsanlage eingebürgert, von der sich keine bedeutenden steinernen Baureste erhalten haben, sondern nur Wälle, Gräben und der

Burgplatz selbst. Zu den ca. 60 Burgruinen kommen etwa 180 sicher lokalisierte Burgställe hinzu (Abb. 24). Durch Bodeneingriffe bei Baumaßnahmen, Kiesabbau, Einebnungen und die natürliche Erosion wird ihr Bestand alljährlich dezimiert oder der Erhaltungszustand drastisch verschlechtert.

Richtet man bei der Erforschung mittelalterlicher Befestigungen in unserem Landstrich das Augenmerk lediglich auf diejenigen Burganlagen, die durch Zufall heute noch relativ umfangreiche Mauerreste vorweisen, ergibt sich ein verzerrtes Bild der Siedlungs- und Herrschaftsentwicklung des mittelalterlichen Allgäus. So fielen nämlich sogar politisch bedeutsame oder ehemals vom Baukörper mächtige Burgen wie > Obergünzburg-Liebenthann, Hohenthann, Ronsberg, Stein, Hohenegg, Wagegg und Hopfen durch das Raster.

Auch die Burghalde in Kempten kann heute mit einem Burgstall gleichgesetzt werden, da sie kaum noch im Original erhaltene mittelalterliche Bausubstanz aufweist und der Burgplatz in den nachmittelalterlichen Jahrhunderten tiefgreifend verändert wurde.

In der überregionalen historischen Entwicklung spielte der größte Teil der Allgäuer Befestigungen mit seinen adeligen Nutzern kaum eine Rolle, dafür kann ihre lokale Bedeutung für die Erschließung neuer Räume durch Rodung und Bewirtschaftung von Urwaldflächen nicht hoch genug eingeschätzt werden. Heute liegen zwar viele Burgställe wieder abgelegen im Wald, im Mittelalter aber waren sie oft Keimzellen neuer Siedlungen. Eine Differenzierung des zeitlichen Ablaufs der Siedlungsentwicklung, besonders der Kolonisation von neugerodetem Land, ist bis zu einem gewissen Grad durch die Analyse der Flur- und Ortsnamen möglich; detailliertere Informationen bieten allerdings nur professionelle archäologische Untersuchungen von verschiedenen Burgställen.

Ohne die Arbeit des Heimatforschers und Kemptener Oberbürgermeisters O. Merkt, der von den zwanziger bis in die fünfziger Jahre Ruinen und Burgställe erfaßte, mit sogenannten Gedenksteinen markieren und so auch gleichsam schützen ließ, wäre unser gegenwärtiges Wissen über diese so bedeutenden Zeugen mittelalterlichen Landesausbaus wesentlich geringer. Ebenfalls in die dreißiger

Abb. 28   Rekonstruktionsvorschlag des Burgstalls Emmereis.

Jahre fallen mehrere Grabungen z. B. auf dem Burgstall > Unterthingau-Haugen, > Eggenthal-Romatsried, dem Hohen Rain-Süd
und Emmereis. Schürfungen und kleinere Sondagen fanden seit
dem späten 19. Jahrhundert u. a. auf Seeg, Elmatried und dem
Burzatbachtel statt. Archäologische Notmaßnahmen waren in den
letzten Jahren nach Raubgrabungen auf Liebenthann, wegen Kies-
abbaus auf Hohenthann sowie zuletzt auf der ehemaligen Burg
Ronsberg notwendig. Zahlreiche Lesefunde von Burgställen aus
dem gesamten Allgäu warten außerdem noch auf ihre Auswertung.
Die Vielfalt der Bauformen und topographischen Lagen, die bei
den hiesigen Anlagen feststellbar ist, erklärt sich einerseits aus den
zahlreichen Funktionen, die der Siedlungstyp »Burg« vom 9. bis
zum 15. Jahrhundert erfüllen sollte, andererseits auch aus der unterschiedlichen geologischen Struktur der Baugründe. Die Spannwei-
te reicht dabei vom einfach befestigten, auf sanfter Kuppe oder im
Tal gelegenen Hof in Holz/Erde-Bauweise wie etwa Haugen und
Emmereis (Abb. 28) bis zur aufwendig gestalteten steinernen Hö-

henburg, die mehrere Jahrhunderte lang als Herrschaftsmittelpunkt diente, wie Liebenthann. In oder zumindest nahe bei Siedlungen finden sich etliche Motten, also künstlich erhöhte, abgesteilte oder komplett aufgeschüttete Hügel, wie die Burgställe in Dietmannsried, Stephansried, Reinhartsried und Überbach, das »Vogelhaus« in Woringen oder die sog. Reichenbachschanze in Unterthingau. Turmartige Bauten auf diesen Hügeln konnten als Minimum adeligen Wohnens ebenso der Demonstration von Herrschaftspräsenz wie auch der Verwaltung und der gesicherten Aufbewahrung von Vorräten in Gefahrenzeiten dienen. Einige Anlagen lassen sich mit teilweise noch unfreien Familien des Niederadels in Verbindung bringen, bei anderen sind zumindest die Lehensherren bekannt, für wieder andere jedoch fehlt jeder urkundliche Hinweis auf die Nutzer.

Motten, ursprünglich mit Pfostenbauten, hölzernen, mitunter turmartigen Gebäuden auf Steinsockeln oder sogar qualitätvollen Steintürmen bebaut, sind auch abseits von Siedlungen, z. B. im Zusammenhang mit Rodungsvorstößen, als Grenzmarkierungen, zur Sicherung von montanen Abbauanlagen, an Zollstellen und in anderen, aus verschiedenen Gründen bedeutsamen Lagen festzustellen. Ihr früher wohl meist vorhandener befestigter Vorburgbereich hat sich nur in wenigen Fällen so deutlich erhalten wie bei Haslach südlich von Probstried, Kipfenberg (Taf. 8, unten), Heinzelberg oder Zwirkenberg.

Wasserburgen sind im Allgäu ebenfalls anzutreffen, auch wenn nicht bei allen der umliegende Weiher oder die Gräben heute noch Wasser führen wie in Dietmannsried, Weiler-Simmerberg-Schrekkenmanklitz oder Haßberg. Früher sicher von Wasser umgeben waren Niedersonthofen, Aschen, Bidingen, Rückholz und Seeg. Der heute völlig trocken liegende Burgstall Haslach bei Probstried wurde im Volksmund »Wasserburg« genannt.

Ein weiterer sehr verbreiteter Bautyp sind aus Geländekanten durch teilweise beachtliche Gräben herausgeschnittene Burgflächen wie Kalbsangst, Wiggensbach, Illerberg, Stockach, Rappenscheuchen, Linsen u. v. m. Manche von diesen Anlagen zeigen noch Fundamente wohl turmartiger Steinbauten wie z. B. Oberburg,

Fischen oder in einem Abschnitt der umfangreichen Baisweiler Anlage.

Auf Geländespornen, die durch Gräben und Wälle von der übrigen Hochfläche abgeteilt wurden, liegen ebenfalls zahlreiche mittelalterliche Wehranlagen. Teilweise ist deren gesamte Fläche so umfangreich, daß sie einst – vielleicht nur temporär – eine kleinere Siedlung umfaßt haben könnte. Leider erkennt man gerade bei diesem Typ heute oftmals nur noch die Befestigungen der Spornspitze, die manchmal mit mächtigen Schildwällen ausgestattet sind wie Rohrdorf, Zell bei Grönenbach oder Rothen. Mit einiger Sicherheit früher vorhandene Vorburgabschnitte, die in glücklichen Einzelfällen noch in den dreißiger Jahren dokumentiert wurden, können heute bei vielen Anlagen nicht einmal mehr andeutungsweise beobachtet werden.

Im Allgäu finden sich auch mehrere Burgställe, die höchstwahrscheinlich schon in vorgeschichtlicher Zeit befestigt waren. Ihre Lage und die bereits vorhandene fortifikatorische Ausstattung begünstigte eine Wiedernutzung als Burgplatz im Mittelalter. Beispiele dafür sind der > Falken bei Grönenbach (Abb. 7,7, 10,15, 24,20), sicher die Anlage im Burzatbachtel oder das > Burgösch oberhalb Woringen (Abb. 24,12). Auf der wohl ebenfalls vorgeschichtlich genutzten > Entschenburg bei Sonthofen-Walten, der Ettliser Höhe, dem Menschenstein oder dem Burgstall Gabis ließen sich bisher keinerlei Hinweise auf eine mittelalterliche Neu- oder Wiederbefestigung finden.

Literatur:
B. Kata, Funktion und Bedeutung mittelalterlicher Befestigungsanlagen im Allgäu (im Druck). – Merkt, Burgen. Allgäuer Geschfreund 1888 ff.

Birgit Kata

Spätmittelalterliche und neuzeitliche Glashütten im Allgäu (Abb. 24)

Wald- und Wasserreichtum zeichnen das Allgäu seit jeher aus; vielfältige Handwerke spezialisierten sich auf die Ausnutzung dieser natürlichen Ressourcen. In zwei Gebieten des Allgäus kamen noch weitere für die Glasproduktion unentbehrliche Rohstoffe – Quarzkiesel- und Kalksteinvorkommen – dazu: zum einen im Unterallgäu im Bereich um den Hohen First, zum anderen zwischen Kempten und Isny in den Tälern von Eschach, Kürnach, der Wengener Argen und etlichen anderen kleinen Flüssen und Bächen. Flurnamen wie Buchenberg künden von den dort ebenfalls gelegenen Buchenwäldern, die besonders geeignetes Holz zur Aschenbrennerei und Köhlerei lieferten. Reine Buchenasche wurde im Mittelalter vor Verwendung der Pottasche als Flußmittel zum Schmelzen des Quarzgrieses zugesetzt.

Im Unterallgäu müssen im Spätmittelalter und der frühen Neuzeit im Gebiet um den Hohen First mehrere Hütten bestanden haben, denn in verschiedenen Urkunden sind Flurnamen überliefert, die mit Glasherstellung in Zusammenhang stehen wie »zu der Glashütten« und ähnliches. Außer diesen Einzelerwähnungen weiß man bisher so gut wie nichts über diese und andere frühe Unterallgäuer Produktionsstätten. Umfangreiche Lesefunde im Flurstück »Glasergarten« am Hohen First stammen mit großer Wahrscheinlichkeit von einer Hütte, die 1712 errichtet und schon 1732 wegen Abwanderung der Handwerker ins Bayerische wieder aufgelassen wurde. Eine weitere Glashütte, aus der die Fensterscheiben zum Bau des Klosters Ottobeuren stammen sollen, bestand bis 1845 in der Einöde »Glashof« im Wald bei Niederrieden.

Während für die Unterallgäuer Glashütten urkundliche Belege bereits aus dem 15. Jahrhundert vorliegen, läßt sich die Glasherstellung rund um den Schwarzen Grat und die Adelegg, wie die Hügelgruppe zwischen Buchenberg, Wengen und Rohrdorf auch heißt, erst in der ersten Hälfte des 17. Jahrhunderts in historischen Quellen fassen. 1621 beauftragten die Truchsessen von Waldburg den Zürcher Bürger Hans Heinrich Huber, in der Herrschaft Trauchburg Bergwerke, eine Salpeter- und Pulverhütte und einen Glasofen zu errichten, um die dort vorhandenen Bodenschätze auszunutzen. In den Dokumenten rund um diese Vorgänge ist auch die Rede von »kemptischen Glasern« und Glashütten des Stiftes Kempten, was beweist, daß die Ausnutzung der Adelegger Rohstoffe zur Glasherstellung schon ein halbes Jahrhundert vor dem ersten erhaltenen Bestandvertrag für eine stiftkemptische Glashütte von 1669 in vollem Gange war. Die Standorte dieser frühen Produktionsstätten sind bis jetzt noch nicht lokalisiert. Entsprechende Flurnamen, die aber auch von späteren Glashütten stammen können, finden sich in dem gesamten Gebiet sehr häufig; systematische Begehungen sind allerdings durch dichte Jungwaldbestände zum Teil unmöglich.

Mehr Informationen − auch über die Lage der Hütten − haben wir für die dortige Glasmacherei nach dem Dreißigjährigen Krieg, als nicht nur das Stift Kempten für den Neubau der Basilika und der Residenz große Mengen von Fensterglas benötigte, sondern auch das Kloster St. Georg in Isny und die Herrschaft Trauchburg für den Wiederaufbau nach den Kriegszerstörungen hier Glas produzieren ließen.

Oberirdisch ist von der Glasmacherei im Allgäu so gut wie nichts mehr zu finden. Nur bei intensiven Begehungen der Hüttenplätze − weitergehende archäologische Untersuchungen fanden bisher nicht statt − lassen sich in Bodenaufschlüssen durch Wege- und Hausbau viele Überreste der Glasproduktion feststellen: Neben Schlacken kommen Scherben von Hohl- und Flachgläsern, Halbfabrikate, Glasfluß, Rohglasbrocken und Gefäßkeramik zutage (Taf. 8, oben). Die Datierung dieser Lesefunde wird durch zahlreiche Urkunden zum teilweise nur wenige Jahre umfassenden Bestand der Hütten gestützt. Allerdings muß dabei bedacht werden, daß damals bereits Altglasscherben zum Wiedereinschmelzen gesammelt wurden, einige der Fundstücke also wesentlich älter sein können als die urkundlich belegte Werkstatt selbst.

Der große Holzverbrauch zum Asche- und Kalkbrennen und zum Betrieb der Glasöfen machte eine Verlegung der Hütten nach wenigen Jahrzehnten notwendig. Wasserläufe, die für den Antrieb der Stampfmühlen zur Zerkleinerung der gebrannten Quarzkiesel wie für zahlreiche Spül- und Waschgänge notwendig waren, waren und sind in allen Tälern des Adelegg vorhanden und wurden bei Bedarf zusätzlich aufgestaut, wie einige Mauerreste im Tobel beim Weiler »Glashütte« bei Götzenberg heute noch zeigen.

Aus den ersten kleinen Hütten im 17. Jahrhundert entwickelten sich rasch frühindustrielle Betriebe mit großer Produktionskraft. Insgesamt sind aus dem Gebiet um den Schwarzen Grat die Standorte von zwölf Betrieben zwischen dem 17. und dem 19. Jahrhundert bekannt.

Mit dem Bau der Eisenbahn begann der Niedergang der Allgäuer Glasproduktion. Andere, wirtschaftlich stärkere Produktionslandschaften lieferten günstigere Glaswaren zu den traditionellen Absatzmärkten für Allgäuer Glas. Als letzte Glasfabrik schloß 1898 die Hütte in Leutkirch-Schmidsfelden ihren Betrieb. Damit hörte ein Allgäuer Handwerkszweig auf zu existieren, der über viele Jahrhunderte Gestalt, Kultur und Tradition eines Landstriches geprägt hatte.

Einen anschaulichen Reflex dieses Handwerks findet man in der Sammlung, die Julius Christmann, der letzte Betreiber der Glashütte in Schmidsfelden, 1929 dem Heimatmuseum in Kempten übergeben hat. Weitere Bestände aus dem Besitz der Familie Christmann und des Heimatmuseums in Leutkirch werden in Zukunft zur Ausstattung eines kleinen Museums im letzten noch bestehenden Gebäude der Glashütte Schmidsfelden dienen.

Literatur:
M. Förderreuther, Über Allgäuer Glashütten. Allgäuer Geschfreund N. F. 32, 1931, 1 ff. – K. Greiner, Die Glashütten in Württemberg (1971). – M. Felle, Schmidsfelden – Eine Glashütte im 19. Jahrhundert (1977). – F. Schwarz, Allgäuer Glasmacher – Zur Geschichte der Glasmacher im Fürststift Kempten (1985).

Birgit Kata

Tafel 1   Füssen-Weißensee, Abri »Unter den Seewänden«: Blick von Norden auf
das Felsschutzdach unter einem Block aus Wettersteinkalk.

Tafel 2   Mindelheim: Hallstattzeitliche Funde aus verschiedenen Grabhügeln.

Tafel 3   Buchenberg: Römische Geleisestraße zur Paßhöhe (rechts).

Tafel 4   Oben: Der Auerberg von Westen mit Kirchberg und Schloßberg-Nord-
hang. Im Hintergrund der Hohe Peißenberg.
Unten: Schwangau: Fresko aus dem Wohnhaus der Villa.

Tafel 5   Der Schatzfund von Wiggensbach mit einem kleinen Teil der Münzen.

Tafel 6   Der Schatzfund vom Rembrechts mit einem
Teil der Münzen (links).

Tafel 7   1 Salgen: Filigranscheibenfibel aus Goldblech; 2
Biessenhofen–Ebenhofen, Grab 21: Silberplattierte Rie-
menzunge mit Psalminschrift; 3 Salgen: Mediterrane
Griffschale aus Bronze.

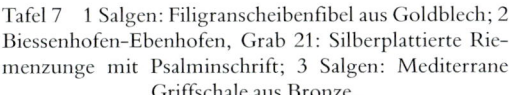

Tafel 8   Oben: Frühneuzeitliche Glasfunde aus Kempten (hinten) und Produktionsabfälle aus dem Wengener Tal (vorne).
Unten: Unterthingau-Kipfenberg: Luftbild des Burgstalls von Norden.

Objektbeschreibungen

Die Stadtgöttin »Camboduna«, eine allegorische Darstellung der Reichsstadt Kempten, empfängt die Götter des Olymp. Deckenfresko von Franz Georg Hermann, signiert 1741, im Festsaal des »Ponikauhauses«, Rathausplatz 10/12, heute Sitz der

ALLGÄUER VOLKSBANK eG
Kempten – Sonthofen

Kempten

Römerstadt Cambodunum

Auf der ebenen Oberfläche einer eiszeitlichen Schotterterrasse, gebildet von den Schmelzwassern des Illergletschers, und auf dem rechten Hochufer der Iller liegt das römische *Cambodunum* der frühen und mittleren Kaiserzeit (Abb. 29). Bislang ist archäologisch nicht geklärt, ob die Hochuferkante und damit der heutige w Stadtrand der antiken W-Stadtgrenze entsprechen.

Der antike Name ist in verschiedenen Quellen wie folgt überliefert: Strabon von Amaseia (64/63 v.–18/23 n. Chr.), Geographika 4,206, in Florentiner Handschrift verschrieben als »Kandobounon«; Claudius Ptolemaios (ca. 100–170 n. Chr.), Geographias Hyphegesis 2,12,3 »Kambodounon«; Tabula Peutingeriana (3.–Mitte 5. Jh.) »Camboduno«; Itinerarium Antonini (3. Jh.), 237 »Campoduno«; Notitia Dignitatum Occidentis (1. Hälfte 5. Jh.) 35,8 und 19 »Cambidano«; Grabstein aus Budapest (CIL III 15162, 1. Hälfte 2. Jh.) »Camboduno«; > Meilenstein aus dem ehem. Kloster Isny (CIL III 5987, 201 n. Chr.): »a Camb(oduno)«. In der Schreibweise Campidonia bleibt – neben »vulgo Kempten« – der antike Name Cambodunum, z. B. auf stiftkemptischen Talern, bis ins 18. Jahrhundert in Gebrauch.

Nach den ersten Ausgrabungen des Kemptener Altertumsvereins 1885–1911 unter A. Ullrich übernahm 1912–1935 das Bayer. Landesamt für Denkmalpflege unter P. Reinecke die Grabungsleitung. Erstmals konnten z. T. bis heute gültige Grundzüge der antiken Stadtentwicklung dargestellt werden.

In den zwanziger, dreißiger und fünfziger Jahren unseres Jahrhunderts wurden gegen den Widerstand der Denkmalpflege große Teile des römischen Siedlungsareals überbaut. Grabungen fanden u. a. 1953 in einer *insula*-Fläche und 1952–1967 im Gräberfeld auf der Keckwiese statt. Seit 1982 betreibt die Stadtarchäologie Kempten Nachuntersuchungen als Vorarbeit für einen archäologischen Park.

Nur wenige vorgeschichtliche Einzelfunde konnten bisher unter oder im Umfeld der Römerstadt rechts der Iller geborgen werden. Sie reichen vom Mesolithikum bis zur Latènezeit; Befunde, mit denen sie in Verbindung gebracht werden können, fehlen zumeist. Die bislang bekannte Ausdehnung der römischen Siedlung rechts der Iller (Abb. 29) beträgt von N nach S bzw. NW nach SO knapp 700 m, von W nach O bzw. SW nach NO gut 500 m. Nach N

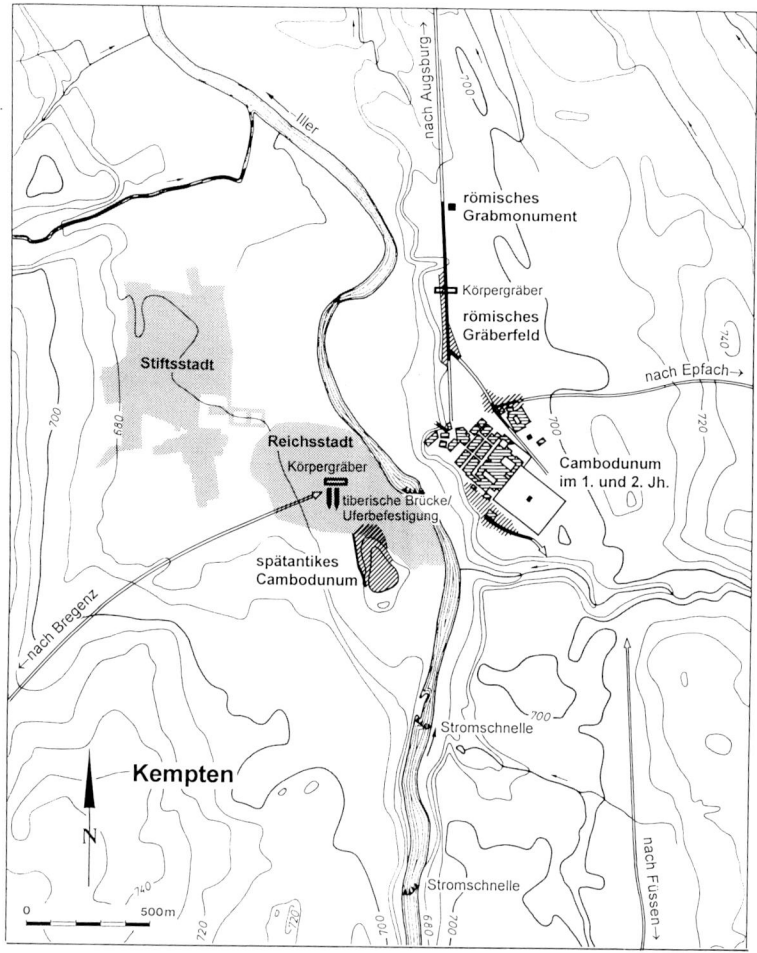

Abb. 29 Kempten-Cambodunum. Topographische Lage der römerzeitlichen Siedlungsflächen mit Markierung der bekannten und vermuteten Fernstraßen.

schließt auf mindestens 350, wahrscheinlich aber ca. 450 m das Gräberfeld auf der Keckwiese an. Ein um gut 200 weitere Meter n gelegenes Grabdenkmal und Siedlungsbefunde am NO-Rand des Gräberfeldes werden u. a. mit einer vor der Stadt gelegenen Ansiedlung ab der 2. Hälfte des 1. Jahrhunderts n. Chr. in Zusammenhang gebracht. Nach dem Siedlungsbeginn im 2. Jahrzehnt n. Chr. – die letzten Regierungsjahre des Augustus können nicht ausgeschlossen werden – sind die ersten Holzhäuser in tiberischer Zeit faßbar.

Neben wenigen Resten von ersten Pfostenbauten ohne erkennbare Pfostengruben können die Holzhäuser vor allem als Ständerbauten rekonstruiert und erklärt werden: zum einen solche mit durchgehenden Schwellriegeln auf Unterlegsteinen oder auf meist flachen Fundamentgräben (vgl. Abb. 34a), zum anderen solche mit Schwellriegeln, die in Fußbodenhöhe zwischen die Ständer eingesetzt sind, die ihrerseits bis zur Sohle der 0,5–0,6 m breiten Fundamentgräben reichen. Soweit regelmäßige Achsabstände der Pfosten- oder Ständerreihen beobachtet wurden, liegen sie bei 0,9 und bei 1,5 m. Die verschiedenen Holzbauarten kommen in allen Bauperioden vor.

L. Ohlenroth kann eine Häuserreihe nw der »2. Querstraße« in 6 Zeit-»Zustände« gliedern (tiberisch bis domitianisch und jünger). W. Krämer unterscheidet in der 1953 gegrabenen *insula*-Fläche, die nie mit Steinhäusern bebaut wurde, vier Perioden (tiberisch bis flavisch-antoninisch).

Ein erstes, möglicherweise größere Flächen der Siedlung betreffendes Schadenfeuer ist bei Ohlenroth und Krämer und neuerdings auch im Gelände des Forum und der späteren »Kleinen Thermen« in spättiberisch/caligulaeischer Zeit faßbar. Die frühesten, auch im Aufgehenden gesicherten Steinbauten gehören erst in claudische Zeit.

Im frühen 2. Jahrhundert n. Chr. bestehen die zentralen Bereiche der Stadt weitgehend aus Steinbauten (Abb. 30). Das im Stadtzentrum rechtwinklig angelegte Straßensystem orientiert sich an einem *decumanus*, der vom angenommenen Ausgangspunkt, dem großen Altar im Heiligen Bezirk, über eine Portikus und den

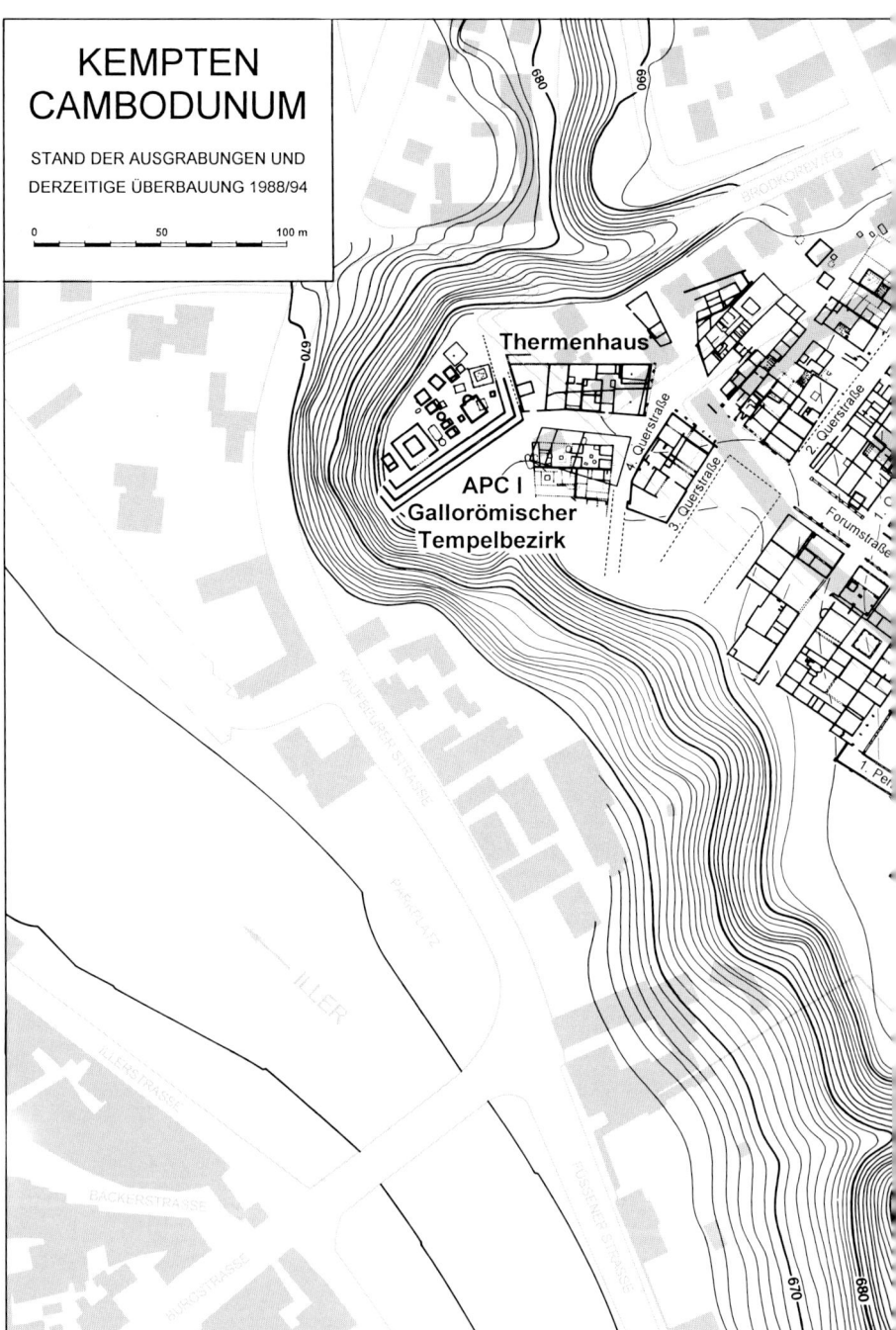

KEMPTEN
CAMBODUNUM

STAND DER AUSGRABUNGEN UND
DERZEITIGE ÜBERBAUUNG 1988/94

0   50   100 m

Thermenhaus

APC I
Gallorömischer
Tempelbezirk

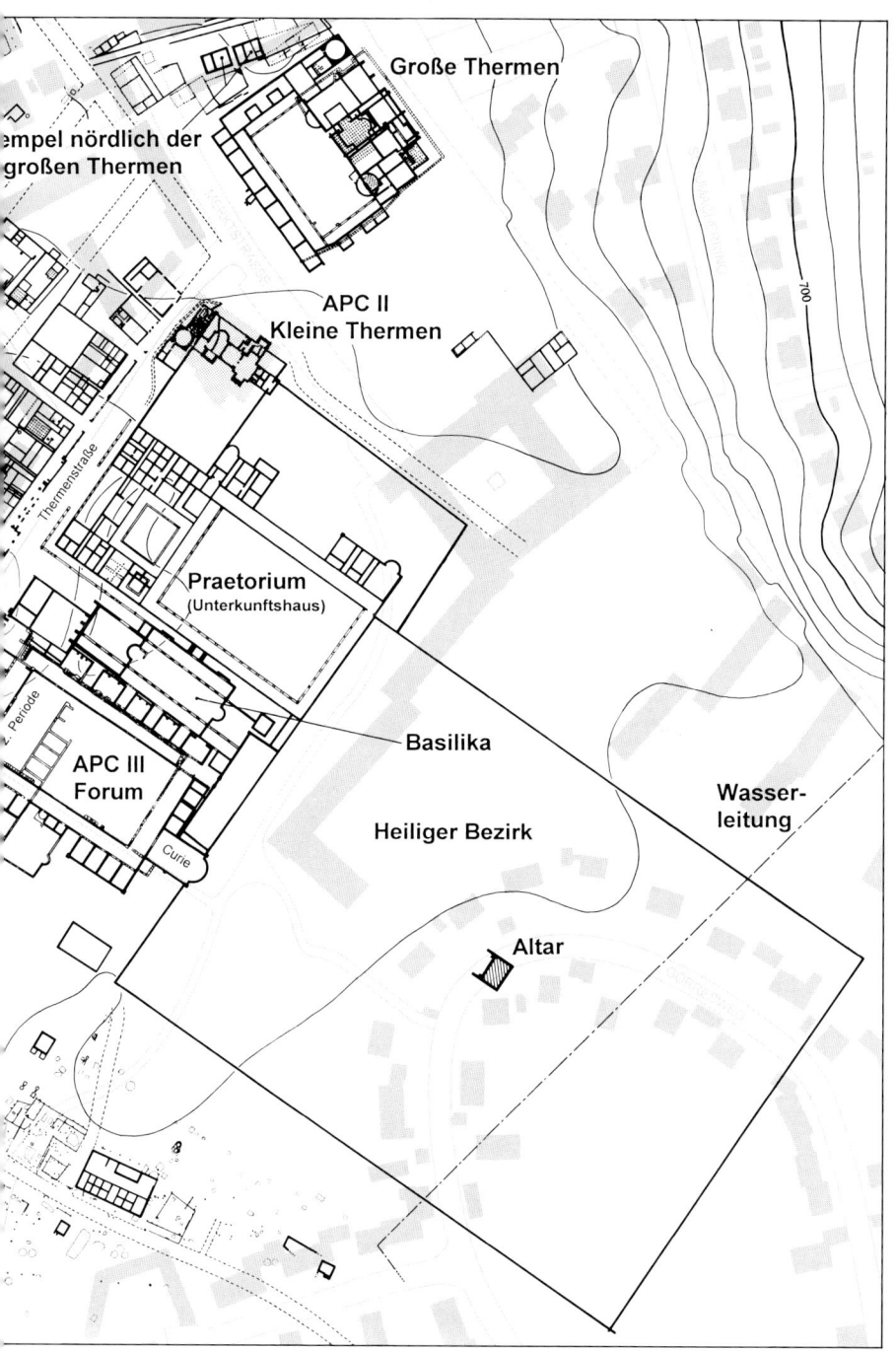

Abb. 30 Kempten-Cambodunum. Das zentrale Stadtgebiet im 2. Jahrhundert n. Chr. und die drei Abschnitte des Archäologischen Parks Cambodunum. Die heutige Bebauung ist gerastert.

Torbau des Forums in die Forumstraße übergeht. Die sog. Thermenstraße kann als rechtwinklig dazu verlaufender *cardo* gesehen werden. Größere Umbauten, Erweiterungen oder Neubauten lassen sich in nachantoninischer Zeit nicht mehr beobachten.

Insulae. Von den bislang aufgedeckten steinernen Wohnquartieren (Abb. 30) sind vor allem die jüngeren Bauphasen näher bekannt. Neun Komplexe können als *insulae* oder insulaartige Anlagen bezeichnet werden. Sie sind knapp 20–45 m breit und bis zu knapp 80 m lang.

Eine gegenüber dem Forum gelegene, ein- bis zweistöckige *insula* läßt sich in sechs einzelne Häuser untergliedern. Die Trennwände innerhalb dieser Häuser bestanden gelegentlich aus Fachwerkwänden mit Füllungen aus Bruchsteinmauerwerk (Abb. 31).

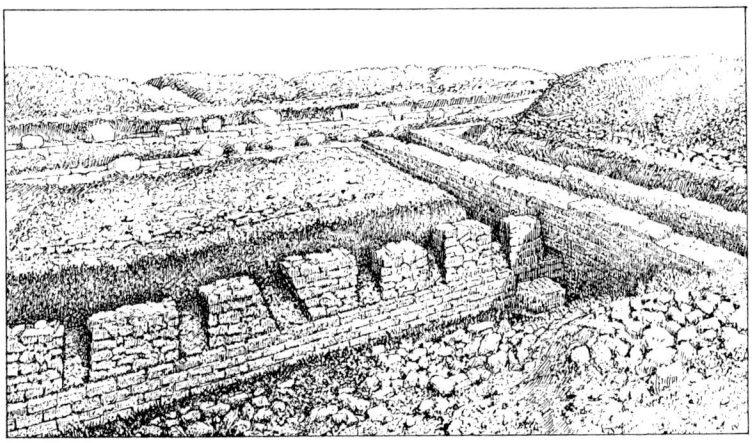

Abb. 31   Kempten-Cambodunum. Fachwerk-Trennwand in »Haus 8« der Insula wnw des Forums (Ausgrabung 1891, Zeichnung A. Leichtle).

Die gegenüber dem *praetorium* gelegene *insula* besteht aus mindestens fünf selbständigen Teilen. Im Keller des s Hauses konnte 1932 ein umfangreicher Geschirrfund unverzierter Terra Sigillata-Gefäße geborgen werden, der einer Brandkatastrophe in der 2. Hälfte des 2. Jahrhunderts zum Opfer gefallen war.

In der *insula* nw davon stammt ein Metall-Sammelfund – vor allem

114

Teile von Bronzegefäßen – ebenfalls aus einer Kellergrube unter einem Ladenraum, wobei die mit Holzwänden ausgefachte Grube spätestens im frühen 3. Jahrhundert nach einem Schadenfeuer verfüllt worden war.

Die Bauten nw der »2. Querstraße« sind zu dieser Straße und zur Forumstraße hin in Parzellen gegliedert, wobei nur die Häuser an der Forumstraße wohl vollständig als Steinbauten ausgeführt waren. In der Forum- und in der Thermenstraße sind den Häusern durchweg Portiken vorgelagert.

Das Gräberfeld auf der Keckwiese

N der Römerstadt und n des neuzeitlichen Einschnittes der Knussertstraße vereinigten sich zwei von der Forumstraße und von den Großen Thermen her kommende Straßenzüge zur illerabwärts und nach Augsburg führenden Verbindung (Abb. 29). Schon im Bereich dieser Straßengabelung setzt das große, n der Siedlung gelegene Gräberfeld »Auf der Keckwiese« ein, dessen Ausdehnung nach N bisher auf über ca. 300 m untersucht werden konnte. Die dabei erfaßten knapp 400 Brandbestattungen lagen z. T. in Grabeinfriedungen oder waren durch Grabbauten oberirdisch hervorgehoben.

Die Bestattungen konnten in fünf Zeitabschnitte (2. Jahrzehnt bis achtziger Jahre n. Chr.) gegliedert werden. Nach Untersuchungen der gesamten Funde und Befunde sowie nach einer Nachgrabung im bis dahin noch nicht untersuchten N-Teil besteht das Gräberfeld mit 13 Bestattungen bis in die 2. Hälfte des 2. Jahrhunderts, wenn nicht bis zum Anfang des 3. Jahrhunderts fort.

Anhand von Bestattungssitten und spezifischen Grabbeigaben lassen sich drei Komponenten in der Zusammensetzung der Bevölkerung ausmachen: eine »größtenteils mittelmeerisch geprägte oder zumindest stark romanisierte«, eine gallische und vereinzelt germanische sowie eine raetisch-westnorische.

Auf dem S-Teil des Friedhofs wird spätestens ab der Mitte des 1. Jahrhunderts Schutt und Abfall, darunter Fehlbrände von Gefäßkeramik, abgelagert.

W der Kapelle »St. Stephan im Keck«, in Verlängerung ihrer Achse, ragte einst – neben zahlreichen Brandgräbern – ein stattlicher quadratischer Grabbau auf. Der heutige Feldweg liegt direkt über der antiken Gräberstraße. Von ihm aus bietet sich ein sehenswerter Ausblick auf die Stadt Kempten.

Von einem ö, vermutlich an der Straße nach *Abodiacum*-Epfach gelegenen Gräberfeld wurden nach 1862, beim Bau des Kemptener Ostbahnhofs, wohl römerzeitliche Bestattungen beobachtet, jedoch nicht dokumentiert. Ihr Abstand zu den Großen Thermen beträgt ca. 400 m.

Von einem auch im S der Siedlung anzunehmenden Gräberfeld fehlt bislang jede Spur.

Archäologischer Park Cambodunum – APC

Unmittelbar n der St. Mang Brücke ist am rechten Illerufer ein Parkplatz für die APC-Besucher ausgewiesen (Abb. 30). Ein beschilderter Fußweg führt über den Brodkorbweg zum 1. Abschnitt des APC, dem »Gallorömischen Tempelbezirk«. Ein weiterer Zuweg wird als historischer und naturkundlicher Lehrpfad ab 1995 eingerichtet und über das Anwesen Füssener Straße 90/92, den sog. »Chapuis-Park«, zum 3. Abschnitt des APC, dem Forum, führen. Am 1. und 2. Abschnitt des APC (Cambodunumweg 3 und Ecke Merkt-/Thermenstraße) sind nur wenige Parkmöglichkeiten für Kfz vorhanden.

Von den vorgesehenen vier Abschnitten des archäologischen Parks können 1995/96 drei Abschnitte zu einem qualifizierten Abschluß gebracht werden. Die als 4. Teil geplanten »Großen Thermen« sollen im heutigen Parkgelände nur in ihrer Lage und Ausdehnung mit entsprechenden Pflanzungen markiert werden.

APC – 3. Abschnitt: Forum und Heiliger Bezirk (Abb. 30 u. 36,3)

Seit 1985 durchgeführte kleinflächige Nachuntersuchungen im Bereich der Basilika erbrachten den Nachweis, daß auch den bislang bekannten Steinbauten des Forums eine, wenn nicht zwei Bauphasen vorausgingen. Zu den Steinbauten des »älteren Forums« gehören eine Folge von Räumen, deren größter ca. 280 m² mißt und mit einer kleinen Apsis in der Südostwand erweitert ist. Zusammen mit der ersten steinernen Basilika und dem Heiligen Bezirk bilden sie einen scheinbar offenen Platz. Dieses erste Steinforum oder eine erste Ausbauphase davon war mit qualitätvoll reliefierten, z. T. beschrifteten Marmorverkleidungen (Abb. 15) und mit ornamentaler Malerei ausgestattet.

Im SO schloß der große Heilige Bezirk an (Abb. 32). Das wohl weitgehend unbebaute Areal war auf 800 römische Fuß Länge und 600 Fuß Breite von einer Steinmauer umgeben und über einen ebenfalls ummauerten Vorhof zu betreten. Im Zentrum stand eine ca. 8,4 x 12 m große *ara*, ein Altarbau, der wohl mit Bronzestatuen ausgestattet war. Der Bezirk wurde bis auf den nw Randbereich in den zwanziger und dreißiger Jahren unseres Jahrhunderts von der »Schmidschen Kiesgrube« abgegraben und ist heute mit Wohnhäusern bebaut.

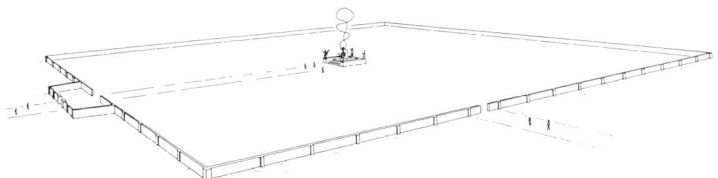

Abb. 32   Kempten-Cambodunum. Der Heilige Bezirk in der 2. Hälfte des 1. Jahrhunderts n. Chr. Als einziges Steinbauwerk stand in seiner Mitte ein Altar mit Standbildern aus Bronze.

Die Gebäude des jüngeren, in flavische Zeit datierten Forums (Abb. 33) bilden eine geschlossene Anlage, die man über einen Torbau von NW her betrat. Unterschiedlich große Raumreihen und jeweils eine vorgelagerte Portikus umgeben einen ca. 37 x 69 m großen Hof. Aus dem Gesamtkomplex ragen drei Gebäude besonders heraus: Die dreischiffige, heute in den Grundmauern im Gelände markierte Basilika mit einem Tribunal und einem kleinen *auditorium* in den beiden Apsiden bildet mit einem nw anschließen-

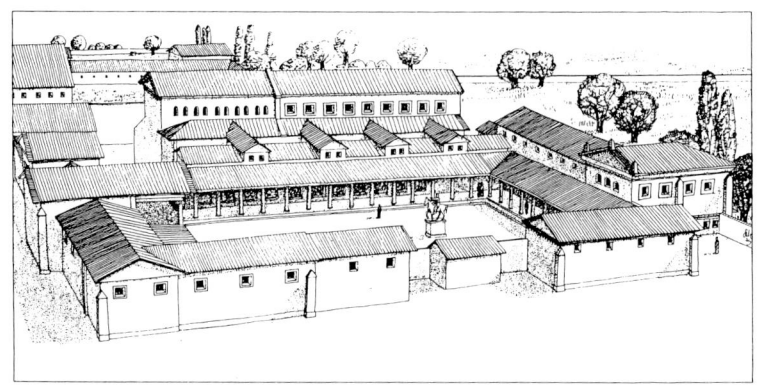

Abb. 33   Kempten-Cambodunum. Das Forum um 100 n. Chr.

den *tabularium*, dem Archiv des in der Basilika tätigen Magistrats, den größten Baukörper. Die *curia* als Versammlungsraum des Gemeinderates und der Forumstempel öffnen sich zu den Schmalseiten des Hofes. Rechtwinklig zur angenommenen *decumanus*-Achse der Stadt auf der Linie der nö Portikus zeichnet sich eine zweite Achse ab, die von einer Lücke oder einem Durchgang in der sw Raumreihe über den Forumshof und die seitlichen Hauptportale der Basilika (Abb. 36,3) in den großen Hof des *praetoriums* führt. Die im Grundriß ihres jüngsten Bauzustandes über das heutige Parkniveau aufgemauerte Basilika und das gesamte Forumsgelände sind vom wohl etwas überhöht ausgebildeten Podium des Tribunals vor der nw Apsis gut einsehbar und werden dort auf einer Tafel erklärt.

APC – 2. Abschnitt: Praetorium und Kleine Thermen
(Abb. 30 u. 36,2)

Nach zumindest zwei Holzbauphasen entstand unmittelbar n des Forums das *praetorium* oder sog. »Unterkunftshaus« (Abb. 16). Der über ein großes *vestibulum* von der Thermenstraße her zugängliche Komplex war um einen *peribolos*, einen Innenhof mit gedecktem Umgang, gruppiert und öffnete sich nach SO zu einem großen, mit

118

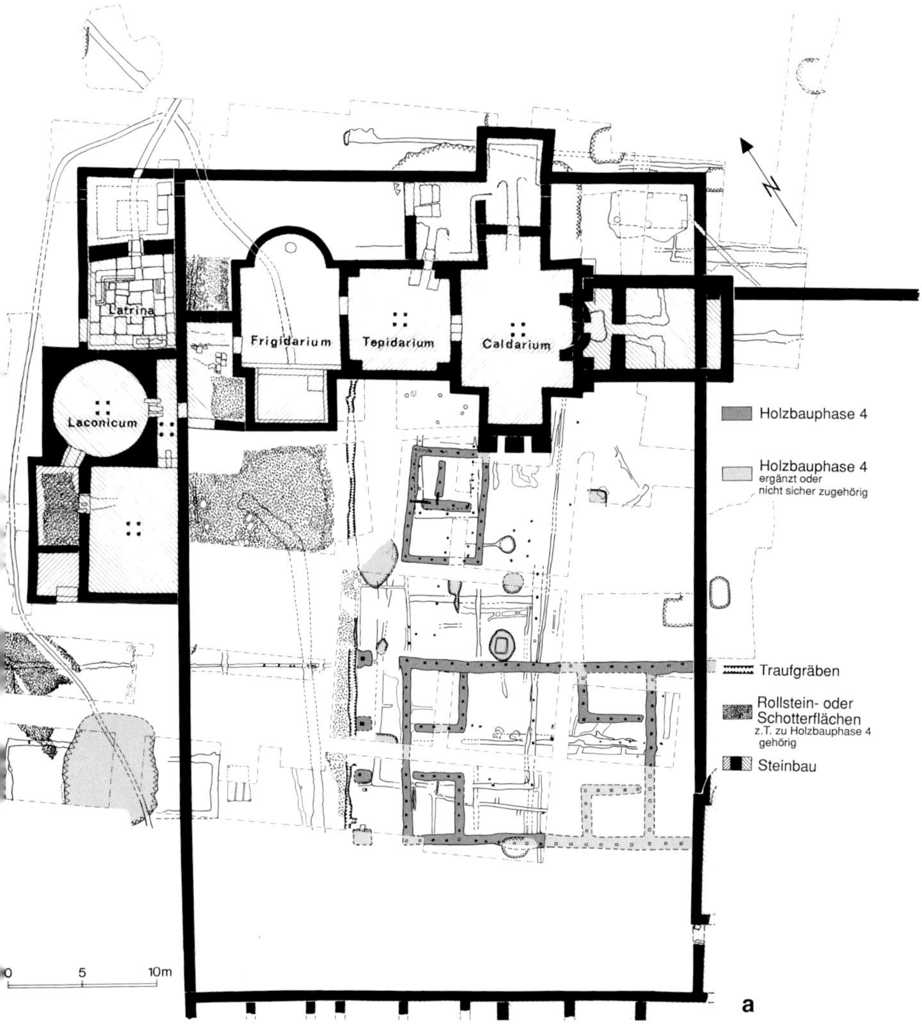

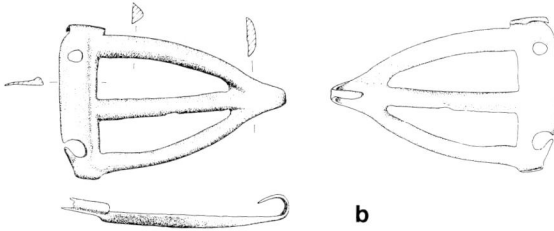

Holzbauphase 4

Holzbauphase 4
ergänzt oder
nicht sicher zugehörig

Traufgräben

Rollstein- oder
Schotterflächen
z.T. zu Holzbauphase 4
gehörig

Steinbau

Latrina

Frigidarium   Tepidarium   Caldarium

Laconicum

5   10m

a

Abb. 34 Kempten-Cambodu-
num. a Die Kleinen Thermen.
Drei ältere Holzbauphasen (eine
davon graphisch hervorgehoben) können nicht als Badeanlage interpretiert werden; b
Rahmenförmiger Gürtelhaken
aus Bronze (Typ Heimstetten).
M 1:3.

b

119

einer Portikus umgebenen Hof, an den im NO zwei kleine Raum-komplexe anschlossen. Bei einem wohl im frühen 2. Jahrhundert erfolgten Umbau werden die bis zu 140 m² großen Räume in 12–20 m² große Räume unterteilt. Vor allem daraus resultiert die Deutung als späteres Gäste- oder Unterkunftshaus.

Im NO schließt an das *praetorium* die *palaestra* der Kleinen Thermen an (Abb. 34a u. 36,2). Die Baureste von wesentlichen Teilen der Kleinen Thermen sind unter einem Schutzbau zugänglich; eine begleitende Ausstellung erklärt die Anlage. Auch unter und neben dieser spätclaudisch/neronischen Thermenanlage ließen sich min-destens drei Holzbauphasen beobachten, die keine bleibenden Par-zellengrenzen und stets wechselnde Gebäudearten zu erkennen ga-ben. Der ursprünglich klare sog. Reihentypus der Thermen wird nach das Laufniveau erhöhenden Umbauten mit zwei gesonderten seitlichen Schürräumen und einem Anbau mit Schwitzbaderaum und von außen her zugänglicher großer Latrine erweitert. Dieser Anbau verengt die Thermenstraße, eine der vermutlichen Haupt-straßen der Stadt, auf ca. 6,5 m, wobei wohl erst der Abbruch der gegenüberliegenden Portikus einer *insula* diese Durchlaßbreite er-möglichte.

APC – 1. Abschnitt: Thermenhaus und Gallorömischer
Tempelbezirk (Abb. 30 und 36,1)

Schon in claudischer Zeit bestand der Steinbau einer kleinen Bade-anlage, des sog. »Thermenhauses«. Nach dessen Zerstörung wur-de z. T. auf den alten Grundmauern, jedoch mit deutlich höhergele-gtem Laufniveau, ein wohl privater Bau mit zwei großen Tavernen-räumen errichtet.

Das »Thermenhaus« wie die spätere Taverne können in sinnvollem Zusammenhang mit dem unmittelbar w angrenzenden Gallorömi-schen Tempelbezirk gesehen werden. Die jüngeren Steinbauten des Heiligtums (Abb. 35) sind im Ausgrabungsbefund von 1937/38 in den Bruchsteingrundmauern restauriert. Rekonstruierte Gebäu-de sind als »Modelle im Maßstab 1:1« aufgesetzt, wobei nur das Mauerwerk der »Modelle« verputzt ist und damit dem antiken

Abb. 35 Kempten-Cambodunum. Gallorömischer Tempelbezirk. Rekonstruktionsversuch der Steinbauten im 2. Jahrhundert n. Chr.

Abb. 36 Kempten-Cambodunum. Das zentrale Gebäude der Römerstadt im Luftbild (8. 1. 1991) von Nordwesten. 1 Teilweise rekonstruierter Gallorömischer Tempelbezirk, 2 Kleine Thermen unter einem Schutzbau, 3 Basilika des Forums.

Erscheinungsbild nahekommt (Abb. 36,1). Im inneren Teil der rekonstruierten Doppelhalle behandelt eine Ausstellung in drei Abteilungen die vorläufigen archäologischen Ergebnisse, die Kriterien der Rekonstruktionen und die römerzeitliche Götterverehrung.

Bis weit in die 2. Hälfte des 1. Jahrhunderts standen auf dem sakralen Gelände wohl ausschließlich verschiedenartige, meist kleine Holzbauten, die gegen Ende des 1. Jahrhunderts nach und nach durch Steinbauten ersetzt wurden (Abb. 35). Eine U-förmige Doppelhalle umgibt nun einen nach N hin offenen Bezirk mit mindestens 12 Steingebäuden, die allerdings nicht alle gleichzeitig bestanden haben müssen. Hervorzuheben ist als größtes ein gallorömischer Umgangstempel, ein kleinerer Rechteckbau mit nw angesetzter Apsis und ein nahezu symmetrisch angelegtes Ensemble aus einem rundgemauerten Altar mit Opfergrube (*bothros*) in der Mitte und je zwei kapellenartigen *prostyloi* zur Linken und zur Rechten. Eine zentrale Position in der Achse des Hauptzuganges nimmt der kleine Denkmal(?)bau ein. Einige der Einzelbauten können nicht nur als kleine Tempel, sondern auch – im Sinne von »Schatzhäusern« – zur Aufbewahrung von Weihegaben oder für andere sakrale Zwecke gedient haben.

Auf der Weihinschrift wohl eines Kultvereins ist Herkules und auf einem anderen Weihealtar Epona als verehrte Gottheit überliefert.

Von einem unmittelbar sw des Tempelbezirks in seiner Grundmauer restaurierten Rundturm der ehemaligen spätmittelalterlichen Stadtmauer bietet sich ein weiter Ausblick auf Kempten und die umliegende Landschaft.

Literatur:
Allgäuer Geschfreund ab 1, 1888 (dazu Registerband 1984). – W. Czysz, Der Sigillata-Geschirrfund von Cambodunum-Kempten. Ber. RGK 63, 1982, 281 ff. – Ders./M. Mackensen, Römischer Töpfereiabfall von der Keckwiese in Kempten. Bayer. Vorgeschbl. 48, 1983, 129 ff. mit Taf. 3–8. – A. Faber, Das römische Gräberfeld auf der Keckwiese in Kempten 2. Cambodunumforsch. 6. Materialh. Bayer. Vorgesch. (im Druck). – Dies., Zur Bevölkerung von Cambodunum-Kempten im 1. Jahrhundert: Arch. Quellen aus der Siedlung auf dem Lindenberg und dem Gräberfeld »Auf der Keckwiese«. Festschr. G. Ulbert (im Druck). – P. Fasold, Die früh- und mittelrömischen Gläser von Kempten-Cambodunum. Forschungen zur Provinzialrömischen Archäologie in Bayerisch-Schwaben. Schwäbi-

sche Geschichtsquellen und Forschungen 14 (1985) 197 ff. – Ders., Bayer. Vorgeschbl. 48, 1983, 207 ff. – A. Faber, Arch. Jahr Bayern 1991 (1992), 117 ff. – U. Fischer, Cambodunumforschungen 1953-II. Materialh. Bayer. Vorgesch. 10 (1975). – W. Kleiss, Die öffentlichen Bauten von Cambodunum. Materialh. Bayer. Vorgesch. 18 (1962). – W. Krämer, Cambodunumforschungen 1953-I. Materialh. Bayer. Vorgesch. 9 (1957) (m. ält. Lit.). – M. Mackensen, Das römische Gräberfeld auf der Keckwiese in Kempten. Cambodunumforschungen IV. Materialh. Bayer. Vorgesch. 34 (1978). – M. Schleiermacher/Ch. Flügel, Fibeln und Bronzegefäße von Kempten-Cambodunum. Cambodunumforschungen V. Materialh. Bayer. Vorgesch. 63 (1993). Dazu: P. Fasold/G. Weber, Bayer. Vorgeschbl. 52, 1987, 37 ff. – W. Schleiermacher, Cambodunum-Kempten, eine Römerstadt im Allgäu (1972). – G. Weber in: Die Römer in Schwaben. Arbeitsh. d. Bayer. Landesamtes f. Denkmalpfl. 27 (1985) 60 ff., 226 ff. – Ders. in: V. Dotterweich u. a. (Hrsg.) Geschichte der Stadt Kempten I (1989) 3 ff. – Ders., Arch. Jahr Bayern 1984 (1985) 100 ff.; Ebd. 1987(1988) 102 ff.; Ebd. 1991 (1992) 113 ff. – Ders., Baukeramik aus der Römerstadt Cambodunum-Kempten im Allgäu. Arbeitsh. d. Bayer. Landesamtes f. Denkmalpfl. 58 (1993) 73 ff.

Gerhard Weber

Die Burghalde

Für das 4. Jahrhundert n. Chr. sind links der Iller relativ wenige Funde und Befunde sicher nachweisbar. Untersuchungen und Beobachtungen von A. Ullrich (1890/91, 1893/94 u. 1911), L. Ohlenroth (1935 und 1939), F. Zollhoefer (1950) und der Stadtarchäologie Kempten (1982–1987) zeigen für die Burghalde und vor allem deren w und n Vorfeld Spuren einer befestigten Siedlung, deren militärischer Teil möglicherweise auf dem knapp 0,7 ha großen Burghaldeplateau gelegen war.

Die ca. 1,8 m breite w spätrömische Befestigungsmauer der Siedlung verläuft im Sockel- oder Fundamentbereich unter oder knapp neben der w spätmittelalterlichen Friedhofsmauer des heute protestantischen Friedhofs. Im N quert sie die heutige Burgstraße und einen Abschnitt der spätmittelalterlichen Stadtmauer, wo ihr Verlauf durch einen ca. 1,2 m hohen Mauervorsprung oberirdisch markiert ist. Knapp 3 m s der Aussegnungshalle ist die Mauer mit einem ca. 4,5 m breiten Halbrundturm verstärkt. N davon liegen innerhalb und etwa parallel zur Mauer ein ca. 9 x 5,5 m messendes »Kleinhaus« und der S-Teil eines im Befund stark gestörten größeren, mit zwei Apsiden erweiterten Baus (aufgedeckter Innenraum 11,4 x 18,4 m), für dessen Deutung als frühchristliche Kirche es keinerlei Beleg gibt.

Eine z. T. unter der s Burghaldemauer beobachtete, nur 1,2 m breite, ältere, als römerzeitlich erklärte Mauer verläuft s außerhalb des sw neuzeitlichen Rundturmes in ihrer Verlängerung hangabwärts auf das vorläufige Ende der w Befestigungsmauer zu. In der Mitte der s Burghaldemauer wurde ein nach außen vorspringendes Spolienfundament aus Säulenteilen beobachtet, das zum Unterbau eines Turmes gehört haben könnte. Einige frührömische Funde scheinen sowohl auf der Burghalde wie im Bereich der beiden o. g. Gebäude aus einem älteren Fundhorizont zu stammen. Auch die Zahl der spätrömischen Fundstücke (Abb. 18 b,2) ist bislang gering. Alle bislang bekannt gewordenen Fundmünzen – einschließlich einer 1987 geborgenen Reihe von 27 Stück – enden mit ihren Prägedaten im letzten Viertel des 4. Jahrhunderts.

Für einen vermuteten Sitz eines alamannischen Adeligen und damit für eine Kontinuität der Burghalde in das frühe Mittelalter fehlen bislang sichere Hinweise. Die heute sichtbaren Bauten der Umwehrung stammen weitgehend aus dem späten 15. und 16. Jahrhundert (Abb. 25), verwenden aber – vor allem im Bereich des Nordturmes – Reste aus staufischer Zeit, wie sorgfältig bearbeitete Buckelquader in der Fundamentzone beweisen. Über ein System von Anschlußmauern war die Burghalde in das Befestigungssystem der Reichstadt eingebunden. Diese haben sich im NW zur Burgstraße sowie im SO zum sog. Pulverturm, der Befestigung der Brennergassenvorstadt, erhalten.

Literatur:
L. Ohlenroth, Allgäuer Geschfreund N. F. 29, 1936, 106 ff. – Ders. ebd. N. F. 39, 1936, 105 ff.; ebd. N. F. 47, 1941, 55 ff. – A. Ullrich, Allgäuer Geschfreund 4, 1891, 65 ff; ebd. 6, 1893, 118 f.; ebd. 7, 1884 1 f.; ebd. N. F. 5, 1911, 68 f. – G. Weber/W. Zanier in: Geschichte der Stadt Kempten (1989) 56 ff. – F. Zollhöfer, Allgäuer Geschfreund N. F. 54, 1953/54, 4 f. – F. Zollhöfer/U. Crämer, Feststellungen zur Baugeschichte der Burghalde in Kempten. Allgäuer Geschfreund N. F. 54, 1953/54, 1 ff.

Stefan Kirchberger und Gerhard Weber

Rathausplatz und Gelände der Reichsstadt in römischer Zeit

Ca. 5 m nö der NO-Ecke des Rathauses wurden 1987 in gut 4 m Tiefe unter dem heutigen Platzniveau 12 Eichenpfähle und osö davon fünf weitere beobachtet, die mit ihren eisernen Pfahlschuhen noch bis zu 3 m tief eingerammt waren. Sie haben zu einer Brücke oder Fundamentierung aus tiberischer Zeit gehört, wie die Dendrodaten – 24–30 n. Chr. – von fünf Stämmen ergaben. Alle 1987/88 auf dem Rathausplatz beobachteten mittelalterlichen und neuzeitlichen Befunde waren in Schwemmschichten aus Kies und Sand eingetieft, die ihrerseits in wechselnder Konzentration römische Funde der 2. Hälfte des 1. Jahrhunderts und in geringerem Umfang des 2. Jahrhunderts n. Chr. enthielten. Teilweise war römischer Bauschutt eingelagert: Dachziegel, bemalter Wandverputz, Handquadermauerwerk, bei dem noch bis zu vier Steinschichten im Verband lagen. Die gleichen, römerzeitliche Funde führenden Schichten wurden an fünf weiteren Plätzen in der W-Hälfte der ehemaligen Reichstadt beobachtet. Demnach muß ab flavischer Zeit (2 Asse des Nero neben den Eichenpfählen auf dem ehemaligen Flußgrund) das gesamte Gelände w und nw einer von der Burghalde bis zum Bereich der St.-Mang-Kirche reichenden Insel spätestens im 4. Jahrhundert um gut 3 m aufgeschüttet worden sein, denn direkt über den genannten tiberischen Pfählen kommt ein kleines spätrömisches Gräberfeld zu liegen. Von den 12 oder 14 zugehörigen Körperbestattungen konnten allerdings nur drei, bis auf ein Bronzebesteck beigabenlose Gräber näher beobachtet werden.

Literatur:
G. Weber in: Th. Weiß (Hrsg.), In Bronze gegossen. Kataloge und Schriften der Museen der Stadt Kempten (Allgäu) 9 (1989) 111 ff. – G. Weber/W. Zanier, Arch. Jahr Bayern 1988 (1989) 101 ff. – G. Weber/W. Zanier in: Geschichte der Stadt Kempten (1989) 28 ff.

Gerhard Weber

Rathaus und Rathausplatz im Mittelalter

Die mittelalterliche Besiedlung der späteren Reichsstadt Kempten begann im 8. Jahrhundert im Bereich der heutigen Pfarrkirche St. Mang, wo sich das erste Kloster befunden haben dürfte. Einer Ausdehnung dieser Siedlung nach W stand vorerst noch ein zweiter Arm der Iller entgegen, der die heutige Altstadt unweit des Rathausplatzes in N-S-Richtung durchfloß. Ausgrabungen der Stadtarchäologie in den Jahren 1985/86 sowie 1987/88 erbrachten hier wichtige Befunde zur Stadtentwicklung.

Eine mittelalterliche Siedlung sowohl unter dem Rathaus als auch auf dem östlich anschließenden Platz konnte durch eine Reihe von Pfostenlöchern und Gruben des 12. Jahrhunderts nachgewiesen werden. Die verhältnismäßig kleinen Holzbauten, die sich rekonstruieren ließen, dürften am ehesten zu Marktbuden der Schuhmacher gehört haben, die der schriftlichen Überlieferung nach vor dem Rathausbau hier gestanden hatten. Etwa um 1250 begann eine Bebauung des Platzes mit massiven Steinhäusern, deren Kellerfundamente ausgegraben wurden. Als ältestes Bauwerk ist Haus 1 zu nennen, neben dem eine Zeitlang ein Bronzegießer sein Gewerbe ausübte, wie der Zusammenhang zwischen Fundamenten sowie einem w davon gelegenen Schmelzofen zeigt: ein Zugang von der Westmauer des Kellers von Haus 1 führte zu dem Ofen, der von einer Reihe wohl zu einer Überdachung gehörenden Pfosten umgeben war. Um oder kurz nach 1300 wurden dann zwei weitere Häuser gebaut, die von einem Ausgreifen der Besiedlung nach W zeugen; ein Indiz dafür, daß in dieser Zeit mit der planmäßigen Verfüllung des zweiten Illerarms oder -altwassers begonnen wurde. Während Haus 1 und 2 voll unterkellert waren, hatte Haus 3 nur eine holzverschalte Kellergrube, in der sich ein umfangreicher Komplex an Ofenkacheln fand. Ein weiteres Steinhaus wohl des späten 13. Jahrhunderts wurde 1937 bei Umbauten im Gebäude Rathausplatz 18 freigelegt.

So scheint der spätere Rathausplatz im für die Stadtwerdung Kemptens entscheidenden späten 13. Jahrhundert – 1257 werden erstmals »cives« genannt – eines der Zentren des Orts gewesen zu sein. Nachdem 1361 die erste Ratswahl stattgefunden hatte, wurde hier 1368 mit dem Bau eines Kornhauses begonnen, dessen Obergeschoß als Tagungsort des Rats diente. In einem seiner Stützfundamente wurde 1985 bei Ausgrabungen während des Rathausumbaus das Fragment eines gotischen Fenstergewändes gefunden, das von einem Gebäude des frühen 14. Jahrhunderts stammt. Die Annahme liegt nahe, daß das Gewände in einem jener Häuser verbaut war, die 1368 der Anlage eines Platzes vor dem Kornhaus weichen mußten. Dafür spricht auch eine Stelle im stiftkemptischen Salbuch von 1394, wo von einer Abgabe der Kemptener Bürger von 26 Pfennig »von dem Marckt und dem Platz« die Rede ist. Damit kann eigentlich nur der Rathausplatz gemeint sein, gibt es doch sonst innerhalb des Kemptener Mauerrings keinen Ort, der diesen Namen verdienen würde. 1474 wurde das Kornhaus durch den spätgotischen Rathausbau ersetzt, der noch heute als Sitz des Bürgermeisters dient. Im Erdgeschoß des Rathauses sind – z. T. unter einem gläsernen Fußboden – originale Bauteile der Korn- und Rathausbauten von 1368 und 1474 zu sehen. Auch aus dem Spätmittelalter konnten Befunde festgestellt werden. Es handelt sich dabei um Reste einer weiteren Marktbude sowie um einen möglicherweise beim Rathausbau verwendeten Kalkofen.

Literatur:
Stadt Kempten (Hrsg.), Das Rathaus zu Kempten im Wandel der Geschichte. Eine Dokumentation (1987). – St. Kirchberger, Die Ausgrabungen auf dem Rathausplatz in Kempten 1987/88. Die mittelalterlichen Befunde. Allgäuer Geschfreund N. F. 94, 1994, 5 ff.

Stefan Kirchberger

St. Mang, Stadtpfarrkirche und frühmittelalterliches Kloster

Seiner Vita zufolge soll der St. Gallener Mönch Magnus auf Wunsch des Augsburger Bischofs Wikterp eine Zelle in Kempten gegründet haben, in der er seinen Begleiter Theodor zurückließ. Um 742 wurde diese Niederlassung durch Wikterp geweiht; nach der Rückkehr Theodors nach St. Gallen entsandte der dortige Abt

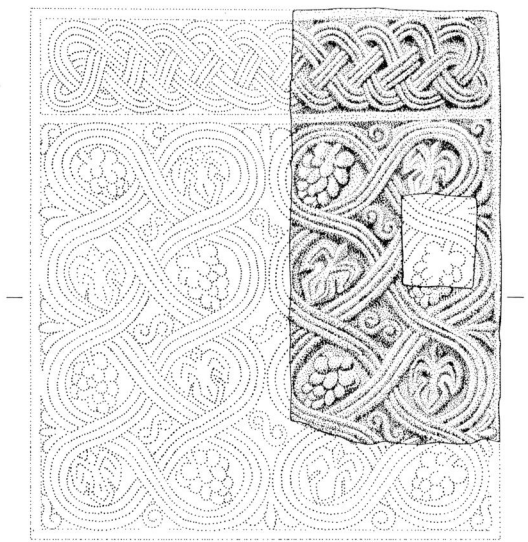

Abb. 37 Kempten, St. Mang. Rekonstruierte Chorschranke mit Flechtwerkornament, bei den Grabungen 1894 im Fundament der »Taufgrube« gefunden. H. ca.
83 cm.

Otmar den Mönch Perechtgoz mit vier Begleitern nach Kempten.
Für das Jahr 752 ist in der Chronik Hermanns des Lahmen von
einem Abt Audegar die Rede, der als Klostergründer bezeichnet
wird. Unter der Gemahlin Karls des Großen, Hildegard, dürfte das
Kloster einen raschen Aufschwung genommen haben. Zwar sind
alle Urkunden dieser Zeit für Kempten Fälschungen des 12. Jahrhunderts, doch ist es durchaus wahrscheinlich, daß Karl der Große
die Immunität mit Königsschutz sowie das Recht der freien Abts-
wahl verliehen hat. In einer Urkunde aus dem Jahr 815 bestätigt
Ludwig der Fromme dem Kloster jedenfalls die Unabhängigkeit.
Die Lage der karolingischen Klostergründung war lange umstrit-
ten. Klarheit kann hier ein Fund bringen, der im Jahr 1894 beim
Einbau der Kirchenheizung gemacht wurde und der heute im n
Seitenschiff eingemauert ist. Es handelt sich um das Fragment einer
Chorschrankenplatte mit Flechtwerkornament (Abb. 37), wie sie
typisch für die Ausstattung karolingischer Klosterkirchen ist.

128

Zwar fanden sich 1894 keine weiteren Baureste der Karolingerzeit (das immer wieder als »Taufgrube« angesprochene Rechteckfundament im Chor wird eher als Altarsubstruktion (Abb. 38) zu deuten sein), doch wird man mit diesem Fund die erste Klosterkirche sicher unter St. Mang lokalisieren dürfen. Möglicherweise überliefert das Oval der heutigen Reichs- sowie Bäckerstraße den Umriß des dazugehörigen Klosters, doch stehen Grabungsergebnisse dazu bislang noch aus.

Die weitere Überlieferung zur Baugeschichte der Kirche fließt spärlich. Die unsichere Nachricht eines Neubaus stammt aus dem Jahr 869; nach der Zerstörung durch die Ungarn soll 962 der

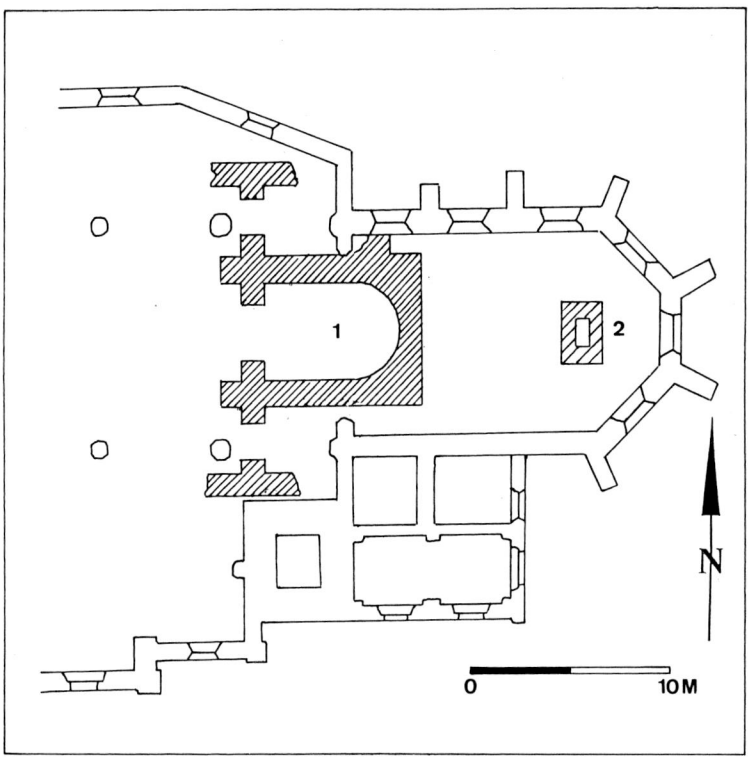

Abb. 38 Kempten, St. Mang. Fundamente des 1894 aufgedeckten Vorgängerchors (1) sowie der sog. »Taufgrube« (2) unter dem gotischen Chor.

Augsburger Bischof Ulrich die Kirche wiederhergestellt haben. Die 1894 aufgedeckten Fundamente der dreiapsidialen Choranlage eines Vorgängerbaus dürften aber nicht vor das 11. Jahrhundert zu datieren sein. Der heutige Bau wurde im Jahr 1426 begonnen, die Seitenkapellen im S 1512–1518 für Kemptener Patrizierfamilien angefügt. Die Freifläche des heutigen St.-Mang-Platzes s der Kirche entstand erst nach dem Abbruch der seit dem 16. Jahrhundert profanierten Kapelle St. Michael im Jahr 1857. Hier befand sich auch der 1535 an den Fuß der Burghalde verlegte reichsstädtische Friedhof als Nachfolger des für das 10. Jahrhundert bezeugten Klosterfriedhofs. Von diesem dürften die bei Baumaßnahmen im Jahr 1987 geborgenen Skelettreste stammen, die nach den Ergebnissen einer ^{14}C-Datierung in die Zeit zwischen 985 und 1050 gehörten.

Literatur:
W. Haberl, Evangelische St. Mangkirche Kempten (1982). – G. Hammon, Geschichte der Kirche und Gemeinde bei St. Mang in Kempten von ihren Anfängen bis 1802 (1902). – A. Weitnauer, Das erste Kloster Kempten. Alemannisches Jahrb. 1953, 166 ff.

Stefan Kirchberger

St. Lorenz, Kloster und Kirche – Mittelalterliche Geschichte

Nachdem das mittelalterliche Kloster und das romanische Münster im Dreißigjährigen Krieg weitgehend zerstört worden waren, begann Fürstabt Roman Giel von Gielsberg 1651/52 mit dem Neubau von Stift und Kirche. Als Standort der Klosterkirche wurde eine w des Münsters gelegene Erhebung gewählt, auf der sich bis dahin die ebenfalls zerstörte Pfarrkirche »St. Lorenz uff'm Berg« befunden hatte. Eine Ausgrabung im Jahr 1990 konnte wichtige Erkenntnisse zur Geschichte dieses Kirchenbaus erbringen (Abb. 39).
Wenngleich aus römischer Zeit keine Befunde vorliegen, könnte doch der Fund einer Terra Sigillata-Schüssel des 2. Jahrhunderts darauf hinweisen, daß der Kirchhügel schon in römischer Zeit genutzt wurde. Die Belegung eines Gräberfelds mit über 100 Be-

stattungen begann den Ergebnissen einer ^{14}C-Datierung zufolge noch zwischen 688 und 861. Von einem anzunehmenden ersten Kirchenbau aus dieser Zeit hatte sich allerdings nichts mehr erhalten, was jedoch mit den umfangreichen Erdbewegungen beim Bau der Barockkirche erklärt werden kann. Den ältesten Baubefund stellte ein U-förmiger Mauerzug dar, der einen Teil der Bestattungen des Friedhofs überlagerte. Zwei dieser Gräber datierten in das 8./9. bzw. 10./11. Jahrhundert; man wird somit die Entstehung der Mauer, die zweifellos den erweiternden Westabschluß eines Kirchenbaus bildete, in das späte 12. oder 13. Jahrhundert setzen können.

Auch die aus den Abbildungen bekannte spätmittelalterliche Pfarrkirche konnte in ihren Fundamenten erfaßt werden. Der ca. 50 m lange Stein- und Ziegelbau war als Hallenkirche oder Pseudobasilika im 15. Jahrhundert errichtet worden. Ein Holzschnitt von Abelin und Rogel (1569) zeigt die Kirche mit ihren niedrigeren Seitenschiffen (Abb. 40).

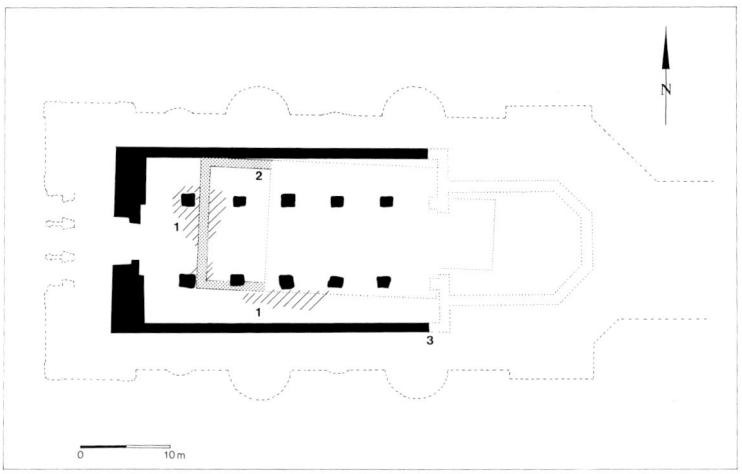

Abb. 39 Kempten, St. Lorenz, mittelalterliche Vorgängerbauten. 1 Gräberfeld des frühen bis späten Mittelalters; 2 Kirchenerweiterung des 11./12. Jahrhunderts; 3 spätgotische Pfarrkirche St. Lorenz.

Abb. 40   Kempten, Pfarrkirche St. Lorenz (1) sowie Klosterkirche St. Maria (2).
Ausschnitt aus dem Holzschnitt von Abelin/Rogel aus dem Jahr 1569.

Über die genaue Topographie des zerstörten, ö davon gelegenen mittelalterlichen Klosters und seines Münsters ist dagegen weit weniger bekannt. Abbildungen zeigen eine dreischiffige Basilika mit doppeltem Ostturmpaar, an die sich im W die Konventsgebäude anschlossen. Diese ehemalige Abteikirche St. Maria dürfte im Ostteil der jetzigen Residenz gelegen haben. Dort wurden im Jahr 1978 bei Notgrabungen im Keller des Ostflügels Fundamentreste festgestellt, die von den Ausgräbern als Reste der Krypta interpretiert wurden und die von beigabenlosen, geosteten Bestattungen umgeben waren. Teile eines Gräberfeldes wurden auch im w Innenhof der Residenz bei einer kleinräumigen Rettungsgrabung 1992/93 erfaßt; vier der insgesamt 47 Bestattungen wurden einer ^{14}C-Bestimmung zugeführt und datierten zwischen 1005 und 1660. Die Baubefunde dieser Grabung dagegen lassen sich nur schwer mit bestimmten Baulichkeiten des Stifts identifzieren. Lediglich ein im O-Teil des Hofs gelegener runder und ein älterer halbrunder Fundamentrest können als pavillonartiger Bau, Denkmal oder Karner gedeutet werden, der in dem Kupferstich von Hain und Raidel von 1628 abgebildet ist. Der halbrunde Bau ist im neugestalteten Hof obertägig markiert.
Eine ausschließlich römische Funde enthaltende Feuchtmulde im w Hof der heutigen Residenz und völkerwanderungszeitliche Altfun-

132

de aus dem ö Hof weisen das Gelände als alte Siedlungsfläche aus. Eine Ende 1994 begonnene Rettungsgrabung im Hofgarten unmittelbar n der Residenz verspricht neue Erkenntnisse zum hochmittelalterlichen Klostergelände und zu älteren Horizonten.

Literatur:
M. Roediger, Die Stiftskirche St. Lorenz in Kempten (1938) – Ausgrabungen und Funde in Bayerisch-Schwaben 1978. Zeitschr. Hist. Ver. Schwaben 73, 1979, 74. – G. Weber, Die Basilika St. Lorenz in Kempten. Arch. Jahr in Bayern 1990 (1991) 157 ff.

Stefan Kirchberger und Gerhard Weber

Altusried-Walkenberg, Lkr. Oberallgäu

Neuzeitliche Schanze

Auf der flachen Kuppe des 551 m hohen Walkenberges liegt eine gut erhaltene rechteckige Schanze (Abb. 41) von 55 x 30 m Größe, deren leicht nach W geneigter Innenraum von einem Wall mit vorgelegtem Graben umgeben ist. Von innen her steigt der Wall, dessen Ecken überhöht sind, um 1–2 m an und fällt mit teilweise kräftiger Böschung um 2,3–4,8 m zur Sohle des Grabens ab, dessen

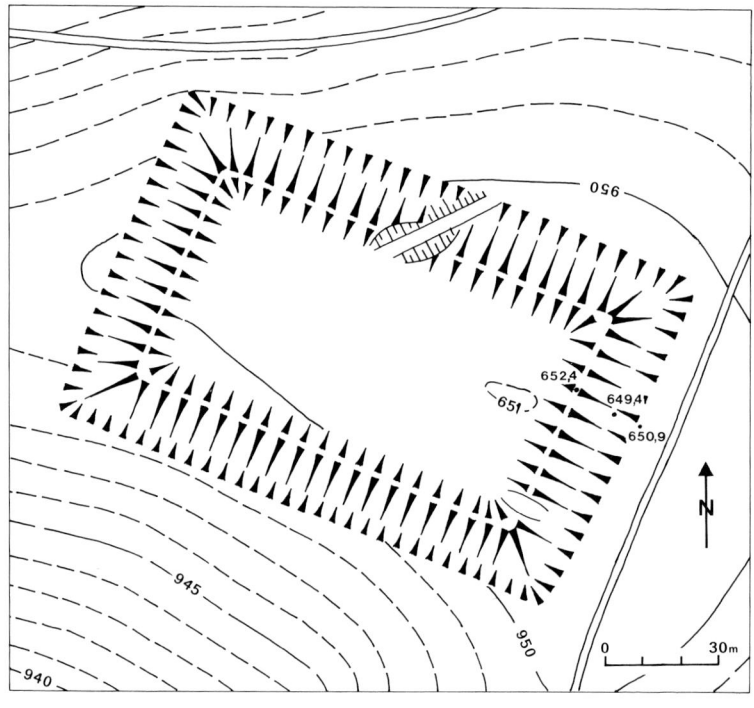

Abb. 41   Altusried-Walkenberg. Neuzeitliche Schanze.

Außenböschung 1,1–1,9 m Höhe aufweist. In der Mitte der N-Front überquert ein Weg, wohl der ursprüngliche Zugang, auf einer Erdbrücke den Graben und durchschneidet den Wall. 1953 und 1954 vorgenommene Grabungen erwiesen die Wälle als reine, mit Steinen durchsetzte Erdwälle ohne jegliche Einbauten. Datierende Funde wurden nicht gemacht. Es handelt sich bei dieser Anlage offenbar um eine Schanze aus neuerer Zeit.

Eine weniger gut erhaltene, wohl frühgeschichtliche Abschnittsbefestigung liegt nur 600 m w im Wald auf einem Sporn über dem Eschachtal.

Literatur:
Bekanntmachungsbl. der Gemeinden Altusried, Kimratshofen, Muthmannshofen und Frauenzell Nr. 2 und 3, 1953 (m. Abb.). – M. Förderreuther, Die Stadt Kempten und ihre Umgebung (1901) 139. – Merkt, Burgen Nr. 74.

Hanns Dietrich

Bad Wörishofen-Schlingen, Lkr. Unterallgäu

Grabhügelfelder (Abb. 10,10)

Unmittelbar s und sö des Dorfes liegen in ebenem Acker- und Wiesengelände auf beiden Seiten des Längenbachs ein großes und drei kleine Grabhügelfelder (Abb. 42). Nach Fr. Brumann war das Gelände bis zur Kultivierung im 19. Jahrhundert meist überschwemmt.

Im größten Hügelfeld lagen auf einem Areal von ca. 500 x 400 m ehemals mehr als 130 Grabhügel, teils dicht gedrängt in Gruppen mit z. T. kleineren Bauten, teils größere Abstände haltend. Durch Planierungen anläßlich der Flurbereinigung, Erosion und Ausgrabungen wurden mehrere Hügel zerstört oder verebnet. Heute sind sie noch bis zu 0,8 m hoch. Die Durchmesser schwanken zwischen 7 und 25 m. Grabungen in den Jahren 1898 (Fr. Brumann), 1932, 1936 (J. Striebel) und 1953 (H. Zürn) in mehr als 18 Hügeln erbrachten Kammergräber der Stufe Ha C mit Körper- (?) und

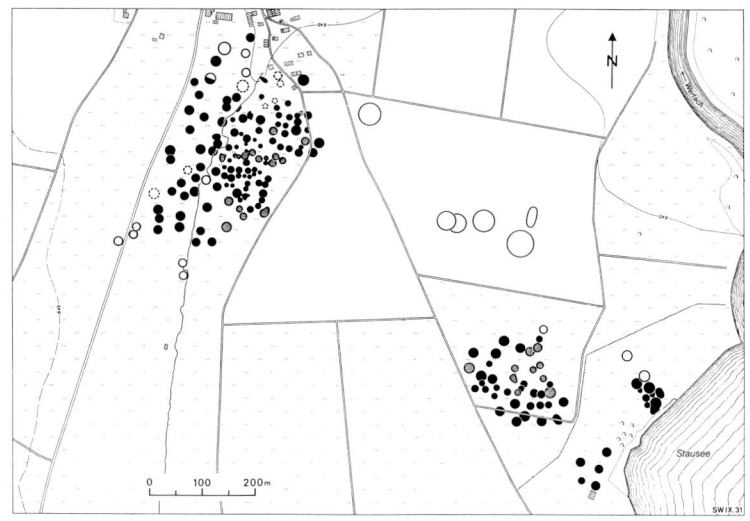

Abb. 42 Bad Wörishofen-Schlingen. Hallstattzeitliche Grabhügelfelder.

Brandbestattungen, umfangreichen Keramikservicen und wenigen Metallfunden (Mus. Kaufbeuren). Ferner fanden sich ein mesolithischer Kratzer und eine römische Nachbestattung.

200 m ssö liegen auf einem Areal von 450 x 200 m mindestens 6 runde oder ovale, stark verflachte Kuppen mit Durchmessern über 30 m und maximal 0,2 m Höhe. Sie zeichnen sich auch in Luftbildern deutlich ab. In Größe und Form weichen sie von den Grabhügeln im O und S ab. Am Oberflächenbefund ist nicht zu entscheiden, ob es sich um Grabhügel, Reste von Ackerbergen oder um natürliche Kuppen handelt.

Nur 100 m s davon liegt ein weiteres kleineres Hügelfeld auf einem Areal von 200 m Durchmesser. Hier waren ursprünglich mehr als 40 Grabhügel, teils in kleinen Gruppen angeordnet, teils größere Abstände haltend. Ein Teil der Hügel wurde durch Erosion und Grabungen zerstört oder verebnet. Heute haben sie noch Höhen bis zu 0,5 m und Durchmesser zwischen 7 und 20 m. Grabungen 1934/ 35 (J. Striebel) und 1953 (H. Zürn) in 10 Hügeln erbrachten Kammergräber der Hallstattzeit mit reichen Keramikservicen und Metallfunden (Mus. Kaufbeuren). In einem Hügel fand sich eine alamannische Nachbestattung.

Eine letzte Gruppe befindet sich am Ufer des heutigen Stausees. Auf einem Areal von 300 x 120 m liegen zwei Gruppen von mindestens 16 Grabhügeln mit ca. 90 m Distanz. Die 5 Hügel der S-Gruppe halten größeren Abstand voneinander, in der N-Gruppe liegen 10 dicht zusammen und einer etwas abseits. Sie erreichen Höhen bis zu 0,5 m, die Durchmesser schwanken zwischen 8 und 20 m.

Literatur:
Bayer. Vorgeschbl. 21, 1956, 85 ff. – Kossack, Südbayern 158, Nr. 68.

Hanns Dietrich

Spätantiker Straßenposten (Abb. 17,5)

Der befestigte Straßenposten rund 3,8 km nö des Baisweiler Burgus in der Flur »Hofstatt« liegt am Abstieg der Fernstraße Kempten–Augsburg in das Wertachtal, rund 1000 m wnw der Kirche von Schlingen.

Auf der schwach erhöhten Innenfläche am Rand der Hochterrasse, unmittelbar neben dem hohlwegartig eingefahrenen Einschnitt der Römerstraße, wurden im Herbst 1938 Balkengräbchen eines Holzgebäudes von 8,5 m Seitenlänge ausgegraben (J. Striebel)(Abb. 43). Der quadratische Grundriß öffnet sich hufeisenförmig zur Straße hin nach S und erinnert stark an die Barackenkomplexe der Kleinkastelle am Limes. Der 2 m breite Eingang wird von Pfosten eines 3,7 m tiefen Vorraums flankiert.

Ob sich in einer lückenhaften Pfostenstellung bzw. einem im Winkel abweichenden Gräbchengeviert ein zweites Gebäude von 9 m Seitenlänge verbirgt, das den älteren Baukomplex überlagert, ist unsicher. Der Straßenposten war von einem 1,5 m breiten Spitzgraben umschlossen, in dessen Spitze sich Brandreste fanden. Trotz der Zerstörung waren die Funde spärlich; glasierte Reibschüsselbruchstücke sind innerhalb des 4. Jahrhunderts eher spät anzusetzen.

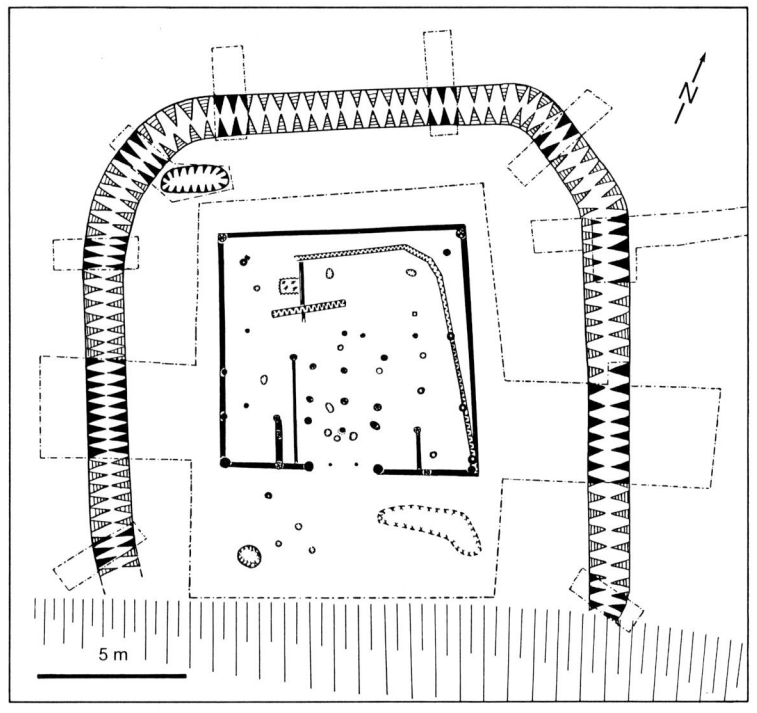

Abb. 43   Spätrömischer Burgus von Bad Wörishofen-Schlingen.

36 m vor der SO-Ecke, hart an der W-Kante des Hangabfalls, deuten Spuren eines (Balken-)Gräbchens auf Nebengebäude hin. Burgi dieser Art sind weniger als fortifikatorisches Element einer in die Tiefe gestaffelten Landesverteidigung anzusprechen, sondern als eine Art Straßenmeisterei mit Mannschaftsunterkunft, Amts-stube und Depot.

Literatur:
L. Ohlenroth, Römische Burgi an der Straße Augsburg–Kempten–Bregenz. Ber. RGK 29, 1940, 122–156.

Wolfgang Czysz

138

Bernbeuren, Lkr. Weilheim-Schongau

Befestigte Bergsiedlung auf dem Auerberg (Abb. 13,7)

Der Auerberg, ein markantes, 1055 m hohes Bergmassiv, be-
herrscht – weithin sichtbar – das schwäbisch-bayerische Voralpenland zwischen Schongau und Füssen, unmittelbar vor dem Nord-
fuß der Allgäuer Alpen (Taf. 4 oben). Mit seiner extrem hoch
gelegenen, ausgedehnten, von einem großen Erdwall umschlosse-
nen römischen Siedlung ganz am Beginn der römischen Kaiserzeit
steht er nicht nur im süddeutschen Raum einzigartig da. Wir wissen
heute, daß der Berg im 2. Jahrzehnt n. Chr. von Rom besiedelt und
bereits um 40 n. Chr. wieder verlassen wurde. Mit seiner kurzen
Siedlungsdauer, seinen vielschichtigen Baustrukturen und einem
ungemein reichhaltigen, z. T. von weither importierten, qualitätvollen Fundmaterial ist der Berg für die Archäologie und Geschichte des süddeutschen Alpenvorlandes am Beginn der römischen
Epoche von größter Wichtigkeit.
Das Kernwerk des Erdwalls samt Graben ist an mehreren Stellen
noch vorzüglich erhalten, am besten auf der S-Seite, wo ihn der
Feldweg zum »Buffen« durchschneidet (Hinweistafel).
Die topographisch-landesgeschichtliche Beschäftigung beginnt in
der 2. Hälfte des 19. Jahrhunderts (H. Arnold). Erste umfangreiche
Ausgrabungen durch Chr. Frank (1901–1906) brachten neue und
wesentliche Einsichten vor allem zur Zeitstellung: Ausschließlich
frühkaiserzeitliches Fundmaterial kam zum Vorschein, darunter,
neben charakteristischen Sigillaten aus Italien und Südgallien, Fibeln, Gläsern u. a., vor allem drei reich verzierte frührömische
Militärdolche. 1953 untersuchte G. Bersu den Wall und entdeckte
einen römischen Brandopferplatz. Umfangreiche und systematische Grabungen erfolgten dann in den Jahren 1966–1979. Nach den
Ergebnissen vieler Wallschnitte handelt es sich beim Befestigungs-
werk um eine frühkaiserzeitliche Anlage: ein reiner Erdwall, der
auf Vorder- und Rückseite mit Rasenplaggenschichten verkleidet
war. Ein Spitzgraben befand sich meist hangabwärts vor dem
Erdwall. Technik und Ausmaße lassen vermuten, daß dabei römi-

139

sche Ingenieure, vielleicht sogar das römische Heer, am Werk waren.

Vor allem innerhalb der Hauptbefestigung um den Kirchberg (Abb. 44) wurden zahlreiche Spuren einer frühkaiserzeitlichen Siedlung in reiner Holzbauweise festgestellt. Auf der W-Seite ist der Typ des sog. römischen Streifenhauses mehrfach nachgewiesen, daneben fand man Wirtschaftsbauten und alle Elemente römischer Holzarchitektur. In Flächengrabungen auf dem O-Plateau legte man einen großen Bau mit zahlreichen Räumen frei, den man möglicherweise als eine *fabrica* deuten kann. Es gelang der Nachweis von metallverarbeitenden Werkstätten (Bronze, Eisen), es

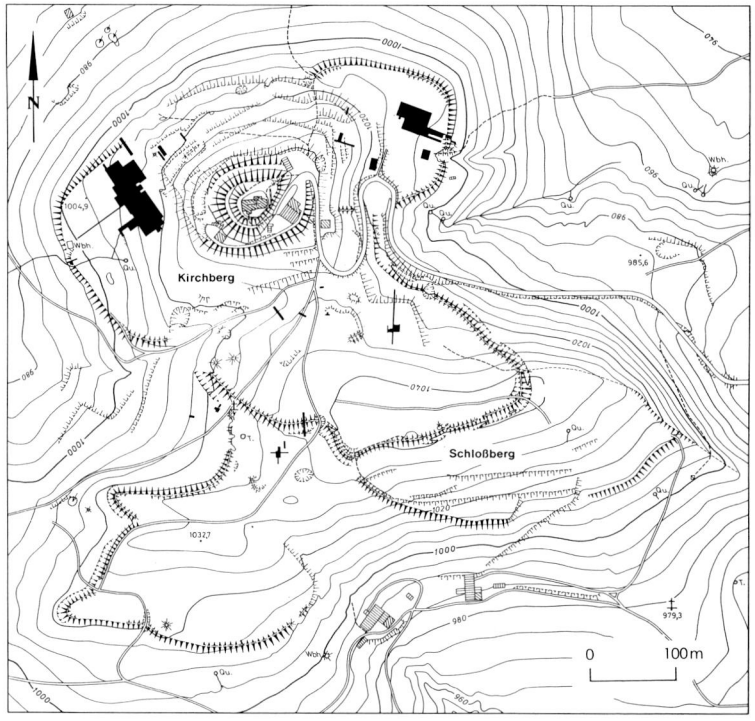

Abb. 44 Der Auerberg. Topographischer Plan mit Haupt- und Nebenwerken und mit Eintragung der Grabungsflächen von 1966–1979.

140

fanden sich sieben Töpferöfen, vermutlich wurde auch Glas verarbeitet.

Das militärische Element ist im Fundbestand stark vertreten durch Teile der frühkaiserzeitlichen Ausrüstung. Neben den drei genannten Dolchen fand man 1978 einen vierten, komplett erhaltenen, reich verzierten Dolch samt *cingulum* in einem hölzernen Wasserbecken, das nach dendrochronologischen Untersuchungen um 14 n. Chr. gebaut wurde.

Der archäologische Nachweis für die Produktion von *modioli*, d. h. Spannbuchsen aus Bronze von römischen Torsionsgeschützen (Abb. 14) unterstreicht diese militärische Komponente der Auerbergsiedlung.

Die Besiedlung vor allem um den Kirchberg war intensiv. Viele Terrassen und Podien wurden aufgeschüttet und bebaut. Man hat aber den Eindruck, daß mitten in einer Phase der Blütezeit der Siedlungsplatz aufgegeben wurde. Um 40 n. Chr. müssen die Bewohner jedenfalls den Berg verlassen haben. Den eigentlichen Grund kennen wir noch nicht. Jedenfalls spielte der Auerberg während der ganzen römischen Epoche keine Rolle mehr. Der bei Strabon Geogr. 4,6,8p. 206 überlieferte Name Damasia, der gleich einer Burg aufragenden Polis der Likatier (*he ton Likattion hosper akropolis Damasia*) – falls man ihn überhaupt auf die römische Auerberg-Siedlung beziehen darf – taucht nur hier und sonst in keiner anderen Quelle mehr auf, ganz im Gegensatz zu den etwa gleichzeitig mit dem Auerberg gegründeten Städten *Brigantium*-Bregenz oder *Cambodunum*-Kempten, die Strabon im gleichen Kontext nennt. Vielleicht war es eine staatlich verordnete Maßnahme, die, wie auch in anderen Provinzen, zur Aufgabe von hochgelegenen Bergsiedlungen führte.

Literatur:
G. Ulbert, Der Auerberg I. MBV 45 (1994).

Günter Ulbert

Bidingen, Lkr. Ostallgäu

Grabhügelfelder (Abb. 7,9)

Nö der Straße von Bidingen nach Gemnachhausen liegt auf einem flachen Geländerücken am W-Rand eines Waldstückes und auf das offene Wiesengelände übergreifend ein Grabhügelfeld von etwa 75 Hügeln in einer Ausdehnung von 230 x 140 m. Die stellenweise eng gedrängten Hügel (Abb. 11,3) sind unterschiedlich ausgeprägt und variieren von sehr kleinen und flachen bis zu Bauten von 15 m Durchmesser und 1,3 m Höhe. Vier der Hügel sind durch einen Waldweg beeinträchtigt und fünf weisen deutliche Eingrabungsspuren auf. Etwa 120 m nach S abgesetzt befinden sich zwei weitere Hügel von 13 m Durchmesser und 0,5–0,6 m Höhe, von denen der im N z. T. abgegraben ist. Berichte oder Funde sind nicht bekannt.

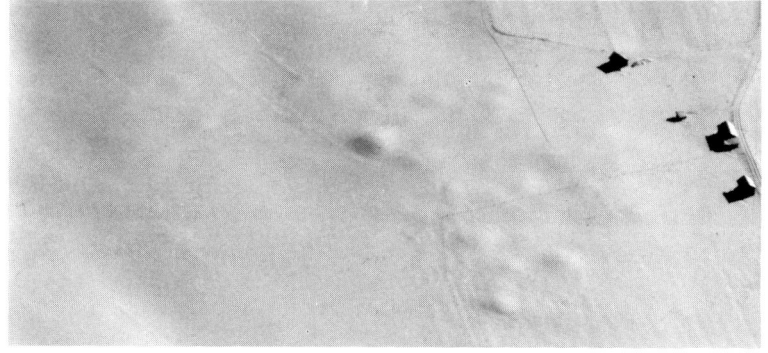

Abb. 45   Bidingen. Luftbild des südlichen Grabhügelfeldes.

Nur ca. 1500 m s erstreckt sich über eine Fläche von 220 x 100 m im offenen Wiesengelände ein weiteres, stark verflachtes Feld mit ca. 20 Hügeln von maximal 0,8 m Höhe. Sie sind vor allem im Luftbild (Abb. 45) noch gut zu erkennen. Funde sind bisher nicht bekannt.

Literatur:
Christlein, Marktoberdorf 27.

Hanns Dietrich

Bolsterlang-Kierwang, Lkr. Oberallgäu

Burgstall (Abb. 24,85)

Der Burgstall liegt n des Weilers »Bauhof« oben auf der natürlichen Kuppe eines bewaldeten Hügels und ist über einen im N des Ortes Kierwang abzweigenden Weg zu erreichen. Der annähernd ovale Burgplatz mit schwachem Innenwall mißt ca. 33 x 24 m und ist durch mehrere Wälle und Gräben befestigt (Abb. 46). Bei Bauarbeiten Anfang des Jahrhunderts wurde angeblich eine Deichelleitung (hölzerne Wasserleitung) teilweise freigelegt, die auf den Burgstall führte.

Die im 14. Jahrhundert, zuerst 1325, mehrfach genannte Familie von Kierwang hat wohl diesen Burgstall besessen. Er wurde trotz

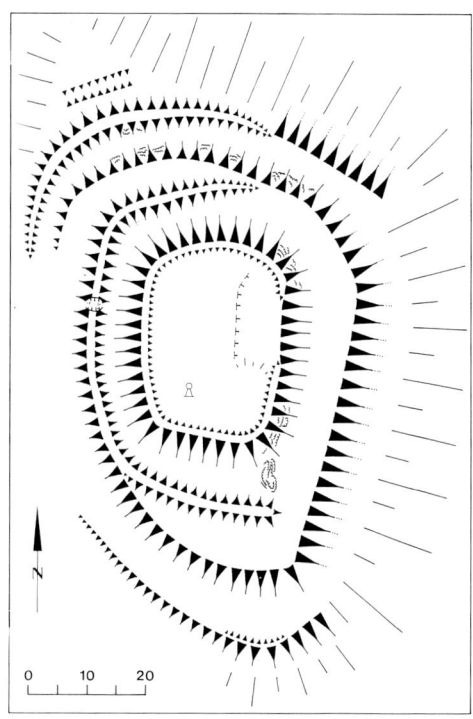

Abb. 46 Burgstall Bolsterlang-Kierwang.

143

seiner aufwendigen Befestigung vielleicht nie als »Burg«, sondern eher als befestigter Hof angesehen, da sich die späteren Besitzer, ein Zweig derer von Mühlegg, »ze Bauhof« nennen.

Literatur:
F. L. Baumann, Geschichte des Allgäus II (1973) 530. – Merkt, Burgen Nr. 319.

Boris Blum und Birgit Kata

Buchenberg, Lkr. Oberallgäu

Römerstraße Kempten–Bregenz und Burgi von Ahegg und Kenels (Abb. 17,25–27)

Zieht man auf einer Karte eine gerade Linie zwischen der alten Paßhöhe auf dem Buchenberg und dem Gallorömischen Tempelbezirk im römischen Kempten rechts der Iller, so liegt eine Reihe von Altstraßenteilen (Taf. 3) auf oder unmittelbar neben dieser Linie. Im Stadtgebiet von Kempten ist der antike Straßenverlauf großenteils unter oder unmittelbar neben der Lindauer Straße (alte B 12) anzunehmen. W des Kemptener Vororts Rotkreuz kürzt die weitgehend begehbare alte Trasse an drei Stellen die großen Kehren der ehemaligen B 12 ab und erreicht über einen im Gelände noch erkennbaren steilen Hohlweg oder eine weit nordwärts über Gablers führende Kehre an der Christi-Ruh-Kapelle die nach WSW durch Buchenberg ziehende »Römerstraße«.

Der Burgus von Ahegg (Burgusring 41) liegt weit unterhalb der Straße nnö von Gablers am Hochufer der Rottach und ist über die w von Rotkreuz von der alten B 12 ins Rottachtal abzweigende Straße zu erreichen. Das 1932 vom Bayer. Landesamt für Denkmalpflege untersuchte, vor allem aus Rollsteinen gesetzte Mauerwerk ist 1,3–1,4 m stark und mißt ca. 11 m im Geviert (Abb. 47). Ein 1,45 m breiter Zugang ist in der N-Seite ausgespart. Im Innern wurden ein Mittelpfosten und an der O-Seite eine Herdstelle aus Ziegelplatten beobachtet; außerhalb an der NW- und S-Seite zeichnen sich die Reste von Wall und Graben ab.

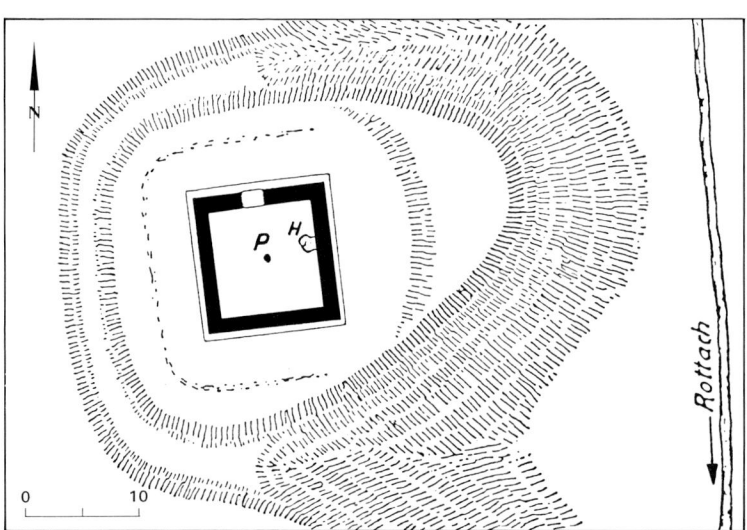

Abb. 47 Buchenberg-Ahegg. Oben: Burgus nach der Aufdeckung 1932. Unten: Plan nach P. Reinecke; P Pfostenloch, H Herdstelle aus Ziegelplatten.

145

Unter einer spätmittelalterlichen Überbauung und deren Schuttkegel hatte der Burgusrest in bis zu 1,5 m Höhe überdauert, ist heute aber durch unsachgemäße Konservierungsversuche stark angegriffen und schwer in seiner Originalsubstanz zu erkennen. Stratifizierte römische Bau- und Gefäßkeramik – u. a. von Reibschalen mit Innenglasur – lassen an der spätantiken Zeitstellung kaum Zweifel. W des Burgus steht eine Informationstafel des Heimatgeschichtlichen Vereins Buchenberg.

Ca. 300 m wsw von Buchenberg (Ortsschild) zweigt die alte, wohl antike Straßentrasse s von der alten B 12 ab und führt über die »Klamm« auf die alte Paßhöhe. Der heute verschüttete, z. T. wasserführende Hohlweg ist über einen ausgeschilderten Pfad s der alten B 12 randlich begehbar bis zu einem 1981 wieder aufgedeckten Teil der Geleisestraße im anstehenden Fels (Taf. 3). Zukünftig soll die Paßhöhe auch von hier zugänglich werden. Derzeit erreicht man sie über einen privaten, nach einer Bushaltestelle s abzweigenden Weg kurz vor dem höchsten Punkt der alten B 12. Unmittelbar s des oberen Bauernhofs an der Klamm verläuft die Altstraße in einem noch gut erkennbaren Hohlweg und ist an der mit 945 m üNN höchstgelegenen Stelle der Römerstraße zwischen *Brigantium*-Bregenz und *Iuvavum*-Salzburg mit einem Gedenkstein markiert.

Gut 1 km nach der Paßhöhe (Wasserscheide zwischen Donau und Rhein; Steintafel s an der alten B 12) liegen n der alten B 12 der mit einem Gedenkstein markierte Burgus und w davon das Erdwerk von Kenels (oder Schwarzerd-Wenk); der in der Regel abgezäunte Bereich des Burgus ist am besten über einen Feldweg zu erreichen, der knapp 200 m nach dem Gasthaus »Moosschenke« nach N von der alten B 12 abzweigt.

Das ca. 0,9 m starke Mauerwerk des etwa 8,6 x 8,6 m großen Turmes war Ende des 18. Jahrhunderts noch aufragend im damaligen Wald beobachtet worden. Eine kleinräumige Nachgrabung 1984 zeigte die Mauerzüge nur noch als Ausbruchgruben, die anschließend mit einer lose verlegten Steinsetzung markiert wurden. Zwei flache, annähernd kreisförmig verlaufende Gräben, ursprünglich wohl mit zugehörigen Wällen, umgeben heute noch erkennbar den Burgus, wobei die s Gräben durch jüngere Wege-spuren gestört sind. Neben römerzeitlicher Baukeramik, Knochen und verschiedenen Brandresten gibt bisher nur der Fund einer 352/ 55 geprägten Maiorina des Constantius II. einen näheren Datie-rungsanhalt.

Ca. 200 m w des Burgus ist ein z. T. von Bäumen umgebenes, annähernd rechteckiges Erdwerk von ca. 21 x 30 m mit vorgelager-tem Graben erhalten. Direkt ö eines Zulaufs der Wengener Argen gelegen, ist es über eine Erdbrücke an der S-Seite zugänglich. Datierende Funde sind von dieser Anlage bisher nicht bekannt.

Literatur:
B. Eberl, Befestigungen bei Wenk, Gem. Buchenberg. Bayer. Vorgeschbl. 10, 1931/32, 90 ff. − R. Knussert, Das römische Straßennetz im Allgäu. Allgäuer Geschfreund N. F. 58/59, 1958/59, 3 ff. − P. Reinecke, Neue Burgi an der spätrömi-schen Grenze Rätiens. Germania 19, 1935, 155 ff. − O. Schöner/W. Keinert, Unter-suchungen am spätrömischen Donau-Iller-Rhein-Limes im Bereich Buchenberg. Allgäuer Geschfreund N. F. 85, 1985, 14 ff.

Gerhard Weber

Buchenberg-Eschach, Lkr. Oberallgäu

Große und Kleine »Schwedenschanze«

Im Buchenberger Wald w Kempten zwischen den Flüssen Eschach und Kürnach durchzieht kurz hinter dem Straßenkilometer 10,5 am Parkplatz Eschacher Weiher (HP 1033 m) rechter Hand eine Wegpassage von Eschach das abseitige, unüberschaubar bergige Waldgelände in Richtung NW. Im Innern dieses ausgedehnten Waldgebiets liegt eine Verschanzung, die im Volksmund »Große und Kleine Schwedenschanze« genannt wird (Abb. 48).

Die Zufahrt von Eschach (977 m) führt hinauf durch einen strek-kenweise hohlwegartig eingeschnittenen Waldweg auf den 1126 m hohen Grat des Ursersbergs. In der Waldabt. 17,8 (Ursersberg) wird der Weg durch eine Verschanzung abgeriegelt, die aus Ge-schiebelehm und Kies aufgeschüttet wurde. Sie besteht aus einem

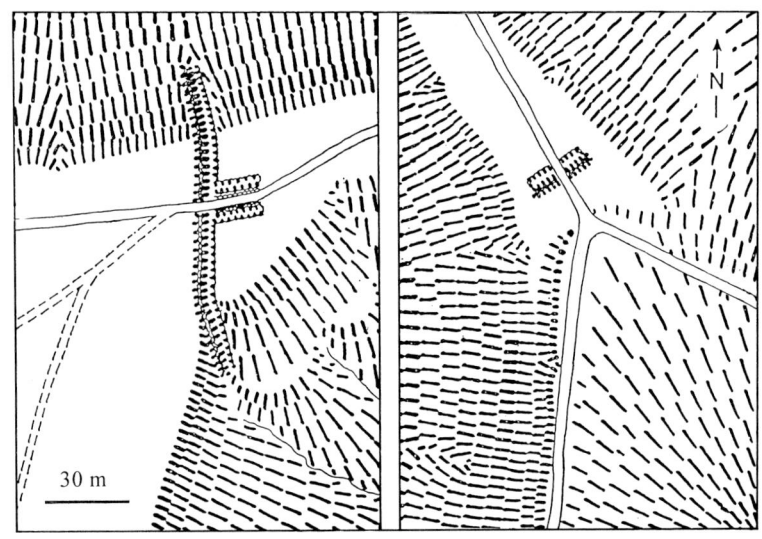

Abb. 48   Frühneuzeitliche Schanzanlagen von Buchenberg-Eschach.

rund 120 m langen, 1,5 m hohen Querriegel mit einem vorgelagerten, 3–4 m breiten Graben (Sprunghöhe bis 3,5 m), der von Steilhang zu Steilhang über den Grat zieht. Die nach außen vorspringenden Flankenwälle beiderseits des Weges bilden eine 21 m lange
Torgasse. Obwohl die Torflanken im Gegensatz zum Typ des
Zangentors nach außen gebogen sind, muß die Anlage gegen O
orientiert gewesen sein.

Diese Schanze verbindet der über 1,3 km lange, kaum mehr als
100 m breite Grat, der zunächst auf gleicher Höhe und dann nach
etwa 1000 m bergab verläuft, mit der Kleinen Schwedenschanze
(Waldabt. »Änger«).

Die Kleine Schanze besteht ähnlich aus einem einfachen, etwa 22 m
langen, gegen NW orientierten Schanzriegel, der aus zwei meter-
tief ausgehobenen, bis zu 3 m breiten Grabenstücken vor einer an
der Basis 4 m breiten, aber nur 0,8 m hohen Wallaufschüttung
beiderseits des Wegs gebildet wird; die Wegstrecke ist von hier aus
auf gut 150 m einsehbar.

148

Die Erosion beider, offensichtlich miteinander verbundenen Schanzen ist so gering, daß die Anlage nur kurzfristig besetzt gewesen und verhältnismäßig jung sein dürfte. Schwerer ist der strategische Nutzen einzuschätzen. Es kann sich auf dem 1300 m langen Grat nur um den versteckten Sammelplatz oder den Bereitstellungsraum eines Heeres gehandelt haben, vielleicht eine Rückzugsbefestigung für die Stiftkemptischen von Buchenberg im Schwedenkrieg 1632, wie der kluge Gedenkstein dem Wanderer verkündet.

Literatur:
Merkt, Burgen 5 ff., bes. 148 mit Abb. S. 149.

Wolfgang Czysz

Burgberg im Allgäu, »Grünten«, Lkr. Oberallgäu

Erzbergbau und Verhüttung im Starzlachtal

Drei aufgelassene Stollen und zwei ehemalige Schmelzplätze sind von Burgberg aus zu erreichen (Abb. 49). Vom Dorfplatz zunächst auf dem Fahrweg nach O zum Parkplatz »Auf dem Ried«, von hier auf demselben Weg zu Fuß gut 300 m zur Weggabelung am »alten Stein«. Der linke »obere Weg« führt nach ca. 4 km links zu den Eingängen des Karl-Ludwig- und des Max-Joseph-Stollens und rechts über eine Treppe hinunter zum Theresia-Stollen, der nach Vereinbarung (s. Museen) befahren werden kann. Zu den beiden Schmelzplätzen führt der »untere Weg«, unmittelbar vorbei am Grubenfeld »Bichlwies«. Kurz nach der Brücke liegen links Tagebaue der Andreas-Grube. Ca. 300 m weiter rechts ab führt ein Weg zum Schmelzplatz 2 direkt an der Starzlach. W eines ebenen Geländes zeigen sich Mauerreste und der Schutthügel des eingestürzten Schachtofens – in den Mauern sind wohl ältere Schlacken und Glasfluß mitverbaut. Wenig weiter sind über einen Pfad rechts hinunter, auf teilweise bewaldetem und vernäßtem Gelände, die Reste eines weiteren Schachtofens (Schmelzplatz 1) zu erreichen.

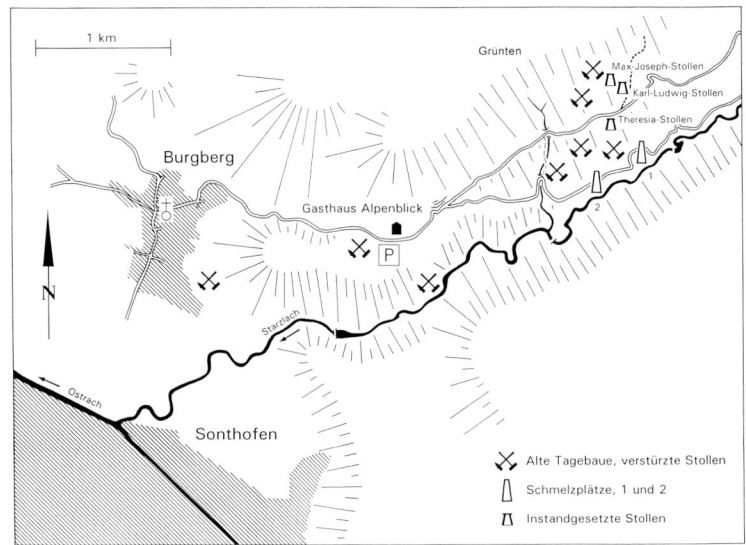

Abb. 49   Das Bergbaugebiet vom Grünten bei Burgberg.

Die Anfänge der Eisengewinnung und Verarbeitung im Allgäu sind weitgehend unbekannt. Jüngste vorgeschichtliche und römerzeitliche Funde und Befunde in Sonthofen ö des »Schönen Bichl« mit der sog. Ordensburg könnten u. a. im Zusammenhang mit Eisenverarbeitung gedeutet werden.

Erste metallurgische Untersuchungen schließen nicht aus, daß im römischen *Cambodunum* Eisenobjekte verwendet oder hergestellt wurden, deren Rohmaterial aus der Grünten-Region kommt. Auffällig ist der hohe Phosphorgehalt sowohl in den Funden von *Cambodunum* als auch in Erzproben vom Grünten.

Die oolithischen Eisenerze vom Grünten enthalten Limonit und Hämatit als Erzmineralien und stammen aus dem Untereozän des helvetischen Alttertiär. Sie eignen sich gut zur Verhüttung, da sie aufgrund ihrer mineralischen Zusammensetzung »selbstgehend« sind; es bedarf also zur guten Abscheidung der Schlacke keiner besonderen Zusätze. Allerdings konnte der hohe Phosphoranteil bis in das 19. Jahrhundert nicht in der Schlacke gebunden werden.

Er ist zwar für die Leichtflüssigkeit des Gußeisens günstig, trägt aber auch Schuld an der oft beklagten Kaltbrüchigkeit des Schmiedeeisens aus Sonthofen.

In das Licht der Geschichte trat der Bergbau am Grünten erst 1471, als Kaiser Friedrich III. an Graf Haug zu Montfort-Rothenfels das Bergwerksregal für seine Besitzungen im Allgäu verlieh. Ab 1502 gibt es Hinweise auf Beziehungen nach Schwaz in Tirol. Seit der 2. Hälfte des 16. Jahrhunderts sind Bergwerke in Hindelang und Schmelzwerke in Hindelang und Blaichach urkundlich nachweisbar. 1607 wird in Sonthofen neben dem bestehenden Hammerwerk ein Schmelzwerk in Betrieb genommen. Zudem wurde wohl bis weit in das 18. Jahrhundert hinein das Erz an der Starzlach, nahe bei den Stollen und Tagebauen verhüttet.

Zahlreiche Dokumente des 17. und 18. Jahrhunderts zeugen vor allem von Besitzstreitigkeiten, Holzmangel und sonstigen Mißständen. 1802 wird das Hochstift bayerisch. Die Erzbergwerke am Grünten, das Werk in Sonthofen und das ältere Werk in Hindelang gehen in die Verwaltung der Kurfürstlichen Oberbergdirektion in München sowie des Obermünzmeisteramtes über. 1809–1810 erstellt der Bergwerksverweser Uttinger Pläne der damals bestehenden Tagebaue und Stollen.

1853 wird das Hüttenwerk in Hindelang stillgelegt, 1859 der Bergbau am Grünten eingestellt. 1938 werden verschiedene Stollen wieder aufgewältigt und die Flöze auf Qualität und Höffigkeit untersucht. Diese Untersuchungen führen zur endgültigen Auflassung des Bergbaues am Grünten. In den ersten Nachkriegsjahren werden die meisten Stollenmundlöcher zugeschüttet.

Zwei Stollen wurden wieder zugänglich gemacht und mit einer Mundlochverbauung und verschließbaren Gittertoren versehen. Zudem erfolgte die Einrichtung eines Erzlehrpfades. Ein weiterer Schritt wäre die Erforschung und Konservierung der beiden Schmelzplätze an der Starzlach.

Literatur:
F. Blendinger, Der Bergwerksvertrag von 1561, März 20. im Hindelanger Tal. Schwäbische Kunde 1, 1966, 9ff. – X. Epplen, Das Eisenbergwerk in Hindelang. Schwabenland 4, 1937, 153ff. – H. Frei, Der frühe Eisenerzbergbau und seine

Geländespuren im nördlichen Alpenvorland. Münchner Geogr. Hefte 29, 1966. – E. E. Kohler, Der historische Erzbergbau im Iller- und Ostrachtal. Allgäuer Geschfreund N. F. 77, 1977, 82 ff. – J. H. Ziegler, Der »Ärarialische« Bergbau von Sonthofen. In: Sedimentäre Eisenerze in Süddeutschland. Geol. Jahrb. D. 10, 1975, 250 ff. – Karten: Bayerische Berg-, Hütten- und Salzwerke AG, Grundrisse und Querprofile durch die Eisenerz-Gruben am Grünten bei Sonthofen. M. 1:1000 (1937). – Uttinger, Grubenpläne aus den Jahren 1809–1810. BayHStA, Oberbergamt München, Abt. StA München 282.

Josef Merbeler

Dietmannsried-Hörensberg, Lkr. Oberallgäu

Römischer Burgus (Abb. 17,8)

N von Kempten, knapp 4 km nw von Schrattenbach liegt s des z. T. unbefestigten Weges zwischen Hörensberg und Ziegelberg an einem bewaldeten W-Hang der Platz des heute weitgehend durch eine Kiesgrube zerstörten Burgus Hörensberg. Nahe der NW-Ecke eines noch erkennbaren Grabenrestes informiert eine Tafel des Bayer. Landesamtes für Denkmalpflege.

Schon 1909 war die von A. Ullrich untersuchte Anlage im SO zu etwa der Hälfte einer Kiesgrube zum Opfer gefallen. Die Fundamentreste und Mauerausbruchgruben zeigten einen ca. 11,2 m breiten Bau mit ca. 1,2 m starken Mauern. Ein mit Brandschutt verfüllter Kanal, römerzeitliche Röhrenziegel und Ziegelplatten mit vielen Brandspuren in der NW-Ecke könnten zu einer Heizanlage gehört haben. Bemerkenswert sind Reste von rot bemaltem Wandverputz und der Einzelfund eines als Netzsenker gedeuteten aufgerollten Bleiblechs. Viele Brandspuren in den Schuttschichten machen das Ende des Turmes in einem Schadenfeuer wahrscheinlich.

Literatur:
A. Ullrich, Römische Turmanlage bei Hörensberg. Allgäuer Geschfreund N. F. 2, 1910, 56 ff. mit Beilage. – B. Eberl, Spätrömische Grenztürme (burgi). Dt. Gaue, 14, 1913, 171 f.

Gerhard Weber

Dirlewang, Lkr. Unterallgäu

Keltische Viereckschanze »Beyburg« (Abb. 10,7)

2 km osö von Köngetried liegt in der Waldflur »Im Klösterl« auf
einer flachen Kuppe mit nach N und S zu zwei kleinen Bachläufen

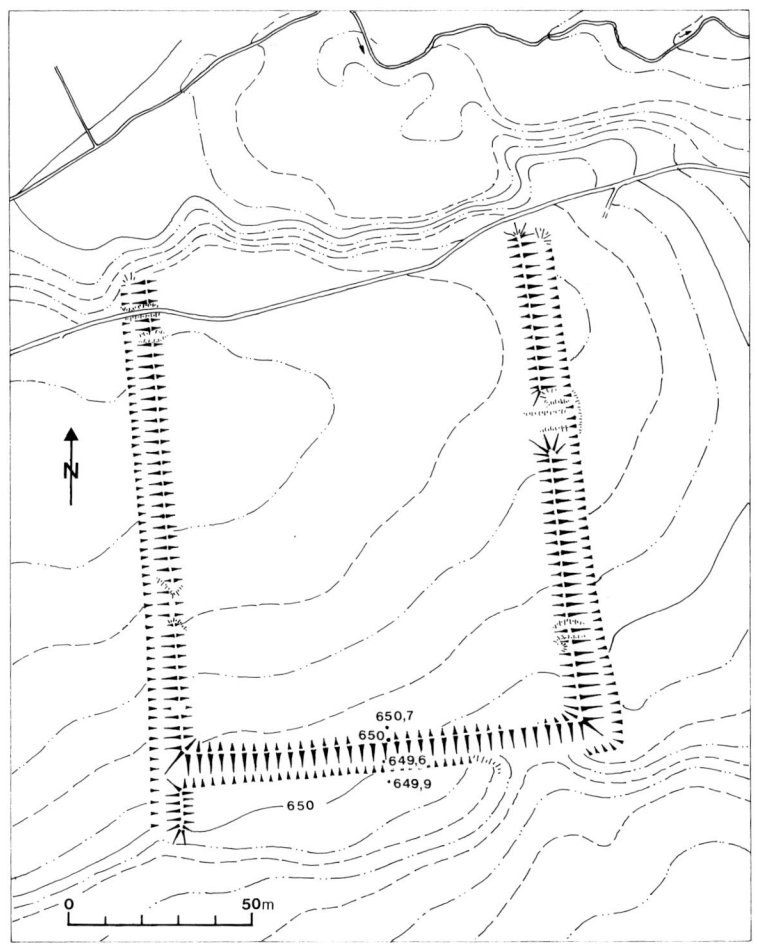

Abb. 50   Dirlewang. Viereckschanze »Beyburg«.

sanft abfallenden Flanken die »Beyburg« genannte Anlage. Die nahezu rechteckige Schanze (Abb. 50) ist um 13 bzw. 15° aus der N-Richtung nach W gedreht. Erhalten sind die W-, S- und O-Seite. Sie mißt 120–130 x 140 m. Die Innenfläche hat eine Ausdehnung von ca. 125 x 100 m. Die Höhe der Wälle schwankt zwischen 0,4 und 0,7 m, die Ecken im SO und SW sind um ca. 0,3 m überhöht. Die Gräben erreichen noch Tiefen zwischen 0,3 und 0,7 m. Im O haben Wall und Graben 80 m n der Ecke eine 25 m breite Lücke. An der SW-Ecke setzt in der Flucht der W-Seite ein 10 m langes Wall/Grabenstück an. Es endet dort, wo das Gelände etwas steiler abfällt. Um 1530 wird berichtet, daß in der Schanze ein Hof gestanden haben soll.

Literatur:
Lkr. Unterallgäu 967. – Schwäb. Museum 1928, 179 Abb. 14. – K. Schwarz, Atlas der spätkeltischen Viereckschanzen Bayerns (1959) Nr. 144.

Hanns Dietrich

Der römische Gutshof auf dem Galgenberg (Abb. 17,4)

1,4 km ö Dirlewang ragt in der Biegung der B 16 nach Lauchdorf der Sporn des Galgenbergs (654,9 m üNN) nach N ins Tal der Mindel. Auf seiner nach W sanft auslaufenden, nach O durch einen Steilabfall ins Hungerbachtal begrenzten Geländezunge wurde etwa 50 m nw des Gedenksteins ein römischer Gutshof entdeckt, von dem 1931 (B. Eberl, J. Maurer) bzw. 1933 (L. Ohlenroth) das Hauptgebäude und 1933 das Badegebäude (E. Wünsch) ausgegraben werden konnten (Abb. 51). Die Lage im Winkel zweier Gemarkungsgrenzen ist ein typisches Zeichen dafür, daß die Mauerreste noch im Mittelalter sichtbar waren und als Landmarke zwischen den Dörfern gedient haben.

Das Hauptgebäude gehört zum Typ der Risalitvilla mit Portikusfassade und Innenhof; es war mit der 31 m langen Hauptfassade nach N orientiert, wobei jedoch auch die 27,5 m breite S-Front ebenfalls zwei vorspringende Eckrisalite hatte, die alle jeweils durch Säulengänge verbunden waren. Auf der O-Seite fanden sich

154

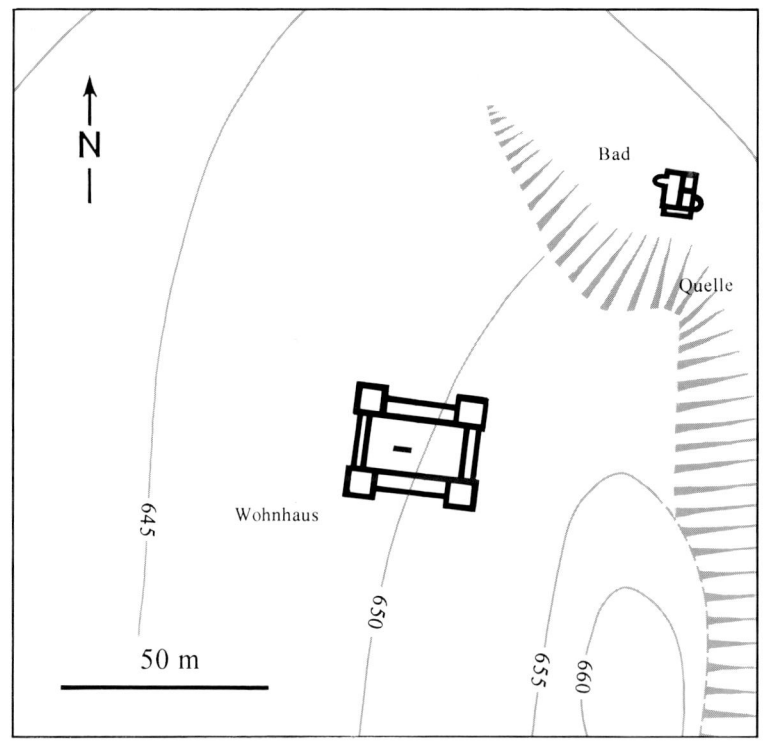

Abb. 51   Lage der villa rustica auf dem Galgenberg bei Dirlewang.

halbmetergroße Kalktuffwürfel als Fundamente von vier Portikus-
säulen aus Holz oder Stein. Vom Aufgehenden der Kalktuffwände
war bis auf die immerhin noch 0,8–0,9 m starke unterste Funda-
mentlage nichts mehr erhalten. Dementsprechend sind auch die
Fußböden und Laufhorizonte erodiert, so daß die Phasengliede-
rung einzelner Gebäudeteile offen bleiben mußte. Fünf Ziegelstem-
pel einer nicht lokalisierten privaten Ziegelei des Marcus M[...]
Celer deuten vielleicht sogar auf den Villenbesitzer selbst, der hier
auf dem Hof oder in der Nähe eine kleine Ziegelei betrieben hatte.
30–40 m nö am Mittelhang zum Hungerbach lag das kleine, nur
10,2 x 7 m große Badegebäude (Abb. 52), das aus einer lokalen
Schichtquelle gespeist wurde, die heute am Hang 30 m sö austritt.

155

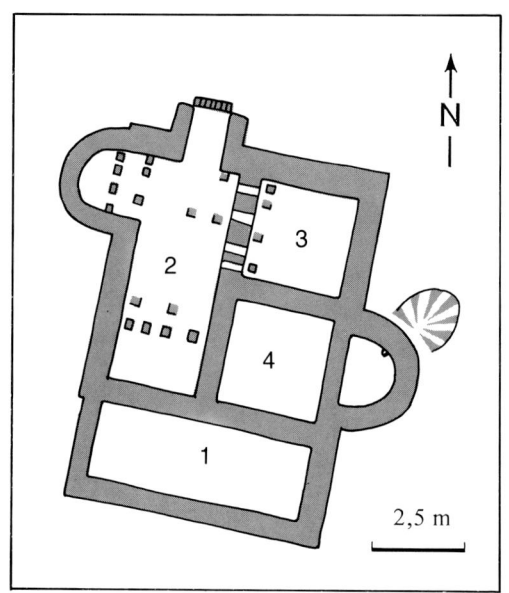

Abb. 52   1933 ausgegrabenes Badegebäude der villa rustica auf dem Galgenberg.

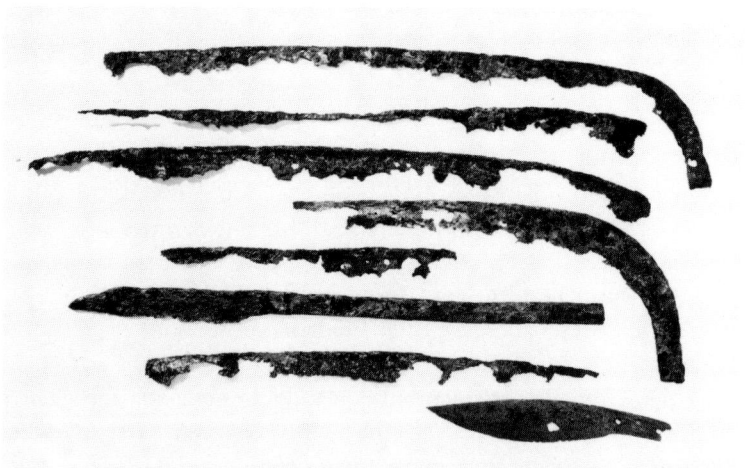

Abb. 53   Eisendepotfund mit Sensen, einem Messersech vom Pflug und einem
Messer aus dem Wohnhaus der Villa auf dem Galgenberg.

Die Funktionsräume waren wie üblich kreisförmig angeordnet: Man betrat vom Hang kommend den Korridor (Raum 1), der, nach einem Mauerrücksprung an der W-Seite zu urteilen, möglicherweise erst später angefügt worden war. Das *praefurnium* lag im N, so daß die Wärme hangaufwärts das *caldarium* (Raum 2) und das seitlich verbundene *tepidarium* (Raum 3) beheizte. Das Kaltbad (Raum 4) hatte in der Apsis eine Sitzwanne, deren Kalkmörtelputz mit Viertelrundstab abgedichtet war. Der trichterartig ausgebrochene Abflußkanal entwässerte das Becken in eine kiesgefüllte Sickergrube. Auch die Kaltwanne verrät durch einen 30 cm über dem Sohlestrich eingebrachten zweiten Belag, daß immer wieder Reparatur- und Umbauarbeiten stattgefunden haben.

Zur Villa gehörten verschiedene Wirtschaftsgebäude, von denen Spuren am Mittelhang n und nö sowie 40 m w unterhalb des Wohnhauses registriert wurden.

An verschiedenen Stellen vor allem des Wohnhaus-Innenhofs wurden erhebliche Brandspuren einer Zerstörung beobachtet, die durch zwei Sesterze des Alexander Severus von 231 in die Zeit der Alamannenstürme nach 233 datiert werden muß; bislang gibt es keine Hinweise darauf, daß der Gutshof auf dem Galgenberg später wiederaufgebaut und im 4. Jahrhundert noch einmal bewohnt und bewirtschaftet wurde.

Literatur:
B. Eberl, Römische Gebäude bei Dirlewang, B.-A. Mindelheim, Schwaben. Bayer. Vorgeschbl. 11, 1933, 77 ff. – FMRD I 7, 7239.

Wolfgang Czysz

Eggenthal, Lkr. Ostallgäu

Burgstall (Abb. 24,15)

Der Burgstall liegt auf einem Sporn des Seelenberges oberhalb von Eggenthal. Ein Weg zum Burgplatz führt an der Kapelle und dem ehemaligen Pestfriedhof vorbei, der im Vorburgareal angelegt wurde. Die Burganlage ist zweigeteilt und im N durch eine frühere Kiesgrube beschädigt; die Gräben sind als Flankenschutz jeweils noch um die flacher abfallende W-Seite herumgezogen (Abb. 54).

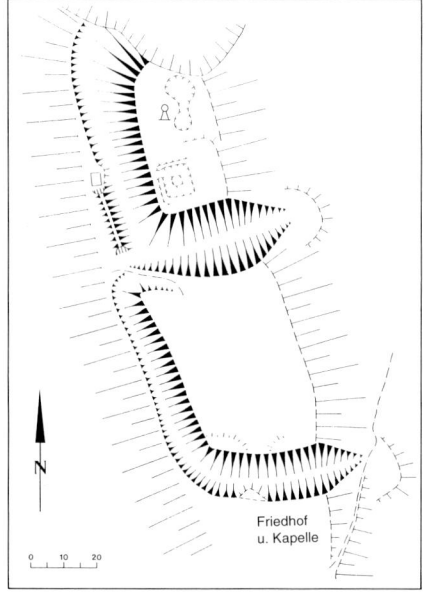

Abb. 54   Burgstall Eggenthal.

Das Hauptburgplateau zeigt die quadratische, annähernd 10 x 10 m messende Ausbruchsgrube eines Steingebäudes, wohl eines Bergfrieds, und einige Mulden als letzte Hinweise auf die hochmittelalterliche Steinburg der edelfreien Herren von Eggenthal, die 1123 erstmals genannt werden. Über die turbulente Geschichte der Burg, die im Laufe der Jahrhunderte mehrere Besitzer und nacheinander das Hochstift Augsburg, das Stift Kempten und das Kloster Irsee als obersten Lehensherren hatte, und ihr Ende gibt es wenige Quellen. Lesefunde vom Burgplatz belegen eine hoch- bis spätmittelalterliche Nutzung mit Schwerpunkt im 13. und 14. Jahrhundert.

Nach dem Abbruch der Burg soll ein Teil der Steine angeblich zum Bau des Kirchturms im Dorf, ein anderer Teil später für die Seelenberg-Kapelle verwendet worden sein.

Literatur:
F. L. Baumann, Geschichte des Allgäus I (1971) 506f., 538. – Merkt, Burgen Nr. 120.

Boris Blum und Birgit Kata

Eggenthal-Romatsried, Lkr. Ostallgäu

Burgstall Romatsried (Abb. 24, 18)

Die auf der Hochfläche im O von Romatsried gelegene Befestigung befindet sich auf einer Bergzunge, von der durch einen Abschnittswall mit vorgelegtem Graben eine ca. 100 x 90 m große Fläche abgetrennt wurde (Abb. 55). Ausgrabungen L. Ohlenroths

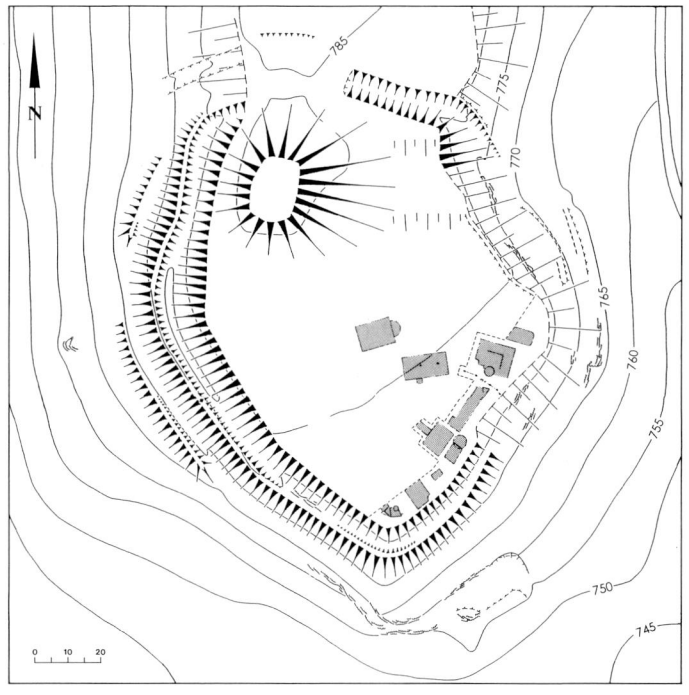

Abb. 55   Burgstall bei Eggenthal-Romatsried.

in den Jahren 1935–1937 konnten eine Umwehrung der hangseitigen Ränder mit einer mehrphasigen Holzpalisade, der tiefer am Hang eine Trockenmauer vorgelagert war, nachweisen. Spuren der Innenbebauung wurden vor allem im S-Teil der Anlage erfaßt, wobei den im Grundriß eingezeichneten Steinbauten möglicherweise eine Holzbauphase voranging.

Das umfangreiche Fundmaterial datiert in das 11. und 12. Jahrhundert, zwei Münzen Heinrichs I. von England stammen aus der Zeit zwischen 1100 und 1130. Ohlenroth nahm ein Ende der Anlage in »Kampf und Brand« an, ohne jedoch dafür den Beleg zu erbringen. Spätmittelalterliche Keramik fehlt; ob ein Radsporn wohl des 15. Jahrhunderts auf eine Weiternutzung der befestigten Siedlung schließen läßt, sei dahingestellt.

Literatur:
H. Dannheimer, Keramik des Mittelalters aus Bayern (1973), 25 ff., 61 ff. – L. Ohlenroth, Der Burgstall bei Romatsried. Schwabenland 3, 1936, 73 ff. – Ders., Zum Hausbau des frühen Mittelalters in Süddeutschland. Mannus 29, 1937, 535 ff.

Stefan Kirchberger

Eisenberg, Lkr. Ostallgäu

Burgruine Eisenberg (Abb. 24,69)

Weithin sichtbare Burgruine ca. 10 km nw von Füssen oberhalb des Orts Zell; von dort in 20 Minuten zu Fuß erreichbar. Der gleiche Weg führt auch zu der auf einem Nachbarhügel gelegenen Burgruine Hohenfreyberg.

Die Architektur der Burg paßt sich der Lage auf einer Hügelkuppe an: eine 25 x 45 m große ovale Kernburg mit hoher Mantelmauer, an die sich eine rundum fast geschlossene Randbebauung durch mehrgeschossige Pultdachgebäude anlehnte (Abb. 56). Die Burg wurde im späten 15./frühen 16. Jahrhundert sowie 1533/35 umgebaut und erweitert, als man zwei Zwingermauern mit Schalentürmen und ein Torvorwerk an der NO-Ecke errichtete. Letzteres

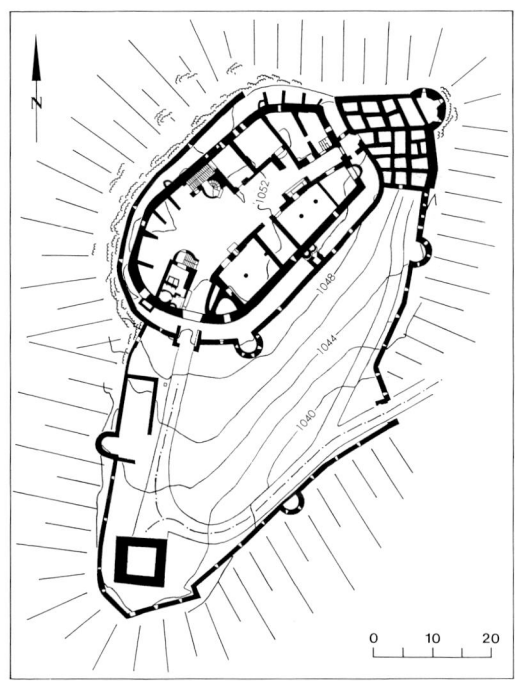

Abb. 56 Grundriß
der Burg Eisenberg.

wurde 1533/35 verfüllt und der Zugang an die S-Seite verlegt. Innerhalb der Kernburg standen damals Palas, Kapelle, Küche, Backhaus und Badehaus (?), Tankzisterne (?) und Gewölbekeller. 1981–1986 wurde die Ruine entschuttet und baulich gesichert. Zahlreiche Funde im örtlichen Burgenmuseum belegen die Errichtung der Kernburg um 1330/40 durch den Edelfreien Peter von Hohenegg. 1382 verkaufte Berthold von Hohenegg die Burg an Herzog Leopold von Österreich, der sie an Friedrich von Freyberg als Lehen vergab. Im Bauernkrieg wurde die Burg 1525 von den Bauern besetzt. Nach einer Plünderung 1632 ließ die Tiroler Landesregierung die brachliegende Burg 1646 als Präventivmaßnahme niederbrennen.

Literatur:
Merkt, Burgen Nr. 128. – A. Miller, Die Sammlung malerischer Burgen der bayerischen Vorzeit von Domenico Quaglio und Karl August Lebschée (1987) 32f;

56 ff. – Nessler II, 217 ff. – Petzet 1960, 181 f. – B. Pölcher/A. Desing, Beschreibung und Geschichte der Burgruinen Eisenberg und Hohenfreiberg (1989) 1 ff. – F. Schmitt, Die Burg auf dem Eisenberg – eine Burg des ausgehenden Mittelalters. In: Burgen und Schlösser 1989/II, 81 ff. – Ders., Die Burg auf dem Eisenberg. Dokumentation der Freilegungs- und Erhaltungsmaßnahmen 1980–1990 (1990).

Joachim Zeune

Burgruine Hohenfreyberg (Abb. 24,68)

Nur wenige hundert Meter nw der Ruine Eisenberg; über den gleichen Weg erreichbar.

Entsprechend der topographischen Situation handelt es sich um eine langgezogene Anlage von fast 90 m Länge mit W-O-Achse. Eine hohe Ringmauer mit flankierenden Rund- und Halbrundtürmen umgibt eine etwa 30 m lange Kernburg, die an beiden Enden gleichfalls mit Rundtürmen bewehrt war (Abb. 57). Die Kernburg ist eine ältere Anlage aus der Zeit um 1420/30, die Erzherzog Sigismund von Österreich-Tirol um 1480 durch die äußere Um-

Abb. 57 Hohenfreyberg von Südwesten, mit Eisenberg im Hintergrund. In der Höhe übersteigerte Zeichnung von Domenico Quaglio 1836.

wehrung mit einem wuchtigen Batterieturm an der exponierten
SW-Ecke, die zugleich das Haupttor deckte, verstärkte.
1418 entstand im Zusammenhang mit dem Bau der Burg die
selbständige Herrschaft Hohenfreyberg unter Friedrich von Freyberg, einem Sohn des ersten Freybergers auf Eisenberg. 1646 ereilte
die Burg dasselbe Schicksal wie die benachbarte Ruine Eisenberg.
Die Ruine ist in sehr schlechtem Zustand; die Wandmalereien in der
Kapelle sind kaum noch sichtbar.

Literatur:
Merkt, Burgen Nr. 260. – A. Miller, Die Sammlung malerischer Burgen der
bayerischen Vorzeit von Domenico Quaglio und Karl August Lebschée (1987) 24 f.;
56 ff. – Nessler II, 233 ff. – Petzet 1960, 182 f. – B. Pölcher/A. Desing, Beschreibung
und Geschichte der Burgruinen Eisenberg und Hohenfreiberg (1989) 24 ff. – J.
Zeune, Burgensanierungen 19 f.

Joachim Zeune

Füssen, Lkr. Ostallgäu

Die römische Staatsstraße Via Claudia Augusta (Abb. 17, 36)

Die verkehrsgeographische Lage Rätiens war von zwei sich kreu-
zenden Fernstraßenzügen bestimmt: der W-O-Verbindung von
Gallien und den germanischen Provinzen an den Mittel- und Un-
terlauf der Donau, und die von S kommende Via Claudia Augusta.
Diese Route führte von der oberitalischen Handelsmetropole *Altin-
um*-Altino (gegenüber Venedig) über Verona und *Tridentum*-
Trient durch die Berge und stellte besonders im 1. und 4. Jahrhundert die lebenswichtige Direktverbindung Rätiens mit dem Mut-
terland her. Darüber hinaus hatte sie eine besondere politische
Note: Sie folgte nämlich jener Route, die der von Augustus adop-
tierte Prinz Ti. Claudius Nero Drusus während des rätischen Er-
oberungsfeldzugs im Sommer des Jahres 15 v. Chr. mit seinen
Truppen begangen hatte. Ein halbes Jahrhundert später baute sein
Sohn, der Kaiser Claudius (41–54 n. Chr.), diese Route mit eigenen

Mitteln aus und erhob sie seinem Vater zu Ehren im Jahr 46 in den Rang einer Staatsstraße – eine Ehre, die keiner anderen Straße in den Nordprovinzen zuteil wurde.

Diesen Akt konnte der Reisende – zugleich als politische Werbung für das Kaiserhaus – auf den Meilensteinen entlang der Straße nachlesen: Die 1552 in Rablà-Rabland bei Meran gefundene Meilensäule beschreibt u. a., daß „Claudius die Via Claudia Augusta gebaut hat, die sein Vater Drusus anlegte, als er die Alpen im Krieg geöffnet hatte" (*Ti. Claudius Caesar ... viam Claudiam Augustam, quam Drusus pater alpibus bello patefactis derexserat, munit*). Die Inschrift des Vintschgauer Meilensteins gibt die Baustrecke in dichterischer Umschreibung vom Po bis zur Donau an: *a flumine Pado at flumen Danuvium*. Sie betrug nach römischer Zählung *milia passuum CCCL*, 350 Meilen (*milia passuum* = 1000 Doppelschritte = 1478 m), was einer Strecke von etwa 517 km entspricht.

Die Strecke der Via Claudia Augusta führte im Etschtal an Meran und der Station des gallischen Zollsprengels, der *Statio Maiensis*, vorbei über den Reschenpaß ins Inntal; von dort zog sie durch *Umista*-Imst und *Tarentum*-Tarrenz über den Fernpaß ins Lechtal.

Vom Kniepaß n Reutte kommend folgt die Trasse dem rechten Lechufer bis vor die Engstelle des Lechfalls in Höhe des österreichischen Zollpostens Weißhaus und überquert dort den Fluß wohl auf einer (Holz-)Brücke, deren Standort allerdings unbekannt ist. Eine Nebenstrecke führt auf der linken Flußseite über eine vermutete Brückenstelle in Lechbrugg-Unterletzen oder Ehenbichl s Reutte um das Lech-Knie an der Vils-Mündung. Jedenfalls erscheint die Trasse im Füssener Ortsteil Bad Faulenbach auf einer schmalen, aber doch ausgeprägten Stufe hart am Nordufer des Flusses; dort ist der Geländeeinschnitt im Fels noch gut erkennbar.

Die Römerstraße knickt am Fuß des Füssener Schloßbergs nach N um und läuft unter der heutigen Augsburger Straße (B 16) ins offene Land.

Im N von Füssen wird die Via Claudia erstmals als typische Römerstraße mit einem ausgeprägten Dammkörper faßbar, der seitlich von Materialgruben begleitet wird. Sehr deutlich waren die obertägigen Spuren im Bereich des 1954 künstlich aufgestauten

164

Forggensees, der in jahreszeitlichem Rhythmus die Humusüberdeckung der Römerstraße heute restlos abgespült hat, so daß im Luftbild der helle Kiesstreifen zwischen den Materialgruben sichtbar wird. Bei Ehrwang-Dietringen konnten 1953 mehrere Profilschnitte angelegt und der durchschnittlich 10 m breit erhaltene Damm untersucht werden: Das gut 0,9 m starke Schotterpaket lag auf der komprimierten, römerzeitlichen Humusdecke und bestand aus wenigstens vier nacheinander aufgebrachten Kiesschichten, auf deren Oberfläche sogar Spurrillen von Wagen herauspräpariert werden konnten. Stellenweise oft mehr als einen halben Meter hoch erhalten, zieht sie an der erst 1986 entdeckten spätaugusteischtiberischen Handelsstation von Rieden vorbei (Abb. 58), die zusammen mit dem zeitgenössischen Brandopferplatz am gegenüberliegenden Lechufer ein bemerkenswertes Siedlungsensemble der frühen Kaiserzeit mit auffälligen alpin-rätischen Elementen im Fundstoff bildet.

Entsprechend dem stark profilierten eiszeitlichen Geländerelief ist der Verlauf der Via Claudia am n Seeausfluß, besonders in der

Abb. 58   Grabungsschnitt im Straßendamm der Via Claudia bei Rieden 1953.

165

Umgebung von Roßhaupten, häufig durch jüngere, in der Regel mittelalterlich-frühneuzeitliche Straßen und Hohlwege überprägt, wie beispielsweise nahe dem Tiefenthalgraben oder bei der > Mangmühle, wo sich die Trasse in einige parallele Züge auffächert. Auf dem linken Lechufer im Bereich n von Lechbruck ist sie dagegen wieder hervorragend als Damm erhalten. Sie durchzieht die Gemarkungen Bernbeuren, vorbei am Auerberg, durch Burggen, Stadt Schongau, Altenstadt, Schwabniederhofen, Hohenfurch und Kinsau – ein Stück auf oberbayrischem Gebiet – teils als Feldweg, teils unsichtbar und vom Pflug zerstört bis nach *Abodiacum*-Epfach (Lkr. Landsberg a. Lech), wo sie nahe dem Lechübergang die Fernstraße von Bregenz nach Salzburg kreuzt.

Der weitere Verlauf im Landkreis Landsberg a. Lech folgt nach wie vor dem W-Ufer des Lech bzw. der W-Kante der Mittelterrasse durch die Gemarkungen Denklingen, Leeder, Asch, Ober- und Unterdießen, Seestall, Ellighofen, Erpfting, und führt w an Landsberg vorbei nach N durch die Gemarkungen Ober- und Unterigling, Hurlach und Obermeitingen. Hier wird sie streckenweise im Luftbild, ab Untermeitingen wieder als flacher Kiesdamm im Gelände faßbar, hin und wieder unter mittelalterlich-neuzeitlichen Wirtschafts- und Verbindungswegen, die den Verlauf der Römerstraße bewahrt haben.

In Untermeitingen (Lkr. Augsburg) – nun wieder auf schwäbischem Gebiet – macht sie einen deutlichen Knick nach NNO, und zieht von diesem Punkt an in einem sehr gut erhaltenen, über 12 km geradlinigen Schotterdamm auf die Provinzhauptstadt zu, beiderseits gesäumt von einer Kette großer und kleiner Kiesgruben, die besonders im Luftbild charakteristisch hervortreten. Von Königsbrunn zieht die stellenweise erodierte Via Claudia n durch die lückenlos überbauten Stadtrandgebiete in die Provinzhauptstadt *Augusta Vindelicum*-Augsburg und durchs Lechtal weiter zu ihrem Endpunkt an der Donau beim Kastell *Submuntorium*-Burghöfe.

Literatur:

W. Czysz, Alle Wege führen nach Rom. Die Römer in Schwaben. Arbeitsh. d. Bayer. Landesamtes f. Denkmalpfl. 27 (1985) 135 ff. – Ders., Römische Staatsstraße Via Claudia Augusta. Der nördliche Streckenabschnitt zwischen Alpenfuß und

Donau. La Venetia nell'area Padano-Danubiana. Le vie di comunicazione (1990) 253 ff.

Wolfgang Czysz

Spätrömisches Kastell auf dem »Schloßberg« (Abb. 13; 17,37)

Dort, wo die > Via Claudia Augusta sich durch die Thannheimer und Ammergauer Alpen nach N zwängt und auf dem Nordufer des Lechs entlang dem Mühlenweg/Faulenbacher Straße s am Hohen Schloß vorbei in die Augsburger Straße (B 16) mündet, wird auf der topographisch beherrschenden Spornfläche des Schloßbergs ein Militärposten der frühen Kaiserzeit vermutet (Abb. 59). Ob es später eine mittelkaiserzeitliche Ansiedlung (Straßenstation?) gab, ist ebenfalls noch unklar, aber wahrscheinlich (Weihestein im Kloster). Ein verlorener Schatzfund aus der Zeit des Limesfalls von der Faulenbacher Halde soll rund 2000 Silbermünzen enthalten haben. Sicher ist dagegen die Besetzung des Platzes in der Spätantike: Im *Foetibus (Nom. Foetus, Foetes)* der *Not. Dig. Occ. XXXV 21* war der *praefectus legionis tertiae Italicae transuectioni specierum deputatae* statio-

Abb. 59   Der Füssener Schloßberg von Osten.

167

niert, der zusammen mit seiner Schwestereinheit von Zirl-Teriolis am Fuß des Seefelder Sattels abkommandiert war, um den Nachschub über die Berge zu organisieren und zu sichern.

Das Kastell liegt auf dem dreiseitig steil abfallenden, 45–60 m breiten Sporn des Schloßbergs (»Hohes Schloß«, 831 m üNN); Spuren konnten durch Ausgrabungen 1955 lokalisiert werden. Zwei Suchschnitte im Innern des Schloßhofs erbrachten Keramik des 2. und 4. Jahrhunderts, ein dritter am rückwärtigen Abschnittsgraben der mittelalterlichen Burgmauer eine der Technik nach römische Mauer, vielleicht die Außenmauer des spätantiken Kastells. 1957 wurden 400 m wsw der Kirche St. Mang drei spätrömische Frauengräber geborgen und 1982 60 m s dieser Fundstelle drei weitere N–S orientierte Skelette freigelegt.

Literatur:
W. Czysz, Ausgrabungen im ehemaligen Benediktinerkloster St. Mang zu Füssen, Landkreis Ostallgäu, Schwaben. Arch. Jahr Bayern 1990 (1991) 145 ff. – FMRD I 7, 7112. – E. Keller, Die spätrömischen Grabfunde in Südbayern. MBV 14 (1971) 233 ff. mit Taf. 11, 2–8. – J. Werner, Spätrömische Befestigung auf dem Schloßberg in Füssen (Allgäu). Germania 34, 1956, 243 ff.

Wolfgang Czysz

Mittelalterliche Stadtanlage und Kloster St. Mang (Abb. 24,7; 81)

Den Ausgangspunkt für die Entwicklung Füssens (Abb. 60) bildete neben dem Benediktinerkloster St. Mang ein karolingischer Königshof zur Verwaltung des umfangreichen Fiskalbesitzes entlang der ehemaligen Via Claudia, deren Verlauf noch heute im Straßenzug der Reichenstraße spürbar geblieben ist. Die Lage des Königshofs läßt sich aus den Schriftquellen nur ungefähr erschließen; die Lokalisierung im Bereich von Brotmarkt und Lechhalde, wo noch im 16. Jahrhundert ein großer zusammenhängender Hofkomplex nachzuweisen ist, ist jedoch am wahrscheinlichsten.

Die Funktion als wichtiger Stapel- und Umschlagplatz für den Handel mit Italien bewirkte einen raschen Aufschwung der Stadt, in deren Frühzeit aber auch die Metallverarbeitung eine Rolle ge-

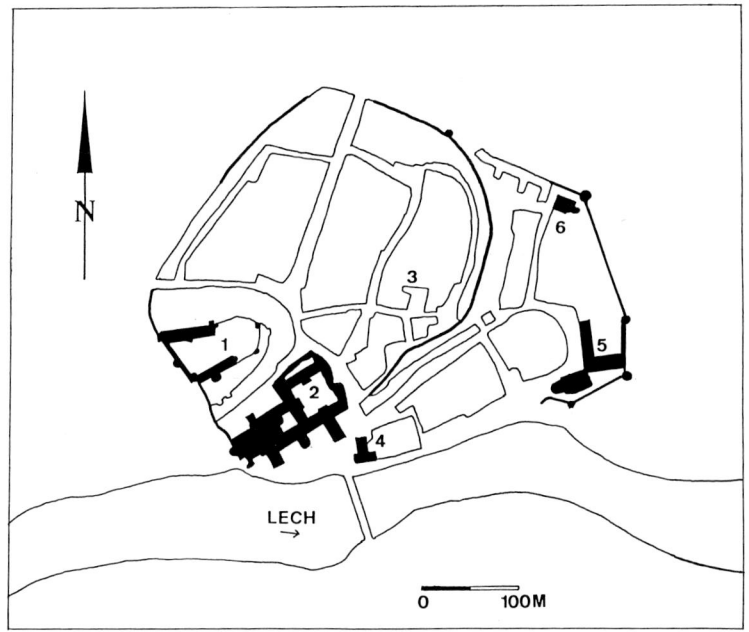

Abb. 60 Füssen. 1 Hohes Schloß; 2 Ehem. Benediktinerkloster St. Mang; 3 vermutlicher Standort eines Königshofs; 4 Spital; 5 Ehem. Franziskanerkloster St. Stephan; 6 St. Sebastian.

spielt haben muß. Sie konnte 1994 durch die Kemptener Stadtarchäologie nachgewiesen werden. In der Drehergasse wurde eine ca. 50 cm starke, mit Holzkohle und Schlacken durchsetzte Kulturschicht des 13. Jahrhunderts, die von dem wohl ins 14. Jahrhundert zu datierenden Stadtgraben geschnitten wurde, festgestellt.

Eine erste Ummauerung der Stadt wurde im späten 13. Jahrhundert begonnen und 1338 nach dem Übergang Füssens an das Hochstift Augsburg erneuert. Bauteile dieser älteren Stadtmauer haben sich vor allem im N und O der Altstadt in den Häusern der Drehergasse bis heute erhalten. Zu Beginn des 16. Jahrhunderts wurde auch der ö Stadtteil mit dem Alten Friedhof sowie dem Franziskanerkloster in den Mauerring einbezogen. Ein Wappen des Bischofs Friedrich II. von Zollern am Sebastianstor in der Kloster-

169

straße datiert den Bau des äußeren Mauerrings mit seinen Rundtürmen in das Jahr 1503.

Die ehemalige Benediktinerklosterkirche St. Mang geht auf die Gründung einer Mönchszelle um das Jahr 746 durch den hl. Magnus zurück. Um 830 wurde eine erste Marienkirche erbaut, die im späten 10. Jahrhundert durch eine nun St. Mang geweihte Basilika ersetzt wurde. Diese wurde in der zweiten Hälfte des 12. Jahrhunderts zu der spätromanischen Doppelchoranlage erweitert, wie sie auf einem Fresko im Mönchschor der heutigen Barockkirche zu sehen ist. Der Bau der Barockkirche erfolgte unter Verwendung der Fundamente des Vorgängerbaus. Bedeutendster Rest ist die Magnuskrypta unter dem Ostchor. In dem um 1000 errichteten Rechteckbau bezeichnet die tonnengewölbte Mitte das Grab des Heiligen; aus der gleichen Zeit stammen die Malereireste mit der Darstellung der hll. Magnus und Gallus, die stilistisch an gleichzeitige Buchmalereien von der Insel Reichenau erinnern.

Da beim Bau des gotischen Kreuzgangs der Felsen ö der Kirche mehr als 2 m abgearbeitet wurde, ist die weitere früh- bis hochmittelalterliche Baugeschichte des Klosters weitgehend unklar. In den Aufschüttungen im Kreuzganghof wurden 1970 zahlreiche qualitätvolle Architekturteile entdeckt, die zu dem Kirchenbau des 12. Jahrhunderts gehörten. Sie werden zusammen mit der Magnuskrypta in einem »archäologischen Rundgang« im Museum der Stadt in den Klostergebäuden präsentiert.

Literatur:

W. Czysz, Ausgrabung im ehemaligen Benediktinerkloster St. Mang zu Füssen. Arch. Jahr Bayern 1990 (1991), 145 ff. – R. Ettel, Geschichte der Stadt Füssen (1970). – P. Mertin, Das vormalige Benediktinerstift St. Mang zu Füssen im ersten Jahrtausend seines Bestehens (1965). – H. U. Rump, Füssen. Histor. Atlas von Bayern, Teil Schwaben, Heft 9 (1977).

Stefan Kirchberger

Füssen-Weißensee, Lkr. Ostallgäu

Das spätpaläolithische Abri »Unter den Seewänden« (Abb. 3,31)

Der Fundplatz liegt im Bereich der Voralpen am Weißenseeberg im n Falkensteinzug w von Füssen, etwa 600 m sö von Weißensee-Roßmoos bei ca. 920 m üNN. Es handelt sich um einen Felsüberhang unter einem Block aus Wettersteinkalk, der vermutlich im Spätpleistozän von den höher liegenden Seewänden herabgestürzt ist (Taf. 1). Das Abri öffnet sich nach N, etwa 10 m unterhalb der Stelle befindet sich eine Quelle. 1984–1986 und 1988 konnte es ausgegraben werden.

Über den liegenden Geschiebelehmen wurde eine durch Holzkohlepartikel dunkel gefärbte Fundschicht auf ca. 11 m^2 Fläche aufgedeckt. Die Decke des Felsüberhangs befindet sich an der Traufkante etwa 2,6 m, im Zentrum der Grabungsfläche nur noch ca. 1 m oberhalb des Siedlungshorizontes. Zwei Holzkohleproben wurden ^{14}C-datiert und ergaben konventionelle Daten von 11 600 ± 230 und 11 400 ± 230 vor heute. Die Datierung stellt den Fundplatz in das Alleröd-Interstadial, was durch die Bestimmung der Holzarten, die Ergebnisse der Pollenanalyse und die gefundenen Steinartefakte bestätigt wird. Leider haben sich keine Jagdbeutereste im Sediment erhalten.

Das Inventar ist mit ca. 500 Steinartefakten, die ausschließlich aus lokalem Rohmaterial gefertigt sind, recht klein. Roter und grüner Radiolarit überwiegt bei weitem den grauen Flyschhornstein im Silexmaterial. Das begrenzte Werkzeugspektrum – mehrere Rückenmesser, ein endretuschierter Mikrolith und zwei Kratzer – läßt auf ein nur kurzfristig belegtes Jagdlager schließen. Ein Großteil der gefundenen Steinartefakte aus Radiolarit konnte zu Sequenzen zusammengesetzt werden, was ebenfalls als Hinweis auf eine kurzfristige Belegung des Platzes gewertet werden kann. Der Fund einer flächenretuschierten, gestielten Pfeilspitze aus Radiolarit und einer eisenzeitlichen Feuerstelle mit einem Feuerschlagstein aus Radiolarit beweisen, daß die Abristation auch in späterer Zeit sporadisch aufgesucht worden ist. *Birgit Gehlen*

Grönenbach-Ittelsburg, Lkr. Unterallgäu

Abschnittsbefestigung und Burgstall »Falken«
(Abb. 7,7; 10,15; 24,20)

Der »Falken« oder »Bussen« ö von Ittelsburg ist ein nach N weisender Geländesporn mit sehr steil bis fast senkrecht abfallenden Flanken im N, W und O (Abb. 61). Auf der Spitze liegt ein mittelalterlicher Burgstall. Zwei Wall-Graben-Sperren riegeln den Sporn 340 und 520 m weiter s ab.
Der s Wall ist stark verflacht, maximal noch 1 m hoch und an der Basis 15 m breit. Der vorgelagerte Graben ist 1,5 m tief und 15 m breit. Seine Böschungen werden mit zunehmender Tiefe steiler. Diese Anlage riegelt, leicht nach S ausbiegend, den Sporn ca. 50 m n einer natürlich entstandenen Einschnürung ab. Im W setzen Wall und Graben unmittelbar am Steilabfall ein, im O endet der Wall 30 m vor dem Hang. Der Graben wird ca. 70 m vor der Spornflanke zusehends flacher und zeichnet sich auf den letzten 30 m nurmehr als Geländestufe ab. Insgesamt hat diese Wall-Graben-Sperre eine Länge von 250 m. Die ursprüngliche Torsituation ist nicht mehr zu erkennen. Der heutige Fahrweg benützt einen Durchbruch 70 m w der Hangkante. Hier ist der Graben auf größerer Breite verfüllt und der Wall von N her abgegraben.
Eine zweite, 170 m lange Sperre, wieder ein Wall mit vorgelagertem Graben, liegt 150 m n der ersten. Sie ist noch sehr gut erhalten, an einigen Stellen, vor allem an den Enden im O und W, allerdings abgegraben. Der steil gebösche Wall erreicht eine Höhe bis zu 3 m; an der Basis hat er eine Breite von 18 m. Ob eine leichte Einsenkung in seiner Mitte auf ein altes Tor zurückzuführen ist, läßt sich nicht klären. Der Graben mit heute flacher Sohle hat eine Breite von ca. 10 m und eine Tiefe von ca. 2 m; die Höhendifferenz zwischen Wallkrone und Grabensohle beträgt demnach bis zu 5 m. Ein ausgeprägter Schuttfächer vor dem Grabenkopf in der ö Spornflanke

Abb. 61   Grönenbach-Ittelsburg. Abschnittswälle und Burgställe auf dem »Falken«.

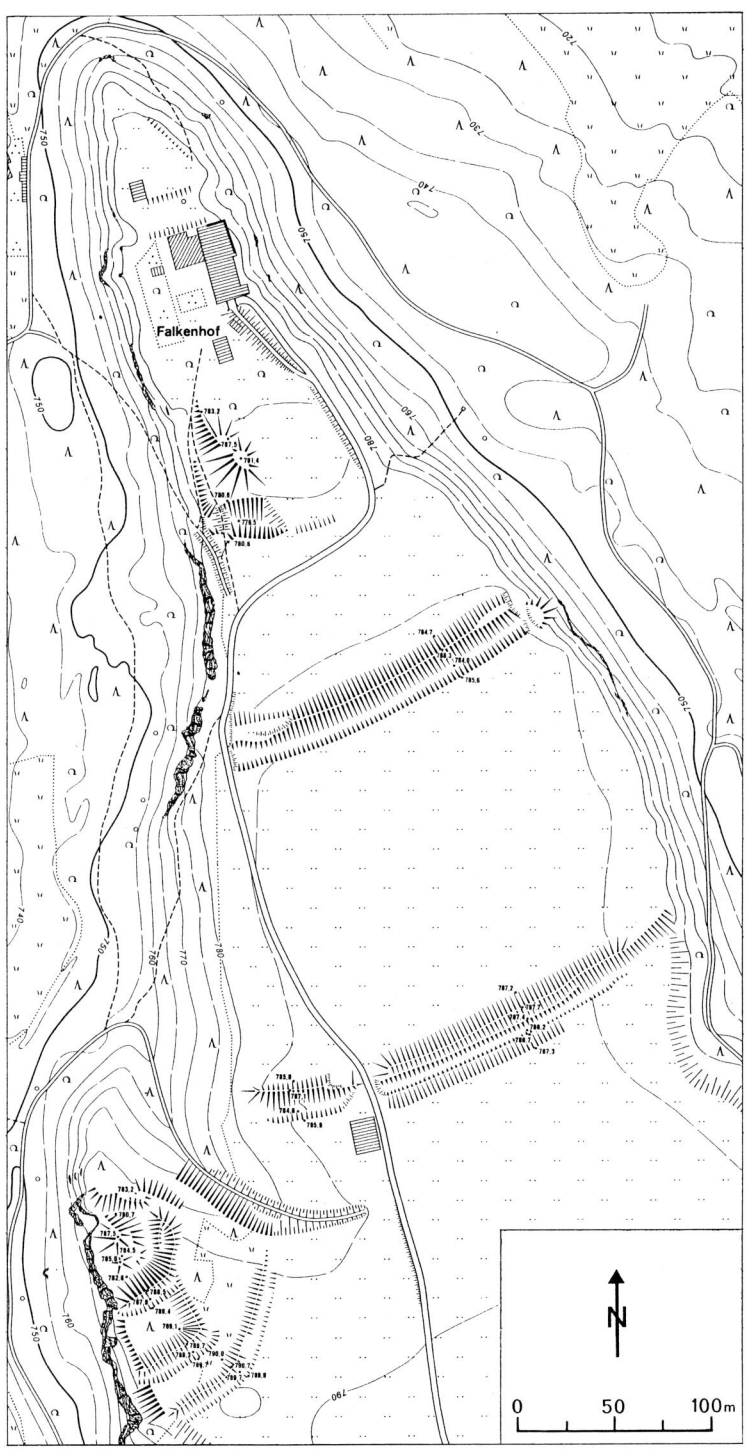

Falkenhof

0   50   100m

läßt annehmen, daß die Befestigungen ursprünglich bis an die Hangkanten im W und O reichen.

Die vorgeschichtliche Begehung und Besiedlung des Falken ist durch neolithische, bronzezeitliche und hallstattzeitliche Funde belegt. Die Zeitstellung einer Graphittonscherbe ist noch nicht geklärt. Ca. 800 m s der Anlage fand sich im Hang ein bronzezeitlicher Hort. Daß der Platz schon in vorgeschichtlicher Zeit befestigt war, ist anzunehmen. Die Dimensionen der beiden Wälle und Gräben sind aber für prähistorische Befestigungen zu groß. Eine frühmittelalterliche Umgestaltung und Erweiterung ist daher anzunehmen; im S wurde vielleicht ein vorgeschichtlicher Wall mit Graben zu einem Annäherungshindernis umgebaut.

Nach der Stärke der Wälle zu urteilen, könnte es sich um ein ungarnzeitliches Refugium handeln, wie schon B. Eberl annimmt. Auch die historische Überlieferung deutet darauf hin, daß vor 1152 auf dem Sporn eine Befestigung vorhanden war. Das Kloster Ottobeuren läßt sich zu dieser Zeit bestätigen, daß auf dem »Hittelspurch« genannten Berg keine Burg erbaut werden dürfe.

Die übrigen Befestigungsreste gehören zur hochmittelalterlichen Burg. So auch die dritte, 180 m s der Spornspitze liegende Sperre – Schildwall und Halsgraben des mittelalterlichen Burgstalles »Falkenburg« –, die heute bis auf wenige Reste im W planiert ist. Sie bestand laut einer Beschreibung von B. Eberl aus einem mächtigen, 35 m breiten und 5 m hohen Wall, einem 12 m breiten und über 4 m tiefen Graben und einem nur in geringen Resten erhaltenen Außenwall. Heute ist nur noch der w Abschluß des 3 m hohen Walles zu erkennen. An seinem Ende ist ein über 4 m hoher Schuttkegel mit fast 30 m Basisdurchmesser aufgesetzt. Ein im Steilhang auslaufender, 4 m tiefer und 20 m breiter Grabenrest von 30 m Länge wird von einem schmalen Damm überbrückt. Nach B. Eberl lag an dieser Stelle zwischen Hangkante und Wallende der Zugang zur Burg. Er war durch einen Turm gesichert, von dem nur ein Schuttkegel blieb. Von einem Graben 60 m s der Spornspitze, der die Burg in Vor- und Hauptburg teilte, sind nur noch die Enden im Steilhang auszumachen. Er dürfte ca. 20 m breit gewesen sein.

174

Der Ort Ittelsburg wird erstmals 1152 urkundlich erwähnt. Weitere historische Quellen berichten von mehrfachen Besitzwechseln. Seit 1437 taucht der Name »Falken« auf, der sich aber auch auf einen der anderen Burgställe auf dem Bergsporn beziehen kann. Für 1487 wird ein Brand des Schlosses Falken überliefert. Der Bau eines Schlosses an der Spornspitze ist für 1505 sicher anzunehmen. 1821 wurde die Anlage endgültig abgebrochen.

Auf Höhe der s Wall-Graben-Sperre und 600 bzw. 1200 m s davon liegen an der W-Seite des Höhenrückens drei mittelalterliche Anlagen – die stark befestigten, gut erhaltenen Burgställe »Hahnentanz oder Zwickerburg« und »Reichenfels/Neuittelburg« und der kleine, ebenerdige Ansitz in der Flur »Burgstumpf«, der nur durch einen Halsgraben mit bis zu 5 m Tiefe und 15 m Breite geschützt ist.

Literatur:
T. Breuer, Stadt und Landkreis Memmingen. Bayer. Kunstdenkmale IV (1959) 130f. – Kossack, Südbayern 165 Nr. 80. – Lkr. Unterallgäu 1016ff. – Memminger Geschbl. 1932, 29ff. – Merkt, Burgen Nr. 91, 153ff., 297, 459.

Hanns Dietrich

Grünenbach, Lkr. Lindau (Bodensee)

Der »Stein« (Abb. 17,35)

Nahe dem n Ortsende von Grünenbach zweigt von der Straße nach Maierhöfen nach O ein Weg ab, der u. a. zum Staufenberg führt. Ca. 50 m s des Weges liegt mitten im Weideland der »Stein« (Abb. 62a), ein mit seiner Länge von 7 m in O-W-Richtung ausgerichteter, 3,5 m breiter und bis zu 1,75 m hoher, wohl erratischer Nagelfluhblock, dessen N- und S-Seite senkrecht abgearbeitet sind und der heute von einer mächtigen Eschengruppe umstanden wird.

Der Standort ist ein mit ca. 19 x 20 m nahezu quadratisches Plateau, das von einem bis zu 7 m breiten Graben und einem außen(!) im W, N und O vorgelagerten Wall umgeben wird, der somit kaum als Teil einer Wehranlage gedeutet werden kann. Bei archäologischen

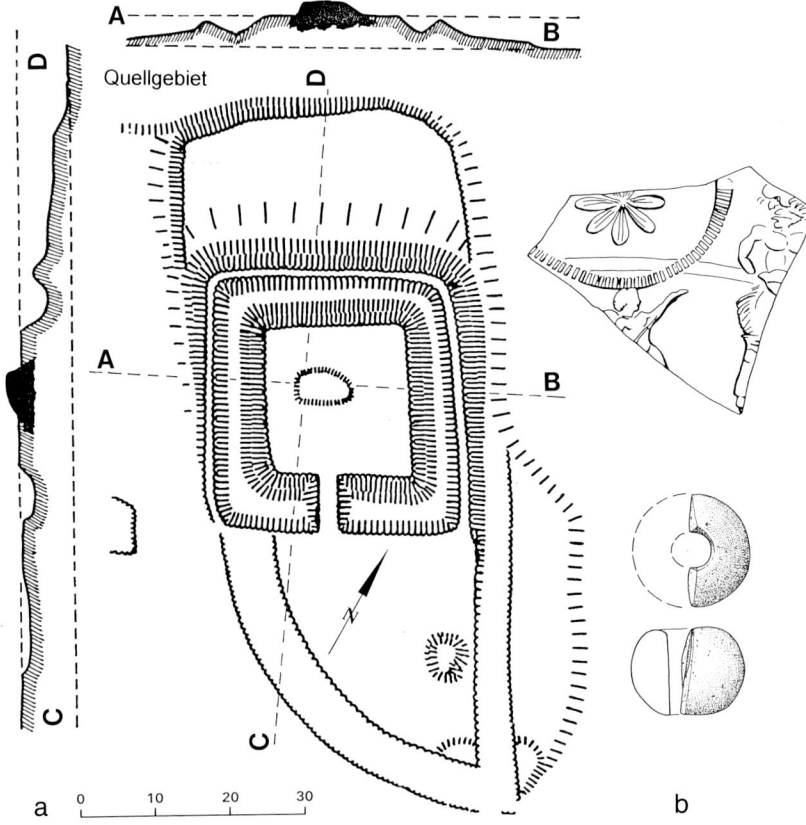

Abb. 62 Grünenbach. a der »Stein«; b Lesefunde: Spinnwirtel aus Ton und Wandscherbe einer Terra-Sigillata-Reliefschüssel (Drag. 37) aus Rheinzabern. M 1:2.

Schürfungen 1891 erwies sich das Plateau als 0,9–1,2 m mächtige
Aufschüttung auf einem älteren Nutzungshorizont, zu dem u. a.
eine ca. 17 x 37 m große Terrasse n der Grabenanlage gehört haben
dürfte sowie Brandspuren w und n des Steins und, neben Knochen,
»einige Scherben eines rohen unglasirten, wahrscheinlich becherar-
tigen Thongefäßes«, das heute verschollen ist. Zuletzt wurde am
Stein eine Wandscherbe einer reliefverzierten Terra Sigillata-
Schüssel aus Rheinzabern (Abb. 62 b) aufgelesen. Die Anlage wird

176

als vorgeschichtlicher Kultplatz und/oder als Versammlungs- bzw. Gerichtsstätte (bis 1806 3 km w vom »Stein« nachgewiesen) gedeutet.

Literatur:
R. Christlein, Das unterirdirsche Bayern (1982) 210 f. – B. Eberl, »Der Stein« bei Grünenbach. Schwabenland 3, 1936, 96 ff. – A. Ullrich, Der »Stein« bei Grünenbach. Allgäuer Geschfreund 4, 1891, 89 ff. mit Beilage; dazu ebd. 5, 1892, 16.

Gerhard Weber

Heimenkirch-Dreiheiligen, Lkr. Lindau (Bodensee)

Burgus (Abb. 17,34)

Die Römerstraße von *Brigantium* nach *Cambodunum* durchzieht zwischen Hörbranz und Heimenkirch eine unübersichtliche Moränenlandschaft. An der Bahnlinie Heimenkirch-Röthenbach, 2,8 km osö von Heimenkirch und 250 m ssw der Kapelle Dreiheiligen an der Abzweigung kurz hinter Riedhirsch, unmittelbar neben dem Bahnübergang beim Straßenkm 139 liegt auf einer leichten, 25 m großen Geländenase der Burgus (Abb. 63) auf dem »Schloßbühl«. Sein Bezug zur Römerstraße ist nicht sicher – zumal der Turm mit dem »Rücken« zum Hangabfall steht; vermutlich stieg die Straße am Talschluß der Leiblach den Hang hinauf, überquerte den Moränenrücken und nahm Richtung auf die nächste Burgusstelle am Röthenbacher Bahnhof.

Die Tuffmauer des quadratischen Burgus wurde schon in den neunziger Jahren des vergangenen Jahrhunderts ausgebrochen, und beim Bau der Bahnlinie nach Lindenberg und der Wegabzweigung 1899 teilweise zerstört. 1901 sind die Estrichreste auf der 8,6 x 8,6 m großen Innenfläche entfernt worden, wodurch diese Fläche heute eingesunken erscheint.

Die Geländeplattform wurde 1943 durch 38 meterbreite Schnitte untersucht (L. Ohlenroth). Das noch 0,9–1,0 m tiefe Fundament des Turms (11,8 m Seitenlänge) war 1,8 m breit und aus Rollsteinen

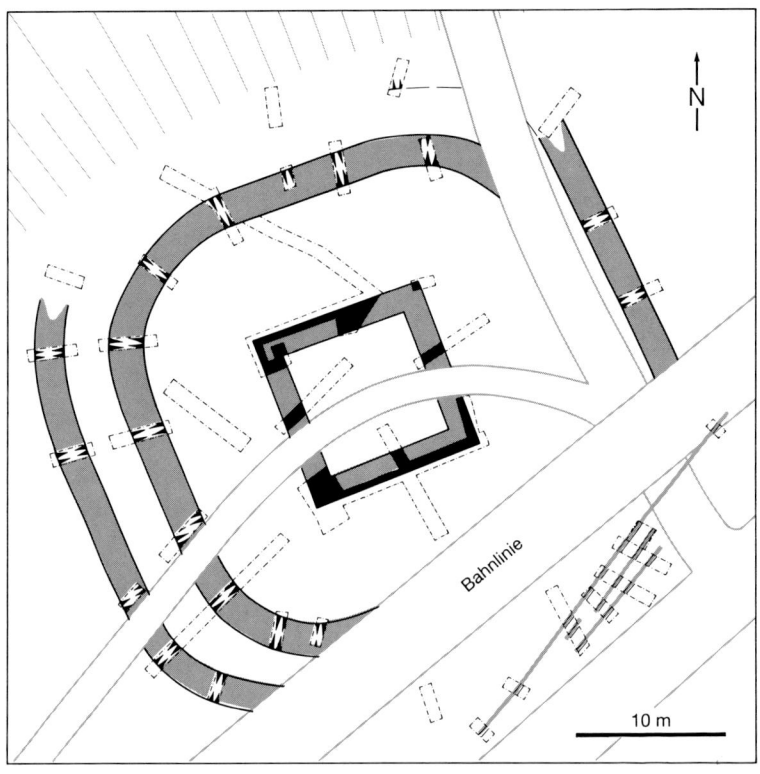

Abb. 63   Spätrömischer Burgus Heimenkirch-Dreiheiligen.

lagenweise gesetzt. Ihn umzogen zwei nach Meinung des Ausgrä-
bers nicht gleichzeitige Gräben mit abgerundeten Ecken; der innere, 2,3 m breite Spitzgraben war gut erhalten, der äußere, 1,9 m
breite Sohlgraben an der n Geländekante erodiert, so daß vermutet
wurde, daß sie an der s Straßenseite möglicherweise nicht geschlossen waren. Die linearen, gräbchenartigen Verfärbungen vor der
SO-Ecke des Turms stehen wohl in Zusammenhang mit der Straße, die hier vor dem Burgus vorbeiziehen könnte.
Die Brandschicht in der Spitze des Grabens in Schnitt 15 deutete auf
eine Zerstörung hin; dennoch blieben die Funde spärlich. Nur in

Bruchstücken erhaltene glasierte Reibschüsseln datieren in das jüngere 4. Jahrhundert.

Literatur:
J. Garbsch, Die Burgi von Meckatz und Untersaal und die valentinianische Grenzbefestigung zwischen Basel und Passau. Bayer. Vorgeschbl. 32, 1967, 51 ff., Kat. 53. – L. Ohlenroth, Römischer Straßenburgus bei Dreiheiligen, Gde. Heimenkirch, Lkr. Lindau i.B. Bayer. Vorgeschbl. 17, 1948, 36 ff. – P. Reinecke, Neue Burgi an der spätrömischen Grenze Rätiens. Germania 19, 1935, 32 ff.

Wolfgang Czysz

Hopferau, Lkr. Ostallgäu

Spätpaläolithische und frühmesolithische Freilandstationen am Hopfensee (Abb. 3,28.29)

Bei Begehungen auf dem Gebiet von Hopferau im s voralpinen Hügel- und Moorland wurden schon in den fünfziger Jahren n der Hopfensee-Achen mehrere steinzeitliche Fundstellen entdeckt. Im Bereich der geplanten Autobahntrasse der A7 wurden 1989 daher Sondagen und Bohrungen vom Institut für Ur- und Frühgeschichte der Universität Köln durchgeführt. Die Fundstellen liegen zum einen auf markanten Geländeerhebungen oberhalb der Hopfensee-Achen, wie sie der spätpaläolithisch und frühmesolithisch besiedelte Pertlesbichl (Abb. 64) eindrucksvoll repräsentiert. Zum anderen finden sie sich an eher sanften Geländeneigungen am Ufer des damals deutlich größeren Hopfensees, wie Sondagen an drei Stellen, von denen zwei anhand der auftretenden Mikrolithformen sicher in ein präboreales Mesolithikum zu datieren sind, bewiesen haben. Darüber hinaus lassen Bohrkerne mit Holzkohleeinschlüssen unterhalb des Humushorizontes weitere Siedlungsplätze des prähistorischen Menschen vermuten.

Aufgrund der Bohrungen nw der heutigen Seefläche konnte die weiterreichende Ausdehnung des Gewässers durch die Lokalisierung von molluskenführenden Seetonen nachgewiesen werden. Ein ^{14}C-Datum, das an einer Holzprobe aus einer verschiedenen

Abb. 64 Blick von Südwesten auf den südlichen Sporn des »Pertlesbichl«, Gde. Hopferau. In einer Sandlinse unterhalb der Humusdecke des Drumlins fanden sich Steinartefakte des Spätpaläolithikums und des präborealzeitlichen Mesolithikums.

Seetonen zwischengelagerten Torfschicht gemessen wurde, ergab ein wahrscheinlich präboreales Alter (9200 ± 900 v. h.). Der obere Seeton kann durch die Ergebnisse einer pollenanalytischen Untersuchung ebenfalls in das Präboreal datiert werden. Wie die Höheneinmessung der Seetone in den Bohrungen zeigen, muß der Seespiegel während des Frühholozäns mit 787 m üNN etwa 7 m über dem heutigen gelegen haben. Der Pertlesbichl lag damit etwa 500 m nw, die durch die Sondagen festgestellten Plätze 50 bzw. 100 m und 250 m n der rekonstruierbaren Uferlinie.

Birgit Gehlen

Immenstadt, Lkr. Oberallgäu

Frühneuzeitliche Talsperr-Befestigung

Die »Obere Schanz« von Immenstadt ist Teil einer 640 m langen Befestigung, die zusammen mit der Unteren Schanze und dem Vorder- oder Kleinsee (heute Alpsee) das Tal der Konstanzer Ache vom Nordabhang des Immenstadter Horns bis hinüber zum Felssporn der Burg Rothenfels an seiner engsten Stelle sperrt.

Die Nordpassage der Missener Straße (»Untere Schanze«) zwischen dem Felsabbruch der Burg Rothenfels und dem See riegelt ein 100 m langes Wallstück ab, das am »Schanzhäusel« (Haus-Nr. 59 Missener Straße, heute Am Kleinen Alpsee 2) oberhalb des Alpseebades noch als Grenzlinie auf einer felsigen Geländeripppe sichtbar ist. Der weitere Verlauf bis zum Alpsee läßt sich anhand älterer Katasterblätter als S-förmig nach W abbiegender Wall ausmachen; er ist heute durch den Bau des Alpseebades verschwunden.

Die 300 m breite Passage s des Kleinen Alpsees wird durch die Wallanlage »Obere Schanz« gesperrt, deren Spuren auf dem Wiesenabhang deutlich zu sehen sind und sich auch im Grenzverlauf des Katasterblattes SW 28–45 widerspiegeln. Der steile Bergabhang des Horns ist bis zur heutigen Waldgrenze ungeschützt; man darf annehmen, daß sie ursprünglich tiefer lag und der Südflanke ausreichend Schutz bot.

Am s Beginn der Befestigungsanlage in Höhe der 763-m-Isohypse stößt der Wall rechtwinklig auf eine nach W ziehende Böschungskante mit einer deutlich ausgeprägten Hecke, die möglicherweise den Rest einer Letze, einer durch verwachsenes Gebüsch gesicherten Grenzhecke, darstellt. Der Wall selbst verläuft in Fallinie des Hanges und ist am Bergfuß, am Straßendurchlaß und am Ende der Befestigung beim heutigen Seeufer im Abstand von etwa 120 m mit bastionsartigen Vorsprüngen bestückt. Am mittleren Abschnitt stand s der alten Landstraße zwischen Bühl und Immenstadt (B 308) ebenfalls ein »Schanzhäusel«, das auf der ersten Katasterblattausgabe von 1815 noch als Bauwerk eingetragen ist. Es spricht

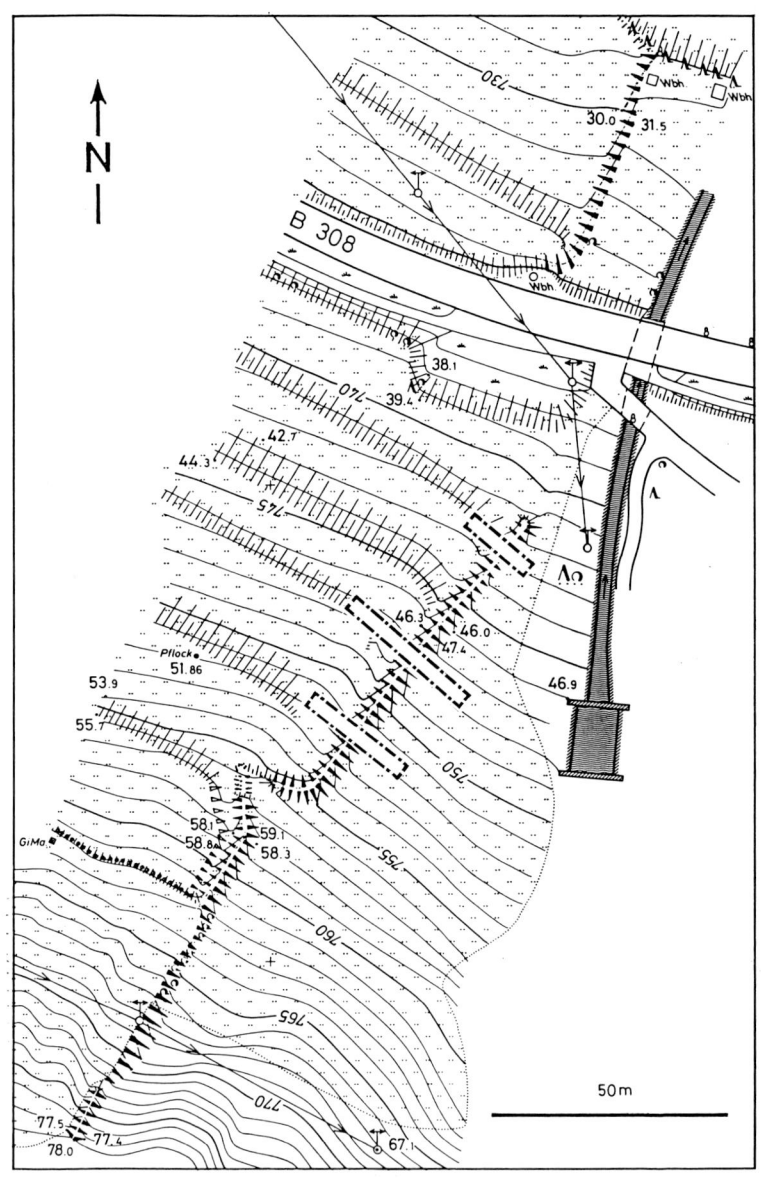

Abb. 65 Südflanke der frühneuzeitlichen Talsperr-Befestigung bei Immenstadt
mit Lage der Grabungsschnitte 1–3.

einiges dafür, daß es in einem funktionalen Zusammenhang mit der gesamten Anlage stand.

Wegen geplanter Baumaßnahmen im Bereich der »Oberen Schanz« wurden 1990 und 1991 drei Grabungsschnitte durch den Wall angelegt (Abb. 65). Sie zeigten, daß vor dem Damm nicht – wie erwartet – ein Graben als Annäherungshindernis lag. Die Wallkrone ist asymmetrisch gegen W verschoben, die Sprunghöhe beträgt 2 m. Der steinige Wallkörper war ohne innere Schichtung auf die alte Geländeoberfläche aufgeschüttet. Wichtig ist die Beobachtung eines 0,5–0,7 m breiten, 1–1,3 m tiefen Gräbchens mit flacher Sohle 2 m ö der Wallkrone, in dem Spuren von Holzfaserresten auf eingesetzte, rund 20 cm starke Holzpfosten einer Palisade deuten.

Der Wall mußte also wegen seiner spitzwinklig ausgreifenden »Stellungen« und der steilen Westflanke gegen W, d. h. von Immenstadt aus gesehen landwärts orientiert gewesen sein. Die Palisade gab dem Verteidiger Deckung, zumal die Wallkrone das Gelände rund 1 m überragt. Nach dem archäologischen Befund handelt es sich also um eine lineare Talsperre, die zum Schutz gegen das Konstanzer Tal hin angelegt worden war. Die spärlichen Funde – eine glasierte Keramikscherbe aus der Wallaufschüttung – weisen auf das 18. Jahrhundert.

Ob die Anlage mit einem speziellen Kriegsereignis oder als Wegsperre zur Zollerhebung an der Bühler Straße in Friedenszeiten angelegt wurde, läßt sich mit archäologischen Methoden nicht klären. Die Wahrscheinlichkeit spricht für eine Befestigung auf dem Hoheitsgebiet von Immenstadt, zumal ihr Verlauf später noch mit der Grenzlinie der Steuergemarkung identisch ist. Im Rahmen kriegerischer Auseinandersetzungen an dieser Engstelle des Tals hatte sie zwangsläufig auch strategische Bedeutung. Im übrigen besaß Immenstadt auch im O an seiner Ausfallstraße ins Illertal eine Wehranlage, die sogar mit Mauern, Schießscharten und einem massiven Torbau befestigt war. Nach dem Verfall der im 14. Jahrhundert errichteten Stadtmauer mochten diese Talsperren weit vor der Stadt den einzigen Schutz geboten haben.

Literatur:
Denkmäler in Bayern VII, Schwaben (1986) 324. – Merkt, Burgen 5 ff., 145 Nr. 20. – Ders., Letzen im Allgäu. Allgäuer Geschfreund N. F. 51, 1950, 1 ff. – Petzet 1964, 450.

Wolfgang Czysz und Wolfgang Schmidt

Isny-Kleinhaslach, Kr. Ravensburg

Spätantikes Alenkastell Vemania (Abb. 17,23)

Das Kastell liegt auf dem Hügel Bettmauer ca. 2 km onö Isny im Ortsteil Kleinhaslach. Der im S durch einen Spitzgraben vom Plateau abgetrennte Sporn ragt rund 12 m über die Talaue der Unteren Argen, die in der Antike am O-Hang entlangfloß, so daß diese Seite des fünfeckigen Kastells nur mit einer schwachen Mauer gesichert wurde. Vom N-Turm konnte man mehrere Einfallstäler im N überwachen; wohl deshalb lag das Kastell einige Kilometer vor der Grenzstraße Bregenz–Kempten. Die erste Ausgrabung durch die Isnyer Bürger Georg Mauz und Konrad Geist ist für 1490 bezeugt. Weitere Grabungen erfolgten 1855, 1882 (E. Paulus d.J.) und 1926 (G. Bersu). Von 1966 bis 1970 wurde das Kastell flächig durch die Spätrömische Kommission der Bayer. Akademie der Wissenschaften freigelegt.

Die Befestigung, das einzige spätantike Kastell Württembergs, hatte einen unregelmäßigen fünfeckigen Grundriß (Abb. 66); am stärksten war sie im S und W gesichert. Die Mauer war im Fundament bis 1,8 m stark (vom Aufgehenden waren nur noch drei Steine in situ vorhanden), die SW- und SO-Ecke waren durch mächtige Türme besonders befestigt, im W lag das einzige Tor mit halbrund vorspringenden Tortürmen und einem Zwinger.

Während die Befestigung, der ein kleinerer Wachtturm mit später zugeschüttetem Graben vorausging (Periode 1), im Lauf der Zeit nur geringfügig umgestaltet wurde, wurden die Fachwerkbaraken im Inneren sowie der einzige Steinbau oder mit einem Steinfundament versehene Bau mehrfach umgebaut, kein Wunder bei den extremen klimatischen Bedingungen des Allgäuer Winters.

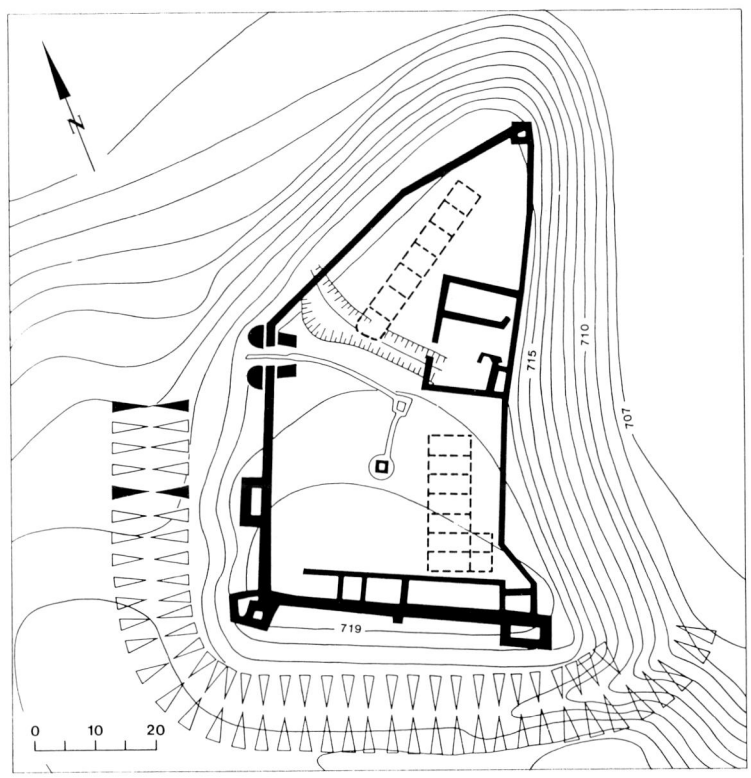

Abb. 66 Isny-Kleinhaslach. Spätrömisches Kastell Vemania.

Der Wachtturm wird in die Zeit nach dem Limesfall datiert, die anschließende Periode 2 mit hinter der S-Mauer angebautem Pferdestall sowie drei achträumigen Mannschaftsbaracken hinter O-, W- und NO-Mauer durch einen Schatzfund mit 387 prägefrischen Münzen des Probus von 282/83 wohl auf die ersten Jahre des von 276–282/83 regierenden Kaisers. In die diokletianische Zeit ist Periode 3 datiert durch zwei ebenfalls in einer Baracke vergrabene Schatzfunde mit reichem Goldschmuck und überwiegend in Karthago geprägten Münzen mit einem Schlußdatum von 305. Die etwa am gleichen Ort mit nunmehr 7 kleineren Räumen errichteten

185

Baracken sollten wohl eine größere Besatzung aufnehmen, da die ö als Doppelbaracke ausgeführt war.

Periode 4 aus den Jahren nach 305 hatte wiederum drei große Baracken und vielleicht hinter der S-Mauer zwei Pferdeställe, während in Periode 5 das Mittelgebäude aufgegeben und teilweise überbaut wurde. Das geschah vermutlich in konstantinischer Zeit. In Phase 6 wurden die w und die ö Baracke erneuert und durch einen Verbindungstrakt hinter der S-Mauer erschlossen. Dies dürfte in der Zeit des Kaisers Valentinian (364–378) erfolgt sein. Ob und wie lange diese Phase in das 5. Jahrhundert hineinreichte, ist infolge des abbrechenden Münznachschubs und des weitgehenden Fehlens entsprechender Funde nicht zu entscheiden.

Erfreulicherweise sind der antike Name des Kastells und seine Stammtruppe bekannt. Die *Notitia Dignitatum*, ein spätantikes Staatshandbuch, nennt zwischen Bregenz und Kempten das Kastell *Vemania* und als seine Besatzung die *ala secunda Valeria Sequanorum*. In der mittleren Kaiserzeit hatte eine Ala knapp 500 Reiter, die unmöglich in dem nur 0,28 ha großen Kastell unterzubringen waren. Vermutlich war die spätantike Einheit kleiner, außerdem müssen ständig Grenzpatrouillen zwischen Bregenz und Kempten durchgeführt worden sein, und schließlich waren auch die etwa 15–20 Wachttürme an der Grenze zu bemannen, so daß im Kastell nur eine Reserve stationiert und der größte Teil der Truppe auf Wacht- und Patrouillendienst verteilt war.

Literatur:
J. Garbsch/P. Kos, Zwei Schatzfunde des frühen 4. Jahrhunderts. Das spätrömische Kastell Vemania bei Isny I. MBV 44 (1988).

Jochen Garbsch

Kaltental-Frankenhofen, Lkr. Ostallgäu

Keltische Viereckschanze (Abb. 10,16)

NW von Frankenhofen liegt am Fuße eines nach NO ausstreichenden Hanges in sehr feuchtem Gelände eine Viereckschanze (Abb. 67). Die schwach rautenförmige, 110 x 100 m breite Anlage ist ziemlich genau N-S orientiert. Im N und vor allem im O sind

Abb. 67   Kaltental-Frankenhofen. Blick von Osten auf die noch unzerstörte Viereckschanze.

Wall und Graben auf größere Strecken planiert. Im S und W, wo keine Störungen zu beobachten sind, hat der Wall noch ca. 1,5 m Höhe. Die Ecken sind deutlich überhöht. Die nach SW stark ansteigende Innenfläche der Schanze liegt höher als das Umland. Im W weist sie Spuren einer Planierung auf.

Literatur:
K. Schwarz, Atlas der spätkeltischen Viereckschanzen Bayerns (1959) Nr. 136

Hanns Dietrich

Mittelalterliche Stadtanlage (Abb. 24,3)

Die Keimzelle der am linken Wertachufer gelegenen ehemaligen freien Reichsstadt Kaufbeuren (Abb. 68) dürfte ein karolingischer Königshof gewesen sein, der in der Gegend des späteren Franziskanerinnenklosters zu suchen ist. Als Pfarrkirche dieser Siedlung wird wohl schon St. Martin gedient haben; Vorgängerbauten lassen auf eine lange kirchliche Tradition an diesem Platz schließen. Nach Erlöschen des Geschlechts von Beuren 1167 fällt Kaufbeuren an die Welfen. Zwischen deren Stützpunkten Memmingen und

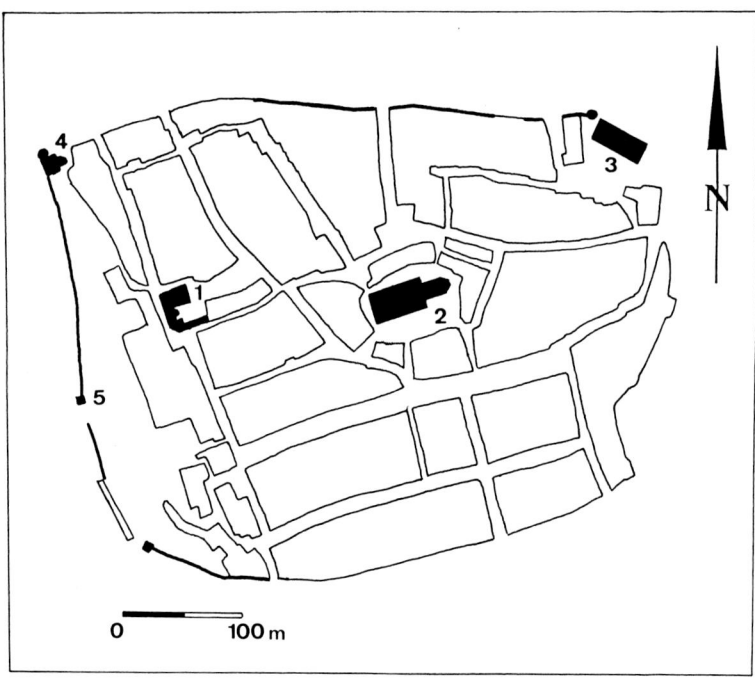

Abb. 68 Kaufbeuren. 1 Ehem. Franziskanerinnenkloster an der Stelle eines karolingischen Königshofes; 2 Pfarrkirche St. Martin; 3 Spital; 4 Blasiuskirche; 5 Fünfknopfturm.

Schongau gelegen, gewinnt die Siedlung in der Wertachniederung rasch an Bedeutung. 1191 stirbt mit Welf VI. die schwäbische Linie der Welfen aus, Kaufbeuren wird staufisch. 1224 wird ein officiatus erwähnt, cives werden erstmals 1230 greifbar. In einer Urkunde vom 25. 7. 1240 spricht Konrad IV. von *unser stat ze Bueron*. Der Aufschwung in staufischer Zeit wird auch im Stadtplan deutlich: an die ältere Siedlung um den Salzmarkt schließt sich nach S ein großzügig konzipierter Straßenmarkt um die heutige Kaiser-Max-Straße sowie parallel dazu die Ludwigstraße an. Zu Beginn des 13. Jahrhunderts dürfte die Ummauerung des Orts angelegt worden sein, auch wenn damals noch nicht das ganze Stadtgebiet bebaut gewesen war. Noch 1249 wird das in der NO-Ecke gelegene Spital als *foris vel extra murum in suburbio quod dicitur gries* gelegen erwähnt. Nach dem Tod Konradins fiel Kaufbeuren 1268 wie Memmingen an das Reich. 1325 verwüstete ein Brand die Stadt; der Wiederaufbau erfolgte jedoch rasch und prägt das Stadtbild bis heute. Im 16. Jahrhundert war Kaufbeuren einer der bevorzugten Aufenthaltsorte von Kaiser Maximilian I., der hier an der Stelle der heutigen evangelischen Pfarrkirche ein Haus besaß.

Die katholische Pfarrkirche St. Martin dürfte ihren Ursprung in einer Eigenkirche der Karolingerzeit haben, wie aus ihrem dem fränkischen Reichsheiligen gewidmeten Patrozinium deutlich wird. Ausgrabungen unter dem heutigen Chor legten die Grundmauern von vier Vorgängern frei (Abb. 69); die beiden kleinen w Rundapsiden könnten noch aus karolingischer Zeit stammen. Die heutige Basilika ist spätgotisch, von einem älteren Vorgängerbau hat sich das spätromanische Stufenportal an der S-Seite erhalten.

Oberhalb der Stadt auf der Anhöhe der Buchleite gelegen, wird St. Blasius oft als erste Pfarrkirche Kaufbeurens angesehen, zumal noch 1698 ein Friedhof erwähnt wird. Bislang gibt es jedoch keine Belege für diese Annahme; Patrozinium wie auch Dichte der Vorgängerbauten von St. Martin lassen diese als Urpfarrei wahrscheinlicher erscheinen. Für die Existenz einer Burg der Herren von Beuren auf dem Blasiusberg konnten ebenfalls noch keine Beweise gefunden werden. St. Blasius wird im Jahr 1319 erstmals erwähnt; zwei im Mittelschiff der heutigen spätgotischen Kirche freigelegte

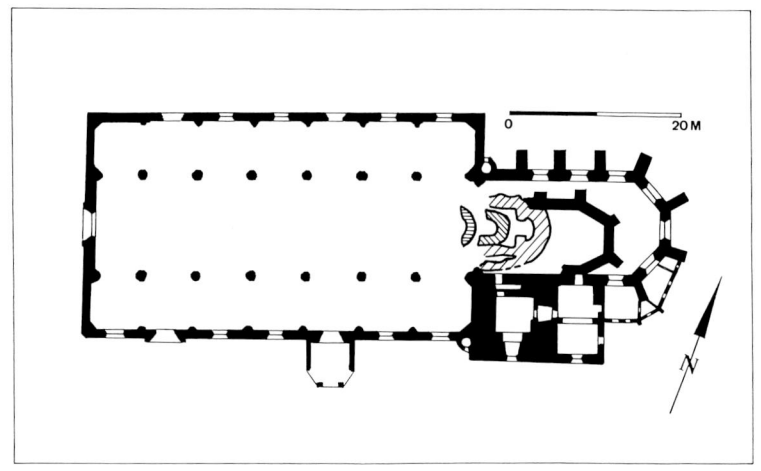

Abb. 69 Kaufbeuren, St. Martin. Grundriß mit 1978 freigelegten Resten von Vorgängerbauten im Chor.

Tuffsteinmauerzüge dürften zum Langhaus einer älteren Vorgängerkirche gehört haben.

Vom neben der Kirche gelegenen Blasiusturm hat sich bis zum Fünfknopfturm ein großes Teilstück der Stadtmauer mit ihrem Wehrgang erhalten. Die um 1200 in den ältesten Teilen aus Tuffstein erbaute Mauer hatte zunächst einen Zinnenkranz als Abschluß. Um 1420 wurde sie dann durch Türme verstärkt, die Zinnen wurden vermauert und durch Schießscharten ersetzt. Unterhalb von St. Blasius befindet sich entlang der Straße Unter dem Berg eine Reihe von zumeist spätgotischen Häusern, deren erhöhte Kellergeschoße typisch für das in ihnen ausgeübte Weberhandwerk sind, dem die Stadt im Mittelalter einen Großteil ihres Wohlstands verdankte.

Literatur:
T. Breuer, Stadt und Landkreis Kaufbeuren. Bayer. Kunstdenkmale IX (1960). – R. Dertsch in: Bayerisches Städtebuch, (1971;1974) 279 ff. – W. Jacobsen in: Vorromanische Kirchenbauten. Katalog der Denkmäler bis zum Ausgang der Ottonen. Nachtragsbd. (1991) 200 f. – Müller, Reichsstädte 121 ff.

Stefan Kirchberger

Kaufbeuren und Biessenhofen, Lkr. Ostallgäu

Abschnittsbefestigung »Hintere Märzenburg«

Die aus zwei Teilen bestehende Befestigung liegt auf einem nach N weisenden Sporn mit steilen Hängen im O, N und W auf der w Hochterrasse über dem Wertachtal, direkt an der s Stadtgrenze von Kaufbeuren über der Straße nach Biessenhofen. Ca. 50 m s der Spornspitze riegelt ein 40 m langer, 4–5 m hoher Wall mit einem vorgelagerten, 4,5 m tiefen Spitzgraben den Sporn ab (Abb. 70). Die Höhendifferenz zwischen Wallkrone und Grabensohle beträgt 7 m. Der bis zu 15 m breite Graben endet im Gegensatz zum Wall jeweils 3 m vor den Hangkanten. Ein breiterer Zugang an der W-Seite dürfte auf moderne Eingriffe zurückzuführen sein. Die Oberfläche dieser inneren Befestigung fällt nach N allmählich ab. An der nur noch 5 m breiten Spornspitze zeichnet sich ein schwach ausgeprägter Wallgrabenriegel mit 0,7 m Höhe bzw. 1 m Tiefe ab.

Abb. 70 Kaufbeuren und Biessenhofen. Der mittelalterliche Graben der »Hinteren Märzenburg«.

191

Ca. 90 m s des inneren Sperriegels quert ein zweiter, im Bogen geführter, 140 m langer Wall den Sporn. Von innen steigt er 1,5–2 m an und fällt, eine natürliche Geländestufe optimal ausnützend, nach außen 2–4 m ab. Im W endet er ca. 20 m vor der Hangkante, im O schließt er an sie an. Mehrere Lücken im Wall dürften moderne Durchbrüche sein. Ein Graben ist an keiner Stelle zu erkennen.

Erhaltung und Dimensionen des äußeren Walles lassen auf vorgeschichtliche Zeitstellung schließen. Funde, die das belegen können, fehlen allerdings. Der mächtige innere Wall und Graben gehören zu einer mittelalterlichen Anlage.

1200 m n liegt mit der »Vorderen Märzenburg« eine wesentlich kleinere mittelalterliche Abschnittsbefestigung, in deren Bereich aber auch Scherben der Bronzezeit gefunden wurden.

Literatur:
Merkt, Burgen Nr. 375.

Hanns Dietrich

Lauben-Stielings, Lkr. Oberallgäu

Spätrömischer Burgus (Abb. 17, 18)

Der mit einer Steintafel markierte Platz des Burgus ist n von Kempten über einen unmittelbar n der Leubasbrücke in Leubas nach W abgehenden Weg erreichbar, wobei nach ca. 50 m ein Hohlweg nach N direkt hinauf zum Burgusplatz führt. 1913 vom Historischen Verein Kempten (B. Eberl) unter einem noch 1,4 m hohen Schutthügel aufgedeckt, zeigte sich ein quadratischer Turm von 11,5 m Außenmaß und ca. 1,5 m breiten Fundamenten aus Rollsteinen (Aufgehendes innen ca. 8,6 x 8,6 m) (Abb. 71). In den Resten des ca. 1,3 m breiten aufgehenden Mauerwerks aus Tuff- und Sandsteinen scheint älteres Baumaterial – unter anderem Teile eines Zinnendeckels – wiederverwendet worden zu sein.

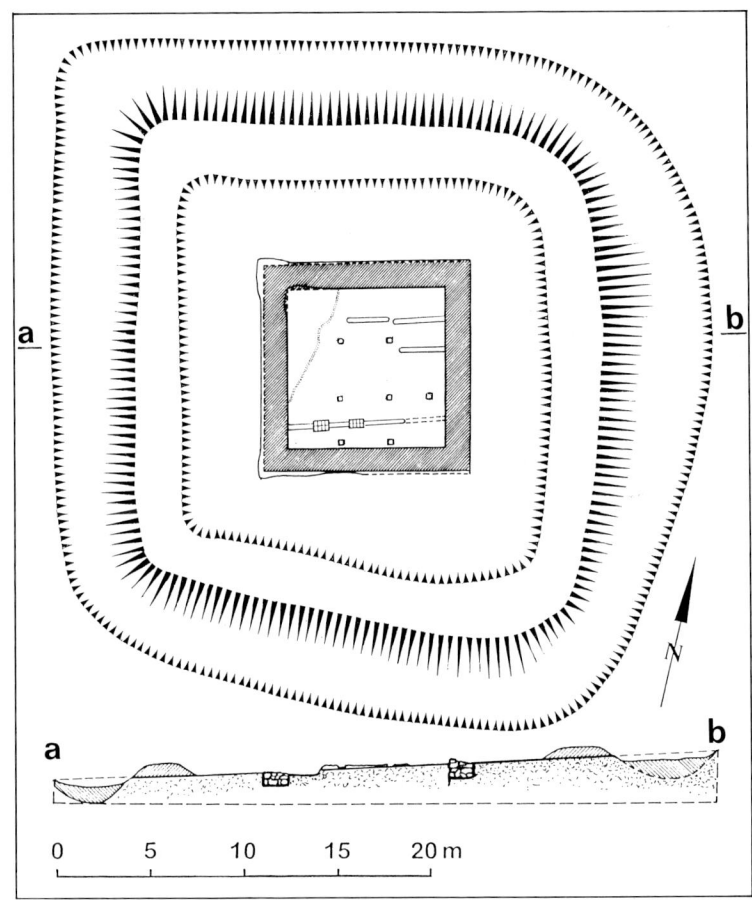

Abb. 71 Lauben-Stielings. Römischer Burgus.

Pfostengruben und Spuren von Balkengräben im Turminnern werden als Einbauten gedeutet. Eine Balkenspur, die von zwei Herdstellen überlagert wird, läßt einen hölzernen Vorgängerbau nicht ausschließen. Ein im Abstand von ca. 12 m umlaufender, ca. 5 m breiter und bis zu 1,4 m tiefer Graben – wohl mit parallel verlaufendem Wall – ist heute im Gelände kaum mehr erkennbar. Ein kleiner Depotfund mit 23 Centenionales beginnt mit Prägungen des Kaisers Constantius II (351/54 n. Chr.) und endet mit Stücken des Kaisers Gratian (367/75 n. Chr.).

Vom Platz des Burgus – ca. 40 m ö der römischen Straße – bietet sich eine gute Fernsicht ins Illertal.

Literatur:
B. Eberl, Spätrömische Grenztürme (burgi). Dt. Gaue 8, 1913, 170 f. (mit Planabb.) – Ders., Der spätrömische Grenzturm bei Stielings. Allgäuer Geschfreund N. F. 10, 1914, 44 ff. – FMRD I 7, 7197.

Gerhard Weber

Lindau (Bodensee), Lkr. Lindau (Bodensee)

Mittelalterliche Stadtanlage (Abb. 24,8)

Das malerisch auf einer Insel im Bodensee gelegene Lindau entstand aus zwei Siedlungskernen, die sich noch heute deutlich im Stadtplan abzeichnen (Abb. 72). In der NO-Ecke der Stadtinsel befinden sich die Bauten des im 9. Jahrhundert von dem Grafen Adalbert von Rätien gegründeten Benediktinerinnenklosters. Dieses wird erstmals 839 in einer gefälschten Urkunde Ludwigs des Frommen genannt, sicheren Boden betritt man erst im Jahr 882, als an das Kloster ad Lintonam zwei Huben in Tettnang geschenkt werden. Eine zum Kloster gehörende Marktsiedlung, die seit dem 10. Jahrhundert anzunehmen ist, befand sich damals noch auf dem Festland in Aeschach an der Kreuzung der beiden wichtigen Straßen nach Buchhorn–Bregenz sowie Kempten. In den unruhigen Zeiten des Investiturstreits wurde der Markt schließlich 1079 auf die Insel verlegt.

Neben dem Kloster existierte in der NW-Ecke der Stadtinsel seit längerem eine Fischersiedlung um die bis in das 12. Jahrhundert Pfarrechte besitzende Peterskirche, bei der auch ein ältester Friedhof gelegen haben soll. Eine Schiffslände kann in der Nähe von St. Peter im Bereich des heutigen Paradiesplatzes angenommen werden; eine Notiz im Zinsbuch von 1399 spricht hier von der »korn-

194

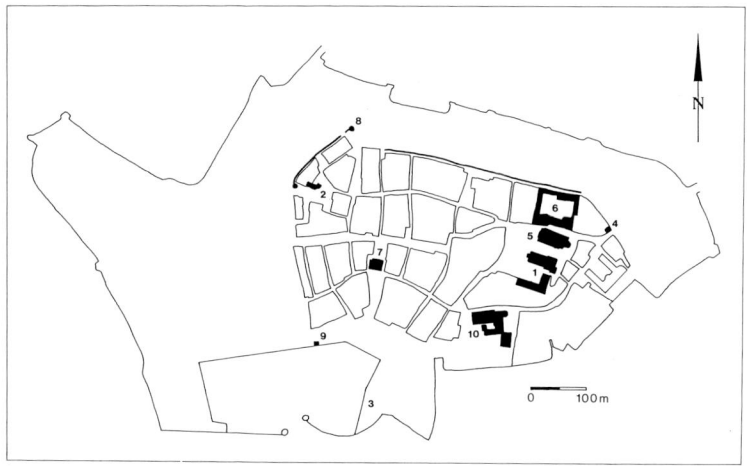

Abb. 72 Lindau. 1 Ehem. Damenstiftskirche St. Marien; 2 St. Peter; 3 Ehemals selbständige Insel »Auf Burg«; 4 sog. »Heidenmauer«; 5 Evang. Pfarrkirche St. Stephan; 6 Spital; 7 Rathaus; 8 Loserturm; 9 Mangturm; 10 Ehem. Franziskanerkloster.

gasse ..., da du Schiffe uss lendet«. Der Westteil der Insel, die »Hintere Insel«, blieb bis in die Neuzeit von der Bebauung ausgenommen und wurde erst im Spätmittelalter ummauert; von der eigentlichen Stadt blieb er durch den Stadtgraben abgetrennt.

Die sog. »Heidenmauer«, die bis zu den Aufschüttungen des 19. Jahrhunderts direkt am See gelegen hatte, wurde lange in die Römerzeit datiert. Der mächtige Bau mit seinem Megalithmauerwerk wird jedoch eher aus dem ausgehenden 12. Jahrhundert stammen, schützte er doch den früher einzigen Zugang auf die Insel über die wohl ebenfalls in dieser Zeit entstandene erste Brücke.

1216 werden erstmals ein *minister civitatis* sowie *cives de Lindangia* genannt. Der Aufschwung des Orts in dieser Zeit wird durch die planmäßige Verbindung der beiden älteren Siedlungsteile durch den Hauptstraßenzug der heutigen Maximilianstraße illustriert. Damals wurde auch mit umfangreichen Landgewinnungsmaßnahmen begonnen; so wird das Gebiet n der Straße In der Grub 1250 als »auf der Neuen« gelegen bezeichnet. Auch s der bogenförmig verlaufenden Linie der Ludwigstraße bzw. Fischergasse wird man von Aufschüttungen zur Landgewinnung ausgehen müssen. In die Mitte des 13. Jahrhunderts wird auch die Ummauerung der Stadt zu datieren sein, von der sich vor allem Teile des N-Zugs mit dem Loserturm sowie im W um den Diebsturm erhalten haben.

Noch 1264 behauptete die Äbtissin des Klosters das Recht, Neubürger aufzunehmen, für sich; obwohl Lindau im Reichssteuerverzeichnis von 1241 mit der Summe von 100 Pfund Silber geführt wird, ist um diese Zeit noch nicht mit einer wirklichen Selbständigkeit der Stadt zu rechnen. Erst mit dem Privileg Rudolfs von Habsburgs von 1275 kann davon ausgegangen werden, daß Lindau anderen Reichsstädten Schwabens zumindest nach außen hin gleichgestellt war.

Noch heute bildet der ehemalige Stiftsbezirk das geistliche Zentrum der Stadt (Abb. 72). Die ehemalige Stiftskirche St. Marien wurde nach einem Stadtbrand 1728 neu erbaut. Reste eines im 12. Jahrhundert aufgeführten Vorgängers blieben dabei im Chor und den Turmuntergeschossen erhalten. N der Stiftskirche liegt die Pfarrkirche St. Stephan. Wohl um 1180 entstand ein romanischer Bau, der ab 1506 weitgehend umgebaut wurde.

An der Spitalgasse befindet sich das erstmals 1237 erwähnte Heilig-Geist-Spital. Ein in der S-Fassade freigelegtes Biforium wird noch der Entstehungszeit angehören. Über die mehrfach geknickte Cramergasse erreicht man die planmäßig angelegte Maximilianstraße, an der sich mit der Brodlaube mit ihren Arkaden aus dem 14. Jahrhundert der wohl schönste mittelalterliche Bürgerhauskomplex Lindaus erhalten hat. Schräg gegenüber liegt das Alte Rathaus, das zwischen 1422 und 1436 erbaut wurde.

Die Peterskirche am Schrannenplatz verweist mit ihrem Patrozinium auf das hier vermutete Fischerviertel.

Literatur:
H. Götzger, Das Bürgerhaus der Stadt Lindau im Bodensee (1969). – A. Horn/ W. Meyer, Stadt und Landkreis Lindau im Bodensee. Die Kunstdenkmäler von Schwaben IV (1954). – Müller, Reichsstädte 333 ff. – M. Ott, Lindau. Historischer Atlas von Bayern, Teil Schwaben, Heft 5 (1968). – K. Wolfart (Hrsg.), Geschichte der Stadt Lindau am Bodensee (1909; Reprint 1979).

Stefan Kirchberger

Marktoberdorf, Lkr. Ostallgäu

Das frühmittelalterliche Reihengräberfeld (Abb. 19,11)

Etwa 700 m n des alten Ortskernes von Marktoberdorf wurde 1960
bei der Erschließung eines Neubaugebiets im Bereich der heutigen
Alemannenstraße ein umfangreiches Reihengräberfeld angeschnitten, das zwischen 1960 und 1962 durch das Bayer. Landesamt für
Denkmalpflege mit 238 Gräbern fast vollständig freigelegt werden
konnte.
Danach ließen sich gegen die Mitte des 6. Jahrhunderts ein oder
zwei alemannische Familien abseits der hochwassergefährdeten
Wertach in der Nähe eines kleinen Bachlaufes zu Füßen des Schloß-

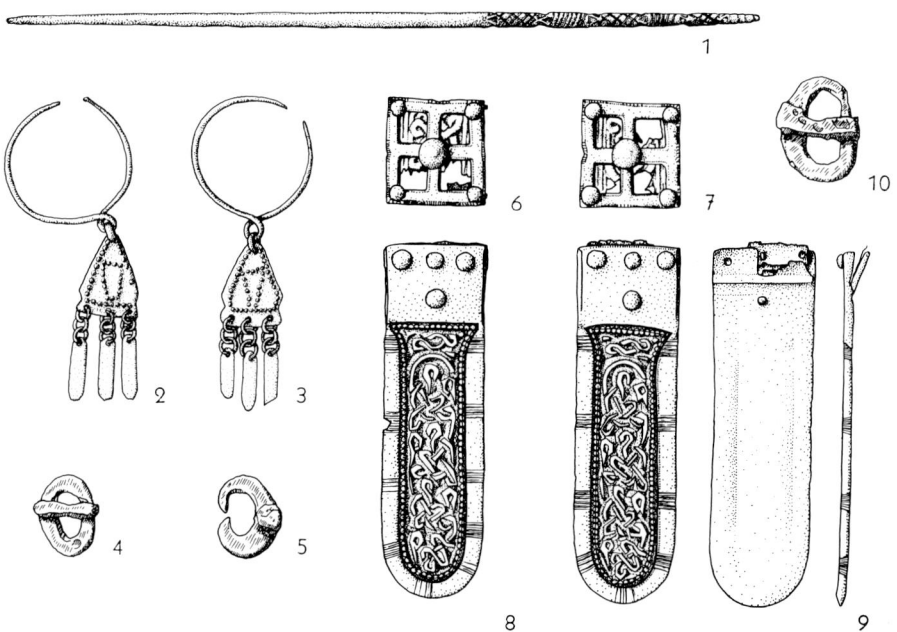

Abb. 73 Marktoberdorf, Frauengrab 216. 1 Gewandnadel aus Bronze; 2–3 silber-
nes Ohrringpaar; 4–10 Schnallen und Riemenbeschläge der Wadenbinden aus Eisen
und Bronze. M 1:2.

berges nieder. Der Besitzstand der Siedler war eher bescheiden, und auch als die Bevölkerungszahl im späten 6. Jahrhundert vermutlich durch Zuwanderung sprunghaft anstieg, änderte sich im Kultur- und Sozialgefüge der bäuerlichen Gemeinschaft nur wenig. Die meisten Fundgegenstände entstammen dem einheimischen Handwerk (Abb. 73), kunsthandwerklich qualitätvolle Produkte und Fernhandelsgüter fehlen hingegen. Im späten 7. Jahrhundert wird der Friedhof dann aufgelassen.

Die zugehörige Siedlung lag vermutlich nur wenige hundert Meter s des Gräberfeldes beiderseits des erwähnten Baches. Darauf deuten zumindest das 1903 in der Krankenhausstraße entdeckte Einzelgrab eines Mannes mit Spatha und Lanzenspitze des ausgehenden 7. Jahrhunderts sowie die 80 m weiter s beobachteten beigabenlosen Skelettfunde in der Gschwenderstraße hin, die man am ehesten mit jenen innerhalb der Siedlungen gelegenen kleinen Hofgrablegen des späten 7. und 8. Jahrhunderts in Verbindung bringen möchte.

Den Funden aus dem Reihengräberfeld ist im 1992 neu eingerichteten Stadtmuseum ein eigener Raum gewidmet.

Literatur:
R. Christlein, Das alamannische Reihengräberfeld von Marktoberdorf. Materialh. Bayer. Vorgesch. 21 (1966). – H. Dannheimer, Altdorf und Oberdorf. Bl. Oberdt. Namenforsch. 11, 1970, 24 ff.

Volker Babucke

Marktoberdorf-Rieder, Lkr. Ostallgäu

Ein Depot römischer Bronzeglocken (Abb. 17,19)

1834 fand der Müller Franz Singer beim Pflügen einer ehemaligen Weide acht römische Bronzeglocken, die ineinandergesteckt und angeblich ohne ihre eisernen Klöppel geborgen wurden. Die Fund-

Abb. 74 Römische Bronzeglocken des Sammelfundes von Marktoberdorf-Rieder. M 1:3.

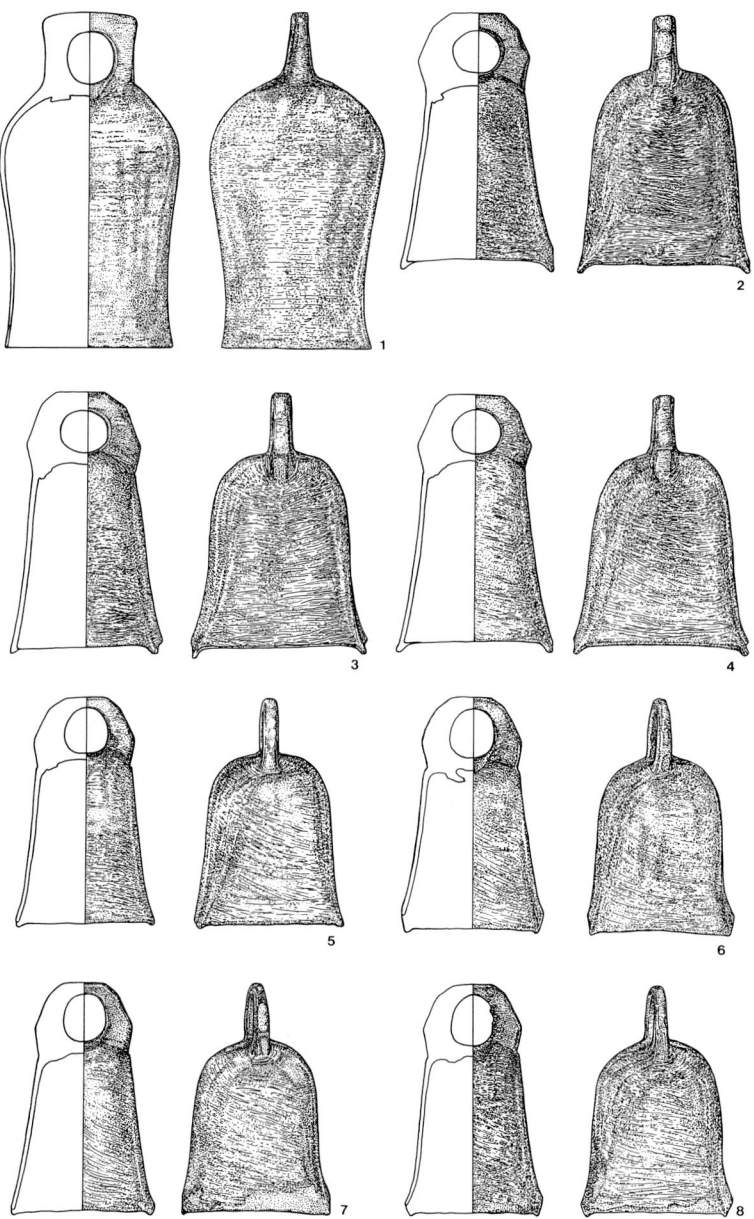

199

stelle liegt rund 800 m nnw der Kirche von Rieder in der Gegend des Singerkreuzes an der alten Straße nach Marktoberdorf nahe der B 16 zwischen dem Hochwieswald und dem Finken-Büchel am Rand eines Moores. Die Stelle ist heute zwar nicht mehr punktgenau lokalisierbar, jedoch ohne erkennbaren Bezug zu einer römischen Siedlung oder Straße, so daß eine Deponierungsabsicht nicht leicht nachzuweisen ist. Aus dem Fehlen der eisernen Klöppel, die in den mitgegossenen Halbring im Innern eingehängt waren, hat man auf Halbfabrikate bzw. Reparaturstücke geschlossen; allerdings deuten Eisenreste im Innern der Glocken eher daraufhin, daß die Klöppel nach der Auffindung ausfielen oder ausgebrochen wurden.

Der Depotfund enthält acht gegossene Bronzeglocken, die sich in zwei Typen gliedern lassen: eine große runde Glocke (H. 13,2 cm) (Abb. 74,1) und sieben im Querschnitt rechteckige Exemplare (Abb. 74,2–8), von denen drei (Abb. 74,2–4) zwischen 10,4 und 10,6 cm und vier zwischen 9,0 und 9,2 cm hoch sind. Sie unterscheiden sich technologisch insofern, als daß alle Glocken zwar gegossen sind (die Gußnähte blieben mehr oder weniger deutlich im Innern sichtbar), die runde (Abb. 74,1) jedoch nach dem Guß ausgetrieben und – wie viele Bronzegefäße – auf der Drehbank überdreht worden ist, während die anderen nur flächig überfeilt wurden.

Vergleichbar mit dem 1883 geborgenen Bronzeglocken-Sammelfund von Monatshausen im Lkr. Starnberg steht dieser Fund für das Problem der römischen Weidewirtschaft (Fernweidewirtschaft) und speziell der Almwirtschaft in den alpinen Regionen und der Mattenzone des Hochgebirges. Jedenfalls zeigt auch die Bronzeglocke vom Nebelhornweg am Südhang des Faltenbach-Einschnitts unterhalb des Nebelhornhauses auf 1600 m üNN, daß auch in römischer Zeit die alte Tradition der Almwirtschaft fortgesetzt wurde.

Literatur:
Christlein, Marktoberdorf 49. – Chr. Flügel, Die römischen Bronzegefäße von Kempten-Cambodunum. MBV 63 (1993) 99 ff. – J. Garbsch, Römischer Alltag in Bayern (1994) 234. – L. Ohlenroth, Oberstdorf: Nebelhornweg (1500 m ü. M.).

Fund einer römischen Glocke. Schwäb. Mus. 1925, 152 ff. – P. Reinecke, Eine römische Bronzeglocke vom Wege zum Nebelhorn im Allgäu. Germania 9, 1925, 135 ff. – Vgl. auch R. Frei-Stolba, Viehzucht, Alpwirtschaft, Transhumanz: Bemerkungen zu Problemen der Wirtschaft in der Schweiz zur römischen Zeit. In: C. R. Whittaker (Hrsg.), Pastoral economies in Classical Antiquity, Suppl. 14 (Cambridge 1988) 143 ff. – P. Gleirscher, Almwirtschaft in der Urgeschichte. Der Schlern 59, 1985, 116 ff. – J. Hammerstein, Die Herde im römischen Recht (1976).

Wolfgang Czysz

Memmingen

Entwicklung der mittelalterlichen Stadt (Abb. 24,1)

Die Memminger Altstadt liegt mit ihrem W-Teil an der Kante der Niederterrasse der Memminger Ach, größtenteils jedoch in der von diesem und anderen Wasserläufen durchzogenen Niederung (Abb. 75). Ein siedlungsgeschichtlich bedeutsamer Faktor ist die verkehrsgünstige Lage am Kreuzungspunkt alter Fernverkehrsrouten. In O-W-Richtung verlief die mittelalterliche Salzstraße; die N-S-Route erwähnt schon ein Reisehandbuch des 4. Jahrhunderts n. Chr.

Jüngst abgeschlossene Ausgrabungen im Stadtgebiet lassen nun die Ortsgeschichte in einem teilweise neuen Licht erscheinen. Ihnen zufolge hebt sich der Bereich der späteren Stadt erstmals in römischer Zeit durch eine gewisse Fundhäufung vom Umland ab. An Bauresten sind Teile eines Gutshofes (*villa rustica*) der mittleren römischen Kaiserzeit im Stadtteil Amendingen und ein bis in die 1. Hälfte des 3. Jahrhunderts genutzter Keller unter dem Antonierhaus anzuführen (Abb. 75,3). Nicht zuletzt durch eine gesicherte Münzreihe vom Anfang des 2. bis zum Anfang des 4. Jahrhunderts wird belegt, daß die römische Besiedlung in den nun immer unruhiger werdenden Zeiten weiterging. Ein Grund dafür war sicher, daß der Platz auf der durch Burgi geschützten Linie des spätantiken Rhein-Iller-Donau-Limes lag. Eines dieser Kleinkastelle konnte südlich von Memmingen in der Stadtwaldabteilung »Im Dickenreis« freigelegt werden, wohingegen Baureste unter der Pfarrkir-

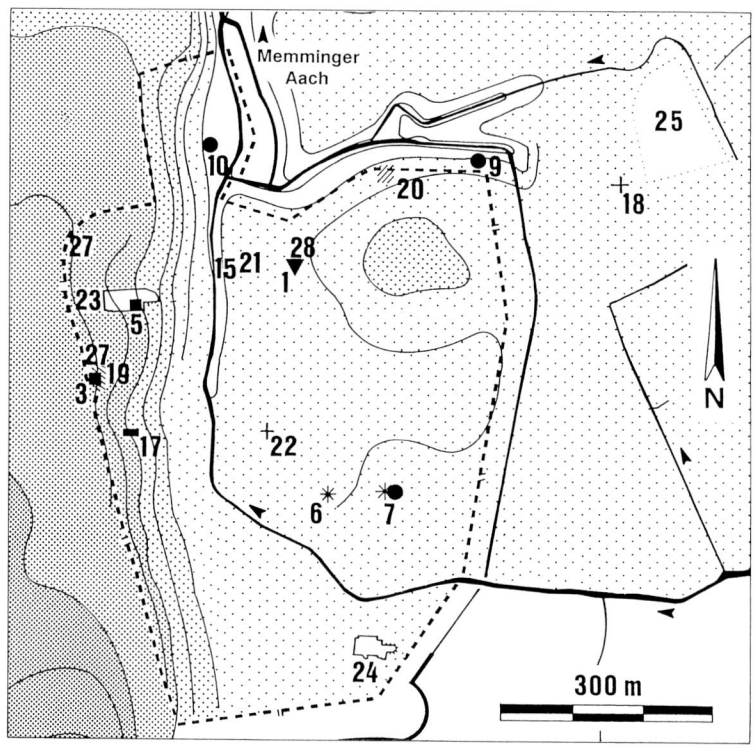

Abb. 75 Archäologische Fundstellen im Bereich der Stadt Memmingen. Verlauf der spätmittelalterlichen Stadtmauer gestrichelt. Nummern sind im Text erwähnt.

che St. Martin (Abb. 75,5) nicht mit Sicherheit in diesem Sinn gedeutet werden können. Diese Grenze hatte bis ins 5. Jahrhundert Bestand. Danach wirft eine Reihe germanischer Funde aus der Völkerwanderungszeit ein bezeichnendes Licht auf die sich wandelnden Bevölkerungsverhältnisse in der römischen Provinz.

Aus dem frühen Mittelalter ist in Memmingen mit Ausnahme einiger beigabenloser Reihengräber in der Hofgasse, etwas Keramik aus der wohl zugehörigen Siedlung und eines einzelnen Reitersporns bisher nichts bekannt (Abb. 75,17.3.18). Konkretere Aussagen über den Ort lassen sich deshalb erst seit der Erwähnung in den

Schriftquellen ab dem Jahr 1099 machen. Danach hatte die Siedlung »Mammingen« schon um 1130 in den Auseinandersetzungen mit den Staufern eine gewisse Bedeutung für das welfische Herzogshaus, die sich besonders in der 2. Hälfte des 12. Jahrhunderts in häufigeren Besuchen Herzogs Welf VI. zeigte.

Während eine immer wieder postulierte Burganlage der Welfen bisher nicht nachgewiesen werden konnte, lassen dagegen Siedlungsschichten des 11./12. Jahrhunderts eine Ausdehnung des hochmittelalterlichen Ortes erkennen, die über das später von der Stadtmauer umfaßte Areal hinausreichte. Die seit dem letzten Drittel des 12. Jahrhunderts neben dem Kloster St. Nikolaus erwähnten, wohl älteren Pfarrkirchen St. Martin und Unser Frauen deuten mit ihren getrennten Sprengeln auf verschiedene Siedlungskerne hin, die erst im 14. Jahrhundert von einer gemeinsamen Stadtmauer umschlossen wurden (Abb. 75,25.23.24). Seit etwa 1180, besonders jedoch seit dem Übergang in den Besitz der Staufer im Jahre 1191, läßt sich dann der Stadtwerdungsprozeß gut verfolgen. In Zusammenhang damit wurde in der 1. Hälfte des 13. Jahrhunderts ein Kieswall von 18 m Basisbreite und 3,5 m Höhe als Befestigung aufgeschüttet, auf den man später die 1270 erstmals genannte »ringmur« aus Tuffstein gesetzt hat, von der ein Teilstück hinter den Häusern in der Pfaffengasse erhalten blieb (Abb. 75,27). Mit der Verbriefung der Rechte 1286 und der Erwähnung eines Rates 1311 hatte die Reichsstadt schließlich ihre rechtliche Gestalt erlangt, die im wesentlichen bis 1803 bestimmend blieb.

Literatur:
W. Braun, Cassiliacum. Funde aus der Römerzeit im Stadt- und Landkreis Memmingen. Memminger Geschbl. 1951, 10 f.; ebd. 1952/53, 19 ff.; ebd. 1954/55/56, 13 f.; ebd. 1958, 9 ff.; ebd. 1959, 6 ff. – J. Jahn, Von der welfischen Marktsiedlung zur Reichsstadt. In: Stadt Memmingen (Hrsg.), Geschichte der Stadt Memmingen (1995).

Michael Dapper

Grabhügelfeld der Urnenfelder- und Hallstattzeit
(Abb. 7,3 u. 10,9)

Die heute teilweise zerstörte, ca. 700 m nw des Orts auf der ö Niederterrasse der Iller gelegene Grabhügelgruppe umfaßte ursprünglich 23 Einzelhügel. Vier dieser Hügel aus dem S-Teil der Nekropole mußten 1974/75 wegen des Ausbaus der A 96 durch das Bayer. Landesamt für Denkmalpflege untersucht werden. Hügel 1, 3 und 4 enthielten späturnenfelderzeitliche Zentralbestattungen, Hügel 2 barg ein hallstattzeitliches Grab, Hügel 1 überdies Reste einer späthallstattzeitlichen Nachbestattung. Man deckte ferner eine von zwei wallartigen Anlagen auf, die sich, 50 m lang, 12 m breit und 1,20 m hoch, in N–S-Richtung inmitten des Gräberfeldes erstreckte (Abb. 76, li. oben). In der Wallaufschüttung kamen Brandschutt, verbrannte Tierknochen, Bronzeringe sowie späturnenfelderzeitliche Einzelscherben und Scherbenkonzentrationen zutage. Anzeichen menschlicher Bestattungen konnten jedoch nicht festgestellt werden, so daß die Funktion dieses ungewöhnlichen Bauwerks ungeklärt blieb.

Mit Ausnahme des verflachten Hügels 4 maßen die Hügel stattliche Höhen von 1,30 bis 1,80 m bei Durchmessern von 14 bis 17 m. Sie zeigten trotz der unterschiedlichen Zeitstellung erstaunliche Übereinstimmungen in Bestattungsart, Hügelaufbau und Ausstattung. Es handelte sich um jeweils in der Hügelmitte auf die ehemalige Bodenoberfläche aufgesetzte Brandgräber, überschüttet von homogenem, lehmig-kiesigem Erdreich, wie es vor Ort ansteht. Keiner der Hügel hatte einen Steinkranz, Kreisgraben oder Pfostensetzungen. Im hallstattzeitlichen Hügel 2 blieben Spuren einer NW/SO-orientierten gezimmerten Grabkammer erhalten. Aber auch die Flächenausdehnung der Brandschüttungen und Scherbenpflaster in den urnenfelderzeitlichen Gräbern in Größen zwischen 0,80 x 1,0 m (Hgl. 1), 2,20 x 2,80 m (Hgl. 3) und 1,40 x 1,80 m (Hgl. 4) könnte auf das ehemalige Vorhandensein rechteckiger Holzeinbauten hindeuten. Die bis zu 13 Einzelteile umfassenden Geschirr-

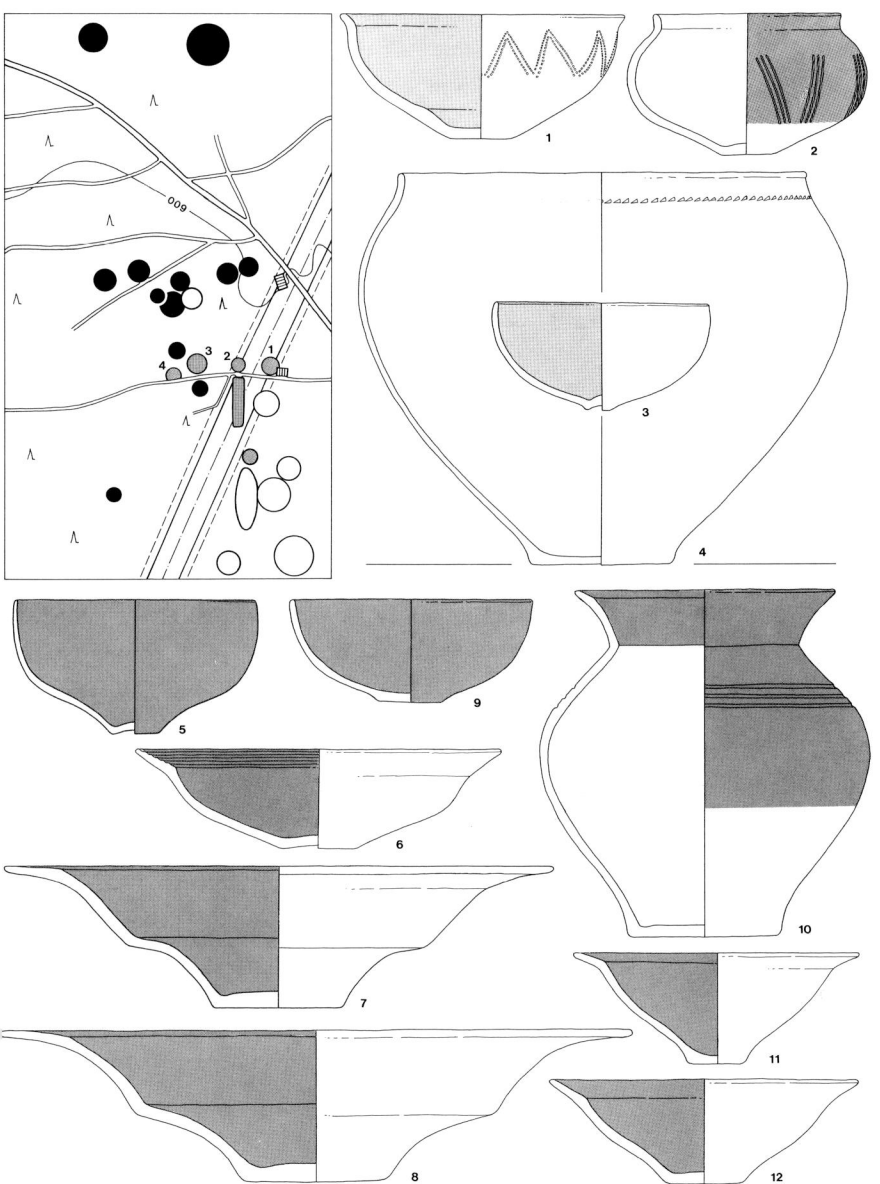

Abb. 76   Memmingen-Volkratshofen. Li. oben: Plan des Grabhügelfeldes; 1–4
Funde aus Hügel 2; 5–12 Funde aus Hügel 1 u. 4. 1–3 u. 5–12 M 1:4, 4 M 1:8.

205

sätze bestanden in den urnenfelderzeitlichen Gräbern in erster Linie aus Schalen und Bechern verschiedener Art (Abb. 76,5–12). Hiervon abweichend enthielt das Keramikensemble in Hügel 2 neben Kleingefäßen und Schalen auch zwei große Töpfe mit darinliegendem Schöpfgefäß (Abb. 76,1–4).

Grabhügel mit späturnenfelderzeitlicher Primärbestattung waren in Schwaben bisher nicht belegt. Die Funde und Befunde der Gräber 1, 3 und 4 von Volkratshofen markieren die Zeit des Übergangs von der Urnenfelder- zur Hallstattzeit. Die annähernd rechteckigen, ebenerdigen Brandgräber scheinen eine Mittelstellung zwischen der Grabgrube der Urnenfelderzeit und der hügelüberdeckten Grabkammer der Hallstattzeit einzunehmen. Die Stilmerkmale zeigen Übergangscharakter durch Formen, wie sie ähnlich den frühhallstattzeitlichen Horizont Wehringen kennzeichnen.

Literatur:
K. H. Henning, Ausgrabungen in der Grabhügelgruppe zwischen Volkratshofen und Brunnen bei Memmingen. Memminger Geschbl. 1974, 10 ff. – G. Kossack, Südbayern. – H. Müller-Karpe, Beiträge zur Chronologie der Urnenfelderkultur nördlich und südlich der Alpen (1959). – P. Schauer (Hrsg.), Archäologische Untersuchungen zum Übergang von der Bronze- zur Eisenzeit zwischen Nordsee und Kaukasus. Regensburger Beitr. zur Prähist. Archäologie 1 (1994).

Hilke Hennig

Mindelheim, Lkr. Unterallgäu

Frühmittelalterlicher Friedhof (Abb. 19,3)

Sö der mittelalterlichen Stadtbefestigung von Mindelheim liegt im Bereich Ecke Kolping-/Bürgermeister-Weiß-Straße ein frühmittelalterliches Reihengräberfeld. Nach seiner Entdeckung und der unsachgemäßen Bergung von etwa 30 Gräbern im Jahre 1934 konnten 1951 große Teile des Friedhofes, die durch den Bau des Kolpinghauses gefährdet waren, systematisch ausgegraben werden (Bayer. Landesamt für Denkmalpflege/J. Striebel). Insgesamt wurden damals und bei einer weiteren kleinen Notbergung 1957 mit 155 Bestattungen etwa zwei Drittel des Friedhofes freigelegt.

Die Gründung der zugehörigen Siedlung, die zunächst nur ein oder zwei Höfe umfaßte, erfolgte in der zweiten Hälfte des 6. Jahrhunderts. In der Beigabenausstattung der ersten beiden Generationen spiegelt sich der bescheidene Besitzstand dieser frühesten Siedler wider. Einhergehend mit einer deutlichen Bevölkerungszunahme lassen sich in der Folgezeit auch Veränderungen in der Sozialstruktur der bäuerlichen Ansiedlung beobachten. Im Laufe der ersten Hälfte des 7. Jahrhunderts gelangte offensichtlich eine Familie zu einem Wohlstand, der sie deutlich von der übrigen Bevölkerung abhob. So verschlossen die Frauen aus den Gräbern 26 und 84 b ihren Umhang mit goldenen Filigranscheibenfibeln (Abb. 77, re.), während dem Mann aus Grab 97 Zaumzeug und ein enthauptetes Pferd mitgegeben wurde. Das Gesicht des Verstorbenen aus Grab 65 bedeckte man als Ausdruck seines christlichen Glaubens mit einem Votivtuch, auf dem ein Kreuz aus dünnem Goldblech aufgenäht worden war (Abb. 77, li.).

Abb. 77   Mindelheim. Li. Goldblattkreuz aus Grab 65 und re. goldene Filigranscheibenfibel aus Grab 84 b.

Wie andernorts auch wurde das Gräberfeld in der Zeit um 700 aufgegeben. Über die weitere Entwicklung der Siedlung, die vermutlich wenige hundert Meter n des Gräberfeldes in der Nähe des Hungerbaches lokalisiert werden darf, liegen keine Informationen vor. Spätestens mit der Errichtung des aufstrebendes Marktes im Bereich der Mindelheimer Altstadt wird auch sie wüst gefallen bzw. verlagert worden sein.

Das Südschwäbische Vorgeschichtsmuseum Mindelheim zeigt Funde aus dem alamannischen Reihengräberfeld.

Literatur:
J. Werner, Das alamannische Gräberfeld von Mindelheim. Materialh. Bayer. Vorgesch. 6 (1955). – H. Dannheimer, Neue Reihengräberfunde aus Bayerisch-Schwaben. Bayer. Vorgeschbl. 25, 1960, 179 ff. – Ders., Zur frühmittelalterlichen Topographie von Mindelheim. Zeitschr. Hist. Ver. Schwaben 64/65, 1970/71, 85–90.

Volker Babucke

Nesselwang, Lkr. Ostallgäu

Burgruine »Nesselburg« (Abb. 24,67)

Etwa 1 km s von Nesselwang, hoch über dem Ort am Hang der Alpspitze. Mühsamer Aufstieg entlang dem Mühlbach.

Die Architektur der Burg wird von ihrer Lage auf einem Sporn an einem steilen Berghang mit drei relativ sturmfreien Seiten geprägt. Um die rasche rückseitige Überhöhung fortifikatorisch auszugleichen, wurde nach S zum Hang hin ein breiter Halsgraben angelegt, hinter dem sich eine 2,6 m massive, fensterlose Schildmauer erhob (Abb. 78). Hinter dieser duckte sich ein kleiner Burghof mit Palas am N-Ende, so daß sich ein einfacher längsrechteckiger Grundriß mit Quermauer ergibt. Die Mauern aus Bruch- und Rollsteinen sowie Nagelfluh- und Tuffquadern ragen stellenweise noch bis zu 7 m hoch auf.

Die Nesselburg trat 1302 ins Licht der Geschichte, als ein Diepold von Nesselwang eine Urkunde bezeugte; er war vermutlich ein Dienstmann der Rettenberger. 1332 wird die burch ze Nesselwanch als Vogtsitz des Hochstiftes Augsburg erwähnt, an das sie durch Vererbung gekommen ist und das die Rettenberger damit belehnt. Nach Beschädigungen 1525 im Bauernkrieg und 1595

Abb. 78   Rekonstruktionsvorschlag der Nesselburg.

durch Brand wird der Sitz der Vogtei nach Nesselwang verlegt und die Burg aufgegeben.

Literatur:
Merkt, Burgen Nr. 408. – Nessler II, 209. – Petzet 1960, 138 (mit fehlerhaftem Grundriß).

Joachim Zeune

Obergünzburg, Lkr. Ostallgäu

Die römische Besiedlung im Raum Obergünzburg
(Abb. 17,7.9–17)

Die bis heute bekannt gewordenen römerzeitlichen Fundplätze im Allgäu geben für weite Regionen das Bild einer relativ dünnbesiedelten Landschaft wieder. Dieses Bild dürfte nicht nur forschungsbedingt sein, da sich scheinbar siedlungsleere Flächen nicht auf unwegsame oder von den Böden her unfruchtbare Regionen beschränken.

Um so bemerkenswerter sind Gebiete mit einer gewissen Siedlungshäufung wie z. B. der Raum Obergünzburg nnö von Kempten (Abb. 79a). Die Fundorte sind zum einen am Verlauf der Römerstraße zwischen Kempten und Augsburg und zum anderen wohl am Tal der jungen Günz orientiert.

Römische Funde scheinen in Obergünzburg selbst fast ausschließlich vom Nikolausberg zu stammen, auf dessen Sporn, unter oder

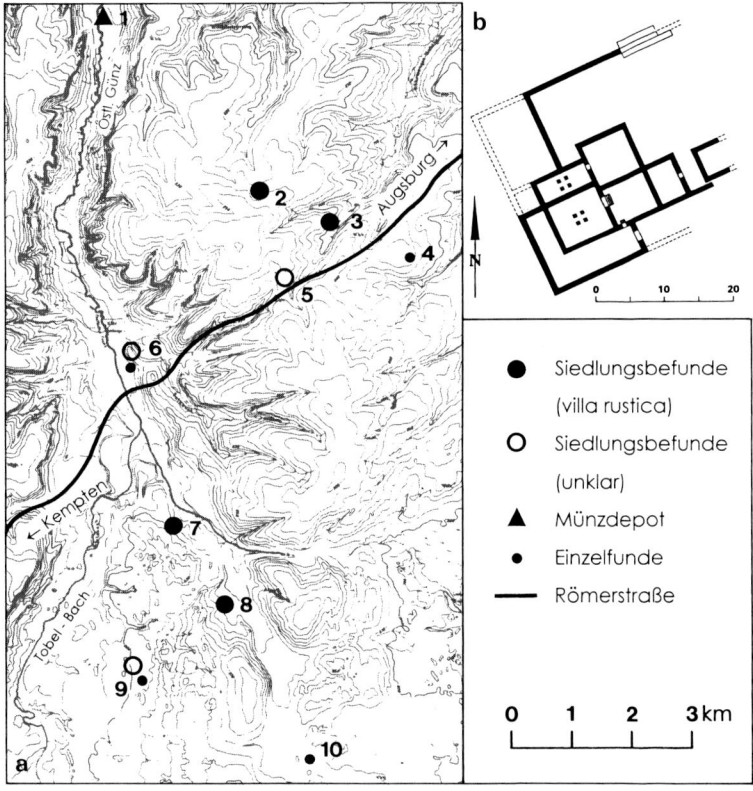

Abb. 79   Obergünzburg und Umgebung. a Römerstraße Kempten–Augsburg und römerzeitliche Fundplätze: 1 Ronsberg; 2 Willofs; 3 Willofs-Rottach-Wald; 4 Ebersbach-Gugger; 5 Reichholz; 6 Obergünzburg; 7 Günzach; 8 Albrechts; 9 Sellthüren; 10 Westenried: b Haupt- oder Badegebäude einer villa rustica bei Günzach.

bei der Friedhofskirche, römische Baureste vermutet wurden. Ein 1699 nahe der Pfarrkirche in Wiederverwendung entdeckter Weihestein aus Jurakalk ist dem römischen Gott Merkur gewidmet: DEO MERCVRIO/PRO SALVTE/P(ublii?) ARR(ii) V[i]CTO/RIS[- – -] V[-]/V(otum) S(olvit) [L(ibens) L(aetus) M(erito)]. Das Original ist seit 1978 im Foyer des ehemaligen »Pflegerschlosses«, heute Gemeindeverwaltung, eingemauert.

Von Albrechts (Abb. 79,8), Günzach (Abb. 79,7) und Willofs (Abb. 79,2) liegen Planskizzen der Baubefunde vor. In Günzach ist das Gelände des 1851 anläßlich des Eisenbahnbaues teilweise aufgedeckten Haupt- oder Badegebäudes einer *villa rustica* (Abb. 79b) ca. 750 m nnw des Bahnhofs w der Bahnstrecke an einem parallel verlaufenden Weg mit einem Gedenkstein markiert.

Im gesamten Kartenausschnitt gibt es nur drei 50–100 ha große Gebiete mit überdurchschnittlicher Bodengüte; mitten in diesen Flächen liegen jeweils die römischen Siedlungsplätze von Sellthüren, Albrechts und Willofs.

Literatur:
R. Christlein, Marktoberdorf. – CIL III 5772. – FMRD I 7, 7216, 7217, 7218, 7221, 7223. – G. Weber, Hochmittelalterlicher Holzkeller und Tonröhrenleitung auf dem Nikolausberg in Obergünzburg. Arch. Jahr Bayern 1989 (1990) 172 ff.

Gerhard Weber

Obergünzburg-Liebenthann, Lkr. Ostallgäu

Burgstall (Abb. 24,21)

Über die Straße von Obergünzburg nach Ronsberg zu erreichen. Auf einem zum Günztal hin vorspringenden Sporn oberhalb des Weilers Liebenthann liegen im Wald die Reste der einst so umfangreichen Burganlage (Abb. 80). Zwei Gräben trennen die beiden Vorburgbereiche von der Spornspitze, die neben einer heute noch 27 m tiefen, sorgfältig aus Tuffquadern gefügten Brunnenröhre nur wenige Spuren der ehemaligen Baumasse zeigt.

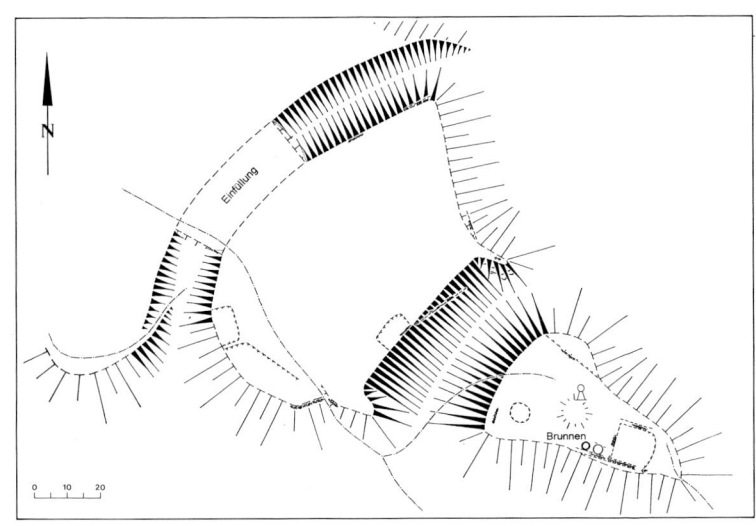

Abb. 80   Burgstall Obergünzburg-Liebenthann.

Die Burg ist 1245 erstmals indirekt erwähnt mit dem Auftreten der
Brüder Konrad und Heinrich von Liebenthann, gen. Wolfsattel.
Nach mehreren Besitzerwechseln durch Vererbung, Kauf und so-
gar Eroberung 1389 durch den Bayernherzog Stephan kauft das
Stift Kempten im Jahre 1447 die Burg, um sie im späten 15.
Jahrhundert zur Rückzugsfeste auszubauen. Trotz massiver Brand-
schäden im Bauernkrieg 1525 und 1632/33 durch die Schweden
wird die Burg nicht aufgegeben, sondern immer wieder instandge-
setzt. Sie dient im 17. Jahrhundert als Hauptaufenthaltsort des
Kemptener Konvents und als Sitz des umfangreichen Pflegamtes
Liebenthann. Nach der Säkularisation wird die Anlage zum Abbruch verkauft; 50 Jahre später werden der obere Bauhof und
wenig später schließlich auch die Kapelle abgerissen.

Literatur:
B. Eberl, Die Burgställe um das Obergünzburger Becken. Der Burgstall Lieben-
thann, Gde. Burg. Heimatkundl. Mitt. aus dem oberen Günztal 1932, Nr. 4, 1 ff. –
Merkt, Burgen Nr. 360.

Boris Blum und Birgit Kata

Osterzell-Ödwang, Lkr. Ostallgäu

Abschnittsbefestigung »Welberschanze« (Abb. 7,10)

Die Anlage liegt ö von Ödwang auf dem 64 m hohen ö Talrand des Hühnerbachs, der mit dem einmündenden Brunnen-Tal einen stumpf auslaufenden, nach NNW gerichteten Sporn bildet. Seine Flanken fallen nach W, N und NO sehr steil ab. Der Übergang zum Hinterland im S wird durch ein kleines, von O herauführendes Kerbtal verengt. Die Hänge sind in diesem Bereich nur mäßig steil. An dieser durch das Gelände am wenigsten geschützten Stelle ist ein mächtiger Abschnittswall (Abb. 81) aufgeschüttet. Er erreicht ganz im W seine größte Höhe von bis zu 6 m über dem Innenraum. Er begleitet mit leichter Biegung zunächst die Hangkante des Kerbtales nach O und verliert sich dann unter allmählicher Abschwächung nach etwa 140 m am steiler abfallenden Hang zum Brunnen-Tal. Im w Steilhang ist dieser Wall nach einer Störung an der Hangkante durch einen modernen Waldweg noch auf 20 m Länge als flache Rippe zu verfolgen.

Im S sind diesem kräftigen Hauptwall im Hang zwei wesentlich schwächere parallele Wälle von bis zu 1,5 m Höhe vorgelagert, die nach O im zunehmend steileren Gelände ausklingen. Sie werden im W durch den modernen Weg und eine Abgrabung gestört und setzen sich ebenfalls schwach in dem beginnenden Hang fort. Der allenthalben künstlich gesteilte Böschungsrand des 200 x 150 m großen Innenraumes weist entlang der Westfront 5 m unterhalb der Hangkante eine wenig ausgeprägte Berme auf.

Aus dem Innenraum stammen Scherben der Hügelgräberbronzezeit (Abb. 8). Die Klärung der Frage, ob die Wälle in der erhaltenen Form ebenfalls bronzezeitlich sind oder in frühgeschichtlicher Zeit umgestaltet und erhöht wurden, ist am Oberflächenbefund nicht möglich. Etwa 1000 m ö liegen Grabhügel, die ebenfalls Funde der Bronzezeit erbrachten.

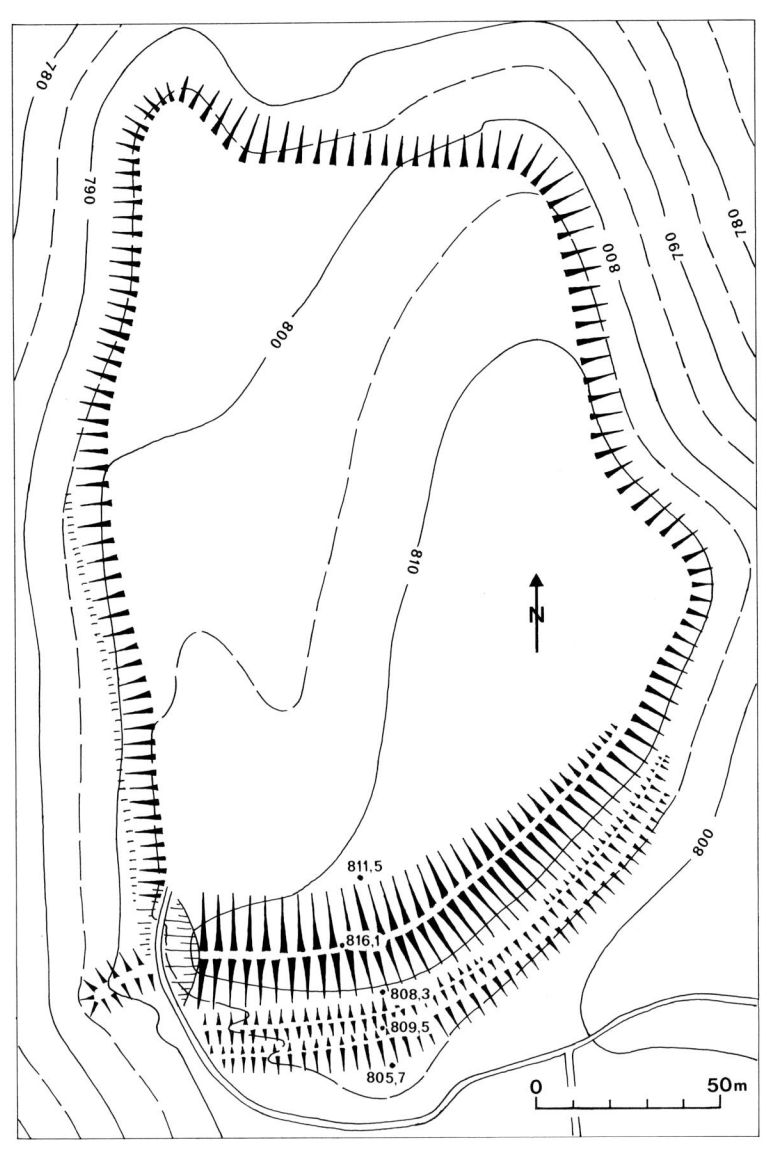

Abb. 81   Osterzell-Ödwang. »Welberschanze«.

Literatur:
Bayer. Vorgeschbl. 24, 1959, 206. – T. Breuer, Stadt und Landkreis Kaufbeuren.
Bayer. Kunstdenkmale IX (1960) 172. – R. Christlein, Die vor- und frühgeschicht-
lichen Funde im Landkreis Marktoberdorf (1959) 26 (»Bidingen«).

Hanns Dietrich

Pforzen, Lkr. Ostallgäu

Grabhügelfeld »Lohemähder« (Abb. 10,12)

Das 143 Hügel umfassende Gräberfeld liegt auf der ö Niederterrasse der Wertach, 1,2 km sw der Kirche von Zellerberg. Es erstreckt
sich über 300 x 450 m (Abb. 11,2). Bis auf Ausnahmen in den
Randbereichen liegen die Hügel eng gedrängt, z. T. überschneiden
sie sich.
Neben fast verebneten Hügeln und solchen von ca. 0,2–0,5 m

Abb. 82   Pforzen. Grabhügelfeld »Lohemähder«.

Höhe beeindrucken besonders zwei baumbestandene Hügel von 1,6 und 2,6 m Höhe bei 20 bzw. 28 m Durchmesser (Abb. 82). Ein weiterer von jetzt 0,7 m Höhe und ca. 40 m Durchmesser dürfte zerflossen sein und früher ähnliche Dimensionen gehabt haben.

Grabungen in den Jahren 1880, 1886, 1897 und umfangreiche Untersuchungen 1956 ergaben in den Hügeln Holzkammern mit Brandbestattungen der Stufe Hallstatt C, denen überwiegend Keramik beigegeben war. Für zwei Knotenringe aus Bronze einer Nachbestattung der Latènezeit sind leider keine näheren Fundumstände bekannt.

Literatur:
Bayer. Vorgeschbl. 22, 1957, 161 ff. – Kossack, Südbayern 157 f. Nr. 66 (m. weit. Lit.). – W. Krämer, Die Grabfunde von Manching und die latènezeitlichen Flachgräber in Südbayern. Die Ausgrabungen in Manching 9 (1985) 177 f.

Catharina Kociumaka

Frühmittelalterliches Gräberfeld (Abb. 19,8)

Zu den wichtigsten Neuentdeckungen der letzten Jahre gehört zweifellos das am nö Ortsrand von Pforzen zwischen Gartenweg und der nach Rieden führenden Bahnhofstraße gelegene frühmittelalterliche Gräberfeld. Durch die Ausgrabungen des Bayer. Landesamtes für Denkmalpflege 1991/92 konnte der W-Teil des Friedhofes mit 393 Bestattungen vollständig aufgedeckt werden. Unklar bleibt lediglich seine ö Ausdehnung. Altfunde, die seit 1898 im Bereich des benachbarten Hofgeländes geborgen wurden, deuten jedoch an, daß mit einer Gesamtzahl von 600 bis 700 Bestattungen gerechnet werden muß. Diese Gräberzahl läßt auf eine weilerartige Siedlung schließen, die vermutlich in der Nähe des Mühlbachs w des Friedhofs zu suchen ist und als Vorläufer des heutigen Ortes Pforzen gelten darf.

Nach den fibelführenden Gräbern zu urteilen, waren es alamannische Siedler, die sich vielleicht schon in der Zeit um 500, spätestens aber im frühen 6. Jahrhundert auf der Niederterrasse des mittleren Wertachtals niederließen. Die Lage an der Furt einer von Augsburg

Abb. 83   Pforzen Grab 239. Silberne Gürtelschnalle mit Runeninschrift. Original-
länge 7,0 cm.

kommenden und über das Altdorfer Becken zum Fernpaß führenden Altstraße wird auch der Grund dafür gewesen sein, daß mit der
Eingliederung Rätiens in das Merowingerreich 536/37 offensichtlich eine fränkische Familie ansässig wurde, wie charakteristische
Trachtensembles, Waffen und Trinkgeschirr belegen. Es ist anzunehmen, daß sie mit administrativen Aufgaben im Rahmen der
fränkischen Herrschaftssicherung an diesem verkehrsgeographisch
bedeutsamen Flußübergang betraut waren.

Ein kulturgeschichtliches Denkmal ersten Ranges stellt die silberne
Gürtelschnalle aus Grab 239 (Abb. 83) dar, auf deren Vorderseite
sich eine sorgfältig eingeritzte, zweizeilige Runeninschrift befindet. Sie handelt von einem Geschwisterpaar mit Namen Aigil und
Ailrun, die die Hirsche, d. h. den heidnischen Brauch der Hirsch-
verkleidung bzw. -maskierung verdammt haben. Die Inschrift
zählt damit zu den seltenen Zeugnissen des 6. Jahrhunderts, die eine
Abkehr von alten Glaubensvorstellungen und gleichsam eine erste
Annäherung an das Christentum dokumentieren.

Literatur:
V. Babucke, Ausgrabungen im frühmittelalterlichen Reihengräberfeld von Pforzen, Lkr. Ostallgäu. Zeitschr. Hist. Ver. Schwaben 86, 1993, 7 ff. – V. Babucke/W.

Czysz u. a., Ausgrabungen im frühmittelalterlichen Reihengräberfeld von Pforzen. Antike Welt 25, 1994, 114 ff. – Dies., Ausgrabungen im frühmittelalterlichen Reihengräberfeld von Pforzen, Landkreis Ostallgäu, Schwaben. Arch. Jahr. Bayern 1993, 117 ff.

Volker Babucke

Pfronten-Falkenstein, Lkr. Ostallgäu

Burgruine »Falkenstein« (Abb. 24, 80)

Die Burgruine liegt auf einem ca. 2 km ö von Pfronten-Steinach 1267 m üNN aufragenden Felskegel. Zu Fuß in 20 Minuten oder ab 18 Uhr direkt mit dem Auto erreichbar.

Deutschlands höchstgelegene Burgruine besteht aus einem Festen Haus von 8,7 x 18,5 m Grundfläche, das noch dreigeschossig auf-

Abb. 84   Ansicht der Ruine Falkenstein von Norden um 1830,
Zeichnung Domenico Quaglio.

ragt und im w Drittel unterteilt war (Abb. 84). Im stark sanierten Mauerwerk aus Bruchstein sind Ansätze eines Gewölbes sichtbar. Der Burg ist eine Terrasse vorgelagert, die vielleicht die Wirtschaftsbauten trug.

Die erst im späten 13. Jahrhundert erbaute Burg kann nicht mit jener Feste identifiziert werden, auf die sich Bischof Heinrich II. von Augsburg 1059 zurückzog. 1290 wurde Falkenstein von Herzog Mainhard II von Tirol an das Bistum Augsburg verliehen. 1646 erlitt sie dasselbe Schicksal wie Eisenberg und Hohenfreyberg. 1884 begann König Ludwig II. mit dem Ausbau der Ruine zu einem weiteren »Märchenschloß«, doch mit seinem Tod 1886 mußten die Vorarbeiten eingestellt werden.

Literatur:
J. B. Dorfer/L. Holzner, Der Falkenstein. Alt-Füssen 13/14, 1928. – Merkt, Burgen Nr. 157. – A. Miller, Die Sammlung malerischer Burgen der bayerischen Vorzeit von Domenico Quaglio und Karl August Lebschée (1987) 26f; 59f. – Nessler II, 243ff. – Petzet 1960, 103f. – F. Schmitt, Herrschaftsbildung im Raum um Füssen von 1250 bis 1320. Alt-Füssen 1992, 152f. – A. u. A. Schröppel/M. Einsiedler, Schloß Falkenstein. Des Märchenkönigs letzter Traum (1985). – J. Zeune, Salierzeitliche Burgen in Bayern. In: H.-W. Böhme (Hrsg.), Burgen der Salierzeit 2 (1991) 210.

Joachim Zeune

Roßhaupten-Mangmühle, Lkr. Ostallgäu

Ringwall

Die Anlage liegt am n Ausläufer des heutigen Forggensees, s der Mangmühle auf einem nach O über das Lechtal vorspringenden Sporn (Abb. 85). Im O und SO fallen die Hänge steil zum See hin ab. An den übrigen Seiten steigt das Gelände nur mäßig steil zur Befestigung an. Im W zieht in einer Einsattlung an der Basis des Spornes die > Via Claudia vorbei.

Der NO-SW orientierte, 55 x 110 m große, annähernd rhombische Innenraum mit der höchsten Stelle an der SW-Spitze fällt nach NO

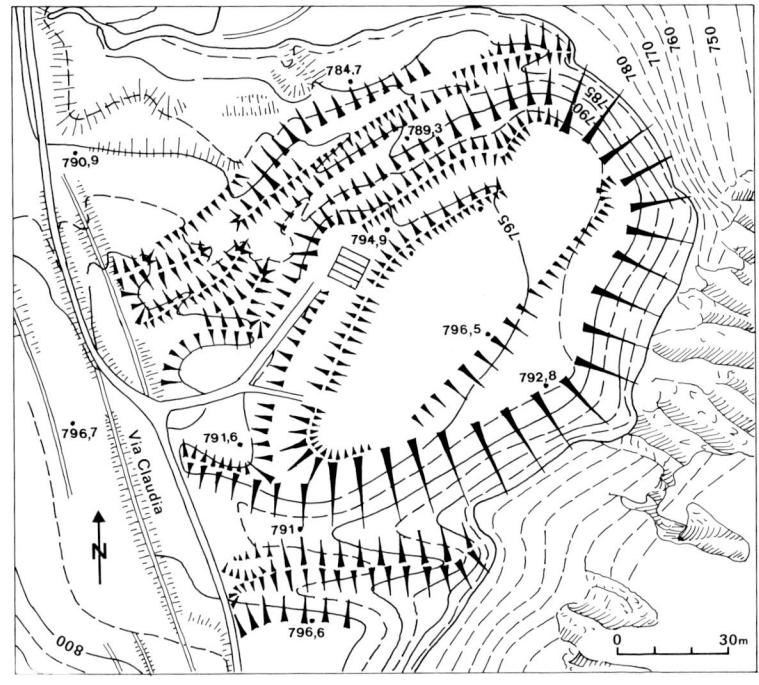

Abb. 85   Roßhaupten-Mangmühle. Ringwall.

und SO ab und weist in Längsrichtung eine merkliche, bis zu 2,5 m hohe Abstufung auf. Er wird im O und SO durch das natürliche Gelände wohl ausreichend gesichert. Dennoch ist nicht auszuschließen, daß evtl. vorhandene Randbefestigungen der Erosion durch den Lech zum Opfer gefallen sind.

An der SW-Spitze setzt ein Randwall von maximal 1 m Höhe ein, der die W-Seite schützt. An seinem N-Ende biegt er ca. 20 m vor dem Steilhang wenig nach O ein und bildet hier mit einem an der N-Spitze beginnenden, ähnlich dimensionierten Wall, der nach wenigen Metern etwas nach W abbiegt, dann etwa 2 m tiefer parallel verläuft und gegen SW nur noch als Hangstufe zu erkennen ist, eine ca. 5 m breite Torlücke. Der weitere Verlauf des ursprünglichen Zugangs wird von einem Gebäude und einem modernen Weg gestört. Der Hang an der NW-Flanke zum Mühlbachtal ist durch ein breit gestaffeltes System von Wällen, Gräben und Hangstufen befestigt. Es setzt im O am Steilhang ein. Die Höhe bzw. Tiefe der einzelnen Komponenten schwankt entsprechend dem Gefälle zwischen 0,5 und 2,5 m. Eine Unterbrechung aller ungestörten Wälle im w Drittel markiert wohl die Fortsetzung des ursprünglichen Zugangs.

Die Situation im W ist unklar. Die Befestigungen sind hier durch jüngere Hohlwege, die dem Verlauf der > Via Claudia folgen, und eine größere Planierung aus jüngster Zeit zerstört. Im S sind zwei Wälle und Gräben vorgelagert, die die natürliche Situation optimal ausnützen. Vom nur 0,5 m hohen inneren Wall fällt das Gelände 3 m in den ersten Graben ab, steigt wieder um 3 m zum zweiten Wall an und senkt sich um 2,5 m in den zweiten Graben, dessen Außenböschung 4,5 m hoch ist. Äußerer Wall und Graben fallen nach O zum Lechtal deutlich ab.

Die Anlage diente sicher zur Kontrolle der noch in nachrömischer Zeit genutzten Via Claudia. Ob es sich um eine echte Wegsperre handelte, ist wegen der modernen Störungen im Bereich der Hohlwege nicht mehr zu entscheiden. Möglicherweise geht der Ringwall auf eine vorgeschichtliche oder römische Anlage, die im Zusammenhang mit der Via Claudia stünde, zurück. Bisher fehlen jedoch Funde entsprechender Zeitstellung. Der Oberflächenbefund deutet auf frühmittelalterliche Zeitstellung. Eventuelle ältere um- und ausgebaute Befestigungselemente zeichnen sich nicht ab.

Literatur:
B. Eberl, Schwäb. Museum 1931, 28 f. – Merkt, Burgen Nr. 29.

Hanns Dietrich

Salgen, Lkr. Unterallgäu

Frühmittelalterliches Reihengräberfeld (Abb. 19,1)

Etwa 350 m nw der Pfarrkirche St. Johann wurde 1902 in einer heute aufgelassenen, am Ortsrand von Salgen gelegenen Kiesgrube einer der bedeutendsten frühmittelalterlichen Friedhöfe in S-Schwaben angeschnitten. Vor allem der Fund eines seltenen Bronzegefäßes weckte frühzeitig das Interesse an einer planmäßigen Untersuchung der Fundstelle. Sie scheiterte jedoch an fehlenden finanziellen Mitteln des Historischen Vereins von Schwaben, so daß man sich mit der Sicherstellung der beim Kiesabbau aufgelesenen Funde für die heute im Römischen Museum Augsburg befindliche Vereinssammlung begnügen mußte. Eine Reihe von Objekten gelangte zudem in den Antiquitätenhandel. Bis 1909 scheint dann der Friedhof bereits weitgehend »ausgebeutet« gewesen zu sein.

Die wenigen überlieferten Grabinventare, vor allem aber die über 250 Einzelfunde lassen die einstige Bedeutung der Salgener Siedlung erahnen, deren Gründung vielleicht noch in der Zeit um 500, spätestens aber in der ersten Hälfte des 6. Jahrhunderts erfolgte. Zwei silberne Kolbenarmringe (Abb. 86), die zur regelhaften Grabausstattung vornehmer Damen jener Zeit gehörten, zeugen vom Wohlstand der ersten Siedler. Auch für das späte 6. und das

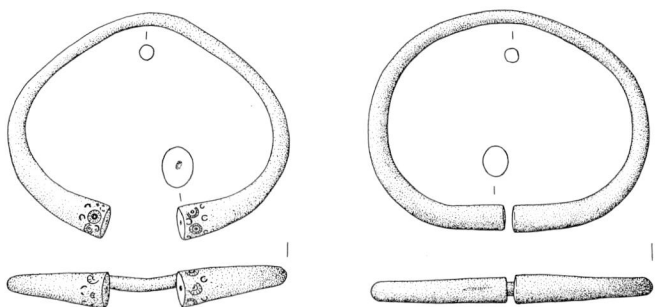

Abb. 86   Salgen. Silberne Kolbenarmringe aus zerstörten Frauengräbern. M 1:2.

gesamte 7. Jahrhundert läßt sich die Anwesenheit einer Familie von überörtlicher Bedeutung nachweisen. So erhielten mindestens drei Krieger das teilweise kostbar beschlagene Zaumzeug und die Sättel ihrer Reitpferde mit ins Grab. Neben qualitätvollen Produkten einheimischer Werkstätten, wie z. B. einer kostbaren Scheibenfibel aus filigranverziertem Goldblech (Taf. 7,1), belegen Fernhandelsgüter die wirtschaftliche Potenz dieses Personenkreises. So stammt etwa die aus Bronze gegossene Griffschale (Taf. 7,3) aus dem mediterranen Bereich. Sie gehörte ursprünglich zusammen mit einer Kanne zu einem Waschservice und war Ausdruck eines vornehmen, sich an romanisch-mediterranen Vorbildern orientierenden Lebenstils alamannischer Adeliger.

Literatur:
M. Franken, Die Alamannen zwischen Iller und Lech. Germ. Denkmäler Völkerwanderungszeit 5 (1944) 59 ff.

Volker Babucke

Schwangau, Lkr. Ostallgäu

Spätmesolithische Freilandstationen im Forggensee (Abb. 3,17.22)

Das Fundgebiet liegt etwa 3 km sö von Roßhaupten auf der Halbinsel s des Illasbergsees.
N von Füssen wird der Oberlauf des Lech auf einer Länge von mehreren Kilometern gestaut. Im Herbst eines jeden Jahres wird das Wasser aus dem Seebecken abgelassen, im Frühjahr wird wieder aufgestaut. Durch die jährlichen Seespiegelschwankungen wird der Humus am N-Ufer des Sees abgetragen und steinzeitliche Artefakte und Befunde werden sichtbar. Die bisher 14 bekannten Fundstellen liegen auf Moränenrücken, die ihre Umgebung kaum überragen, zwischen 500 und 1000 m w des ehemaligen Lechverlaufes bei ca. 780 m üNN. Vier von ihnen haben spätmesolithisches Material geliefert. Die Zuweisung der Funde erfolgte zum einen aufgrund charakteristischer regelmäßiger Klingen, die in einer spe-

zifischen Art und Weise hergestellt sind, zum anderen durch die Präsenz von Klingenkernsteinen und viereckigen Mikrolithen.

Auf dem Fundplatz Forggensee 2 waren mehrere Holzkohlekonzentrationen sichtbar, von denen eine wohl mit der mittelsteinzeitlichen Besiedlung in Zusammenhang gestanden hat. Eine Radiokarbonmessung ergab ein konventionelles Datum von 7980 ± 80 v. h. Dieses Datum stimmt gut mit den bisher bekannten ^{14}C-Daten für das Spätmesolithikum in Südwestdeutschland überein und spricht für einen frühen Abschnitt dieser Kulturperiode. Die beiden nebeneinander liegenden Fundstellen Forggensee 2 und Forggensee 6 haben außer den oben beschriebenen Funden eine große Menge von Kernsteinen in verschiedenen Abbaustadien und zahlreiche Präparationsabschläge geliefert. Es gibt keinen Hinweis auf eine ältere mesolithische Besiedlung in den Inventaren, der Anteil der Werkzeuge ist sehr gering. Bis auf wenige bestehen alle Stücke aus Radiolarit oder Flyschhornstein, der aus den liegenden Moränenschottern gewonnen werden konnte. Aus dieser Inventarzusammensetzung kann auf eine intensive Rohmaterialverarbeitung vor Ort geschlossen werden.

Birgit Gehlen

Römische Villa (Abb. 17, 38)

Knapp 2 km sö von Schwangau liegt am Fuß der Hornburg im Bereich der Tegelbergbahn-Talstation eine ausgedehnte Villenanlage, von der einige Gebäudereste bekannt sind. Sie dehnen sich auf einer Fläche von 130 x 350 m (4,5 ha) aus und lassen eine ursprünglich axialsymmetrische Anlage erahnen.

1935 hat H. Popp das erste Steingebäude (Haus 1) ausgegraben, das durch den Einbau von drei Darren als landwirtschaftlich-gewerbliches Gebäude anzusprechen ist. 1966 wurden die Häuser 2 und 3 beim Bau der Tegelbergbahn-Talstation angeschnitten und bis 1968 untersucht: das Wohnhaus und ein Badegebäude, das unterhalb der Seilbahnstation konserviert werden konnte. Das quadratische Wohngebäude 2 ist mit 14,8 x 14,6 m verhältnismäßig klein;

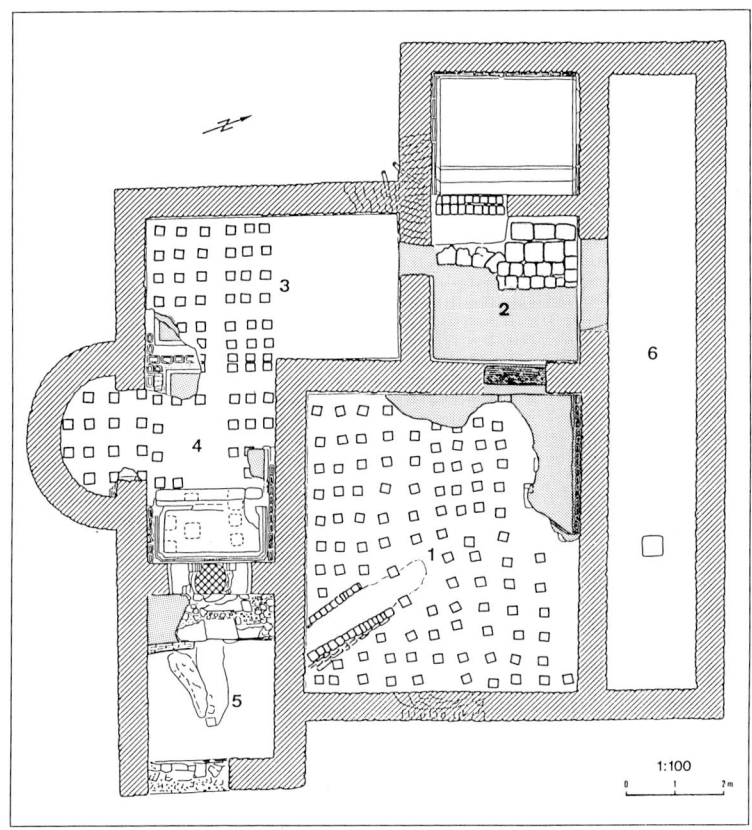

Abb. 87 Schwangau. Grundriß des römischen Badegebäudes.

sein Eingang liegt in der Mitte der NO-Seite und führt über den mit
den Büsten der 12 Monatsgötter bemalten Korridor in den Kern
des Gebäudes mit den beheizten Räumen 1–4. Alle Räume waren
mit farbig bemaltem Wandputz ausgestattet: Figuren zwischen
Säulen und Kassettenornamenten, eine Satyrmaske und ein Gorgo-
neion, eine Büste mit Buchrolle und Pfauen (Taf. 4 unten) konnten
rekonstruiert werden.
20 m ö wurde ein 13,6 x 12,3 m großes Badegebäude (Abb. 87)
freigelegt, das erst in der 2. Hälfte des 2. Jahrhunderts errichtet

worden ist. Es war außen rot verputzt. Sämtliche Räume besaßen gewölbte Decken, deren auf Flechtwerk haftender Putz reich bemalt war. Der Korridor (6) im NO führt in den großen temperierten Eingangs- und Umkleideraum (1), von dem aus man das *caldarium* (4) an der S-Front des Gebäudes betrat. Das Warmbad hatte wie das *tepidarium* (3) eine rechteckige Sitzwanne. Sehr gut erhalten ist das 2,7 x 2,4 m große Kaltwasserbassin (2), in das (Tiefe 0,9 m) man über eine Brüstung und zwei Stufen hinabstieg. Die Formen von Scheibenbruchstücken und Putzkanten ergaben, daß das *frigidarium* und das *caldarium* mit Rundbogenfenstern, das *tepidarium* aber mit Rechteckfenstern ausgestattet gewesen sein müssen.

Dank der sorgfältigen Bergung und Restaurierung bietet die Malerei einen einzigartigen Eindruck römischer Architektur und Wanddekoration. Die farbige Ausmalung des quadratischen Vorraums zeigt an der Decke den Raub des Ganymed, die Wand des Warmbads Herkules im Kampf mit der lernäischen Hydra. Das Gewölbe des temperierten Raumes schmücken Bacchus mit Weinreben und Trauben, die Geburt der Venus und spielende Eroten als Sinnbild von Lebensfreude und Genuß. Auch die Dekoration des Kaltbads steht in sinnfälligem Bezug zur Funktion des Bades: Ein Badediener bringt Öl und Handtuch; Wassergötter, Tritonen, Nereiden, Delphine und Fischschwärme tummeln sich an den Wänden und der Decke. Die Schwangauer Malerei offenbart weniger die originelle künstlerische Leistung des Baumalers als das handwerkliche Geschick, mit dem er die Themen der klassischen Mythologie in seine volkstümliche Bildsprache übersetzt hat.

Der ungüstige klimatische Standort im Schatten des 1880 m hohen Branderschrofenmassivs, die Nähe zu den Eisenerzrevieren am Säuling und die Beobachtung von Eisenschlacken n der Siedlung könnten auf das Anwesen eines römischen Bergbau-Unternehmers deuten.

Literatur:
G. Krahe/G. Zahlhaas, Römische Wandmalereien in Schwangau, Lkr. Ostallgäu. Materialh. Bayer. Vorgesch. 43 (1984). – H. Popp, Römische Siedelreste bei Schwangau. Alt-Füssen 12, 1936/37, 1 ff.

Wolfgang Czysz

Sonthofen, Lkr. Oberallgäu

Burgruine »Fluhenstein« (Abb. 24,84)

Burg Fluhenstein liegt direkt nö von Sonthofen, nahe Berghofen. Die in hochaufragenden Resten erhaltene Ruine steht auf einem tiefgelegenen Felssporn am Hang des Waltener Berges, von diesem durch einen weiten Halsgraben getrennt. Sie besteht aus zwei Hauptphasen: einer älteren Kernburg und einem n angebauten jüngeren Vorhof, der die alte Vorburg ersetzte. In seiner O-Seite lag das Haupttor.

Die Kernburg hat glockenförmigen Grundriß und wendet der Berg- bzw. Angriffsseite ihre Schmalseite in Form eines hohen, halbrunden Turmes zu, der mauerbündig in ein sich nach hinten erweiterndes niedrigeres Gebäude übergeht (Abb. 88). Wir haben

Abb. 88   Rekonstruktionsvorschlag der Burg Fluhenstein.

es hier also mit einer Art »Schildturm« zu tun. Das danebengelegene Tor zur Vorburg öffnete sich nach N.

Die Ruine ist heute wegen ihres brüchigen Schiefergesteins in extrem schlechtem Zustand.

1362 erwarb Oswald von Heimenhofen diesen Besitz der Herren von Berghofen und erbaute die Kernburg. 1477 kauften die Bischöfe von Augsburg Fluhenstein und errichteten gegen 1500 die neue Vorburg. Im 17. und 18. Jahrhundert nahm man wiederholt noch heute sichtbare Ausbesserungen am Mauerwerk vor. 1803 wurde Fluhenstein zum Abbruch verkauft.

Literatur:
Handbuch der Historischen Stätten Deutschlands VII, Bayern (1974) 200 f. – Merkt, Burgen Nr. 163; Abb. S. 181. – Nessler I, 193 ff. – Petzet 1964, 849 ff.

Joachim Zeune

Sonthofen-Altstädten, Lkr. Oberallgäu

Frühmittelalterlicher Friedhof (Abb. 19,14)

Die Geschichte der alamannischen Besiedlung des oberen Illertales reicht, wie Grabfunde aus Sonthofen-Altstädten und Sonthofen belegen, bis in das 6. Jahrhundert zurück. Während aus dem weitgehend zerstörten Gräberfeld im Bereich des etwa 140 m sw der Sonthofener Pfarrkirche St. Michael gelegenen Gasthofes »Sonne« nur wenige Funde aus der Zeit um 600 bzw. dem 7. Jahrhundert bekanntgeworden sind, konnten im 2,5 km entfernten Altstädten weite Teile des frühmittelaltlichen Bestattungsplatzes freigelegt werden.

Das Gräberfeld auf dem Altstädter »Kirchbichel«, einem kleinen, heute abgetragenen Schotterrücken unmittelbar w der Pfarrkirche, wurde bereits 1887 beim Bau der Bahnlinie Sonthofen–Oberstdorf entdeckt. Zahlreiche Grabungen, zuletzt 1970/71 durch das Bayer. Landesamt für Denkmalpflege, führten zur Aufdeckung von insge-

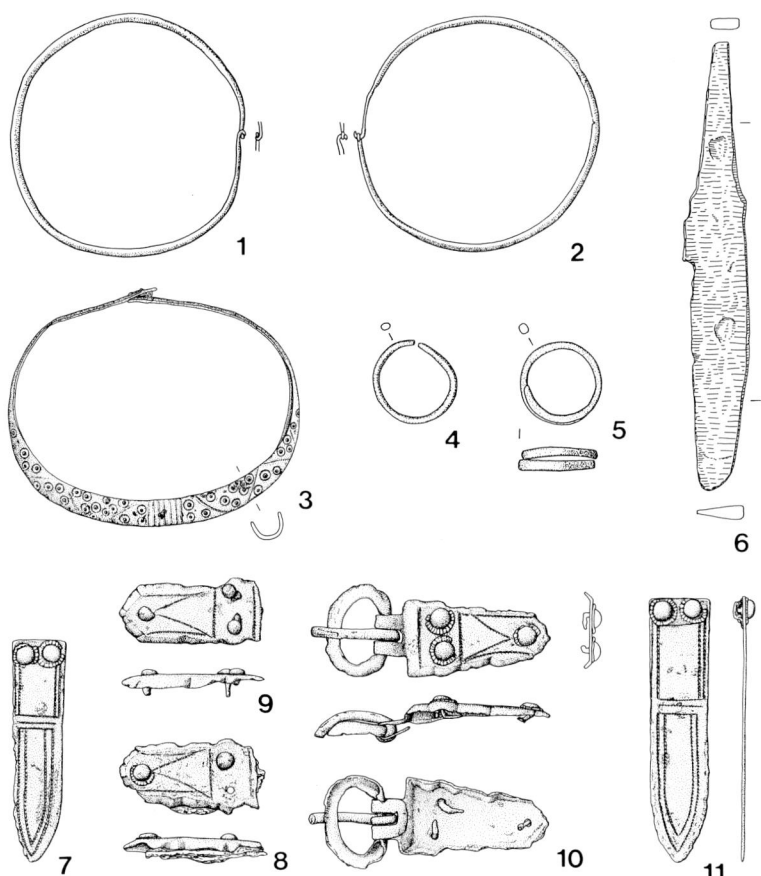

Abb. 89 Sonthofen-Altstädten, Frauengrab 10. 1–2 Bronzeohrringpaar; 3 Bron-
zearmring; 4–5 bronzene Fingerringe; 6 Messer; 7–11 bronzener Schuhriemen-
besatz. M 1:2.

samt 80 Gräbern (Abb. 89). Leider war der älteste Teil des ehemals
sicher doppelt so großen Friedhofs bereits beim Bahnbau und
späteren Abschiebearbeiten weitgehend zerstört worden.

Nach den erhaltenen Funden zu urteilen, wurde der Friedhof im
ausgehenden 6. Jahrhundert von einer durchschnittlich wohlhabenden bäuerlichen Siedlungsgemeinschaft angelegt. Die zugehö-

rige Siedlung lag vermutlich wie das heutige Dorf auf dem hochwasserfreien Schwemmfächer des Leybaches. Obwohl sie in der
Folgezeit stetig expandierte, änderte sich nichts an den bescheide-
nen Besitzverhältnissen. Im frühen 8. Jahrhundert wurde das Gräberfeld dann aufgelassen. Seine Funktion übernahm wohl schon
bald der 70 m weiter ö gelegene Friedhof bei der Pfarrkirche, auf
dem die Altstädter noch heute ihre Toten beisetzen.
Funde aus den beiden Gräberfeldern werden im Heimathaus Sonthofen ausgestellt.

Literatur:
W. Czysz, Zeitschr. Hist. Ver. Schwaben 74, 1980, 61. – M. Franken, Die Alamannen zwischen Iller und Lech. Germ. Denkmäler Völkerwanderungszeit 5 (1944)
64 f. – O. W. v. Vacano, Der altschwäbische Totengarten von Altstädten im Allgäu.
Germanenerbe 6, 1941, 80 ff.

Volker Babucke

Sonthofen-Walten, Lkr. Oberallgäu

Abschnittswall »Entschenburg«

Auf dem Ende eines vom Staufenbichel nach NW abfallenden
Rückens liegt sö von Sonthofen auf einer Felsrippe über dem
Berghofer Bach und der Ostrach die Entschen- oder Enschenburg.
Nach SW, NW und NO fallen die Hänge sehr schroff, fast senkrecht ab. Im SO, wo das Gelände zu der Anlage nur mäßig steil
ansteigt und wenig Schutz bietet, ist ein mächtiger Abschnittswall
aufgeschüttet. Eine nur noch schwach erkennbare Mulde deutet auf
einen verfüllten Graben hin. Der Wall erreicht ganz im W, wo er
am Steilhang ansetzt, eine Höhe bis zu 6 m. Nach ca. 45 m biegt er
nach NO ab und verliert dann allmählich an Höhe. Zum Innenraum hin fällt seine Böschung an der höchsten Stelle um 1,5 m ab.
Ein moderner Durchbruch an der SO-Ecke zeigt, daß der Wall
einen Kern aus groben Bruchsteinen hat. Eine Torsituation ist am
Oberflächenbefund nicht zu erkennen.

Eine wesentlich schwächer dimensionierte Befestigung ist im NW erhalten. Hier liegt ein kurzer Wallrest, der sich nach außen um ca. 2–3 m über das ansteigende Gelände erhebt und nach innen ca. 1 m abfällt. Nach W geht er in eine Geländestufe über. An dieser Stelle, wo der blanke Fels zutage tritt, könnte auch der ursprüngliche Zugang gelegen haben.

Der langovale Innenraum der Befestigung mit einer Größe von ca. 100 x 60 m ist in drei Terrassen (Wohnpodien?) gegliedert, die nach O abfallen. Reste einer Innenbebauung sind nicht auszumachen. Die von Merkt als keltisch angesprochene Anlage dürfte nach den Dimensionen und der Erhaltung der Wälle als frühmittelalterlich einzustufen sein.

Literatur:
Merkt, Burgen Nr. 142.

Hanns Dietrich

Sulzberg, Lkr. Oberallgäu

Burgruine (Abb. 24,55)

Etwa 7 km sö von Kempten, auf einem Felsrücken oberhalb des Dorfs Sulzberg. Bequem zu Fuß erreichbar.

Die Gründungsburg der 1. Hälfte des 12. Jahrhunderts auf dem ö Felsplateau umfaßte einen 7 x 8 m großen Turm mit 2 m dicken Mauern und eine mauerbündig anschließende Ringmauer. Im ö, nicht untersuchten Burghofbereich stand wohl der Palas, auf der W-Seite war ein 5 m tiefer Halsgraben vorgelagert. Um 1200 wurde der Turm auf sechs Stockwerke aufgestockt und die w Ringmauer zu einer Schildmauer verstärkt.

Im späten 13. Jahrhundert erweiterte man die Burg nach W auf die doppelte Größe: Der Halsgraben wurde verfüllt, ein mächtiger Bergfried von ca. 10 × 10 m mit Mauertreppe im obersten Geschoß entstand. Daran schlossen sich ein neuer Palas, Wirtschaftsgebäude und eine Filterzisterne an. 1480–1485 verstärkte man die Burg durch eine Artillerieumwehrung mit Torbau.

Die Herren von Sulziberg treten um 1176 erstmals urkundlich auf. Als Schenken der Kemptener Äbte zählten sie zu den bedeutenden Ministerialen des Stiftes. Mitte des 14. Jahrhunderts ging die Burg durch Heirat an die Schellenberger, die sie 1480–1485 zum Schloß Sigmundsruh ausbauten. 1526 wurde die nun als Jagdschloß genutzte Anlage an das Stift verkauft. 1525 und 1632/33 erlitt sie Beschädigungen und wurde 1648 aufgelassen.

Die seit 1984 laufenden Wiederherstellungsarbeiten haben den Charakter der Ruine stark verändert. 1991/92 wurden parallel dazu archäologische Grabungen durchgeführt.

Literatur:
Chr. Behrer, Salierzeitlicher Wohnturm als ältester Kern der Burgruine Sulzberg. Allgäuer Geschfreund 1992/93. – Ders., Burg Sulzberg – Von der Turmburg zum Jagdschloß (1995). – Merkt, Burgen Nr. 576, Abb. S. 141. – Nessler I, 122 ff. – J. Zeune, Mittelalterliche Burgen in Bayern: eine Schreckensbilanz. Schönere Heimat 1990/III, 151 f. – Ders., Burgensanierungen 11 f. – Ders., Bayerische Burgen des 11. und 12. Jahrhunderts: Neue Forschungen 1990–1993. In: Burgenforschung aus Sachsen 3/4 (1994) 185.

Christian Behrer und Joachim Zeune

Sulzberg-Zipfwang, Lkr. Oberallgäu

Römische Siedlung an der Loja-Kapelle (Abb. 17,31)

Im ö Randbereich von verlandeten Mäandern und Altwassern der Iller steht inmitten von Weideland auf ca. 0,5 m höherem Gelände die Loja-Kapelle. Sie ist s von Kempten auf der Teerstraße zwischen Öschlesee-Steingaden und Martinszell am Nordrand des Weilers Unterhub über einen nach O abgehenden Feldweg zu erreichen.

Auf den Grundmauern eines wohl spätmittelalterlichen Vorgängerbaus wurde die heutige Kapelle Ende 17./Anfang 18. Jahrhundert errichtet und und ist der hl. Margareth geweiht.

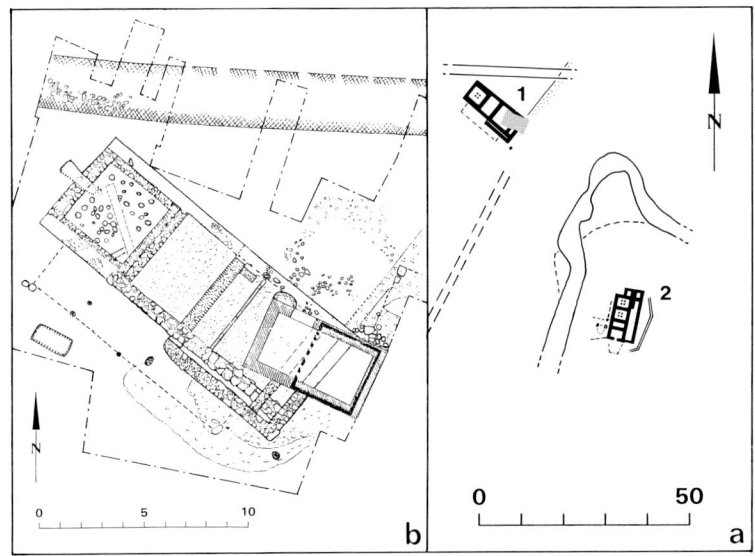

Abb. 90   Sulzberg-Zipfwang. Römische Siedlung an der Loja-Kapelle. a Lageplan;
b Bau I.

Nach ersten Sondagen 1927 unter der Leitung von F. Wagner
konnte L. Ohlenroth 1937 zwei mehrphasige römerzeitliche Gebäude und deren näheres Umfeld untersuchen (Abb. 90).
Bau I liegt unter und w neben der Kapelle. Auf einen ersten Holzbau folgte ein 5,35 x 14,7 m großer, in drei nahezu gleich große
Räume gegliederter Steinbau, dessen w Raum später mit einem
Hypokaustboden ausgestattet wurde. An der O-Seite zeichnet sich
ein NNO-SSW verlaufender Straßenkörper ab. Ein jüngeres, ca.
6,5 x 6,3 m großes Gebäude überlagert den Langbau im O und wird
vom Ausgräber vorsichtig als »kleines Tempelchen« gedeutet.
Bau II liegt ca. 45 m so von Bau I, getrennt durch einen verlandeten
Altwasserarm. Ohne Vorgänger aus Holz, wird die 4,1 x 10,5 m
große, in vier Räume gegliederte Anlage sicher zu Recht als kleine
Badeanlage erklärt, die von S geschürt wurde. Das Badehaus erhielt im NO einen Anbau, im ö Vorbau weisen Brand- und Schlak-
kereste auf eine Schmiede hin.

Sondagen im Umfeld der beiden Bauten I und II lassen Ohlenroth eine »größere, vielleicht dörfliche Siedlung« vermuten. Im relativ reichhaltigen Fundmaterial weisen u. a. südgallische Terra Sigillata und eine eingliedrige, kräftig profilierte Bronzefibel auf einen Siedlungsbeginn im späten 1. Jahrhundert und die Masse der Funde auf eine Fortdauer der Siedlung im 2. und 3. Jahrhundert n. Chr. hin.

Literatur:
L. Ohlenroth, Die römerzeitliche Siedlung an der Lojakapelle. Allgäuer Geschfreund N. F. 41, 1937, 51 ff. mit Taf. 1–4.

Gerhard Weber

Türkheim, Lkr. Unterallgäu

Vor- und frühgeschichtliche Befestigungen auf dem Goldberg (Abb. 7,1; 10,3; 17,2)

1,3 km n von Türkheim liegt auf der Hochterrasse des w Wertachtals rund 20 m über der Römerstraße Kempten–Augsburg die spätantike Befestigung auf dem Goldberg, die 1942–1944 (L. Ohlenroth) und 1958–1961 (N. Walke) in weiten Teilen ausgegraben wurde.

Die älteste Besiedlung stellt eine befestigte Terrassenrandsiedlung der Bronzezeit (BZ C/D) unterhalb der spätantiken Anlage mit dem Rest eines 2 m tiefen Sohlgrabens dar; oberhalb deuten Reste einer hallstattzeitlichen Befestigung mit Kulturschicht-, Gruben- und Pfostenresten und zwei metertiefen Sohlgrabenstücken mit 3 m breiter Toröffnung im W einen Herrensitz der Hallstattzeit an. Zu ihm gehört vermutlich als Außenbefestigung der heute noch sichtbare, z. T. mittelalterlich überprägte Graben, der die Siedlung an drei Seiten umgab. Nur in wenigen Scherben wurde eine Begehung des Berges auch in der Latènezeit sichtbar.

Die ältesten Zeugnisse der römischen Besiedlung sind als nachlimeszeitliche zivile(?) Rückzugsbefestigung auf der Terrassenkante gedeutet worden; sie war durch einen 3,5 m breiten Graben (»inne-

234

rer Spitzgraben«) gesichert (Periode I). Bauspuren im s und n Umfeld fehlten. Zwei Brandschichten im Graben deuteten auf Zerstörungen um 283 und 323/324.

Um 300 entstand innerhalb des Abschnittsgrabens der Periode I ein Burgus (Periode II) mit quadratischem, ziegelgedecktem Steinturm von 15 m Seitenlänge auf massivem, 3,3–3,5 m starkem Fundament (Abb. 91). In konstantinischer Zeit (nach 335) wurde der Burgus von einer D-fömigen Befestigung (1,5 ha) umschlossen. Ihre Mauer war mit 4 vorspringenden halbrunden Türmen in 10-m-Abständen und einem rechteckigen Turm im S bestückt, der einen kleinen Durchlaß sicherte. Die bis zu 3,2 m breite Mauer ruhte auf einem 4,2–4,4 m starken Fundament, in dem Spolien mittelkaiserzeitlicher Grabbauten (Wagenrelief, Grabinschriften, Skulpturfragmente CSIR I 1, 205–206, Meilenstein von 201) verbaut waren. Das Haupttor an der hangseitigen NO-Front vor dem Burgus bildeten zwei überlappende Mauerwangen. Die Anlage umgab in weitem Abstand von 20 m ein 1,5 m tiefer Spitzgraben, der heute noch im Gelände sichtbar ist.

In valentinianischer Zeit (Periode IV) baute man an der W-Seite einen 33 x 18 m großen Speicherbau an, der in einer zweiten Phase mit Fundamentvorlagen für Pfeiler in den Ecken und an der SO-Seite gestützt werden mußte.

Jenseits des Spitzgrabens, 40 m unterhalb der Befestigung entstand damals ein quadratischer, 16,3 x 17 m großer Steinbau (Bau C) unbekannter Zweckbestimmung (Periode V). Verglaste Fenster und zahlreiche Münzen aus der Zeit um 335 lassen an ein Verwaltungs- oder Stabsgebäude denken.

Münzen der Kaiser Arcadius (388/402) und Honorius (394/408) belegen eine Besetzung bis an den Beginn des 5. Jahrhunderts, wobei der Fundstoff auf die Anwesenheit von Germanen als Söldnertruppe hinweist.

Nach dem Ende der römischen Station deuten eine in Rom geprägte ostgotische Viertelsiliqua Theoderichs von 493/526, ein in Ravenna geprägter Halbcentenionalis des Athalarich 526/534 und Thüringer Drehscheibenware des 6. Jahrhunderts auf frühmittelalterliche Aktivitäten in den Ruinen, in denen sich seit Mitte des

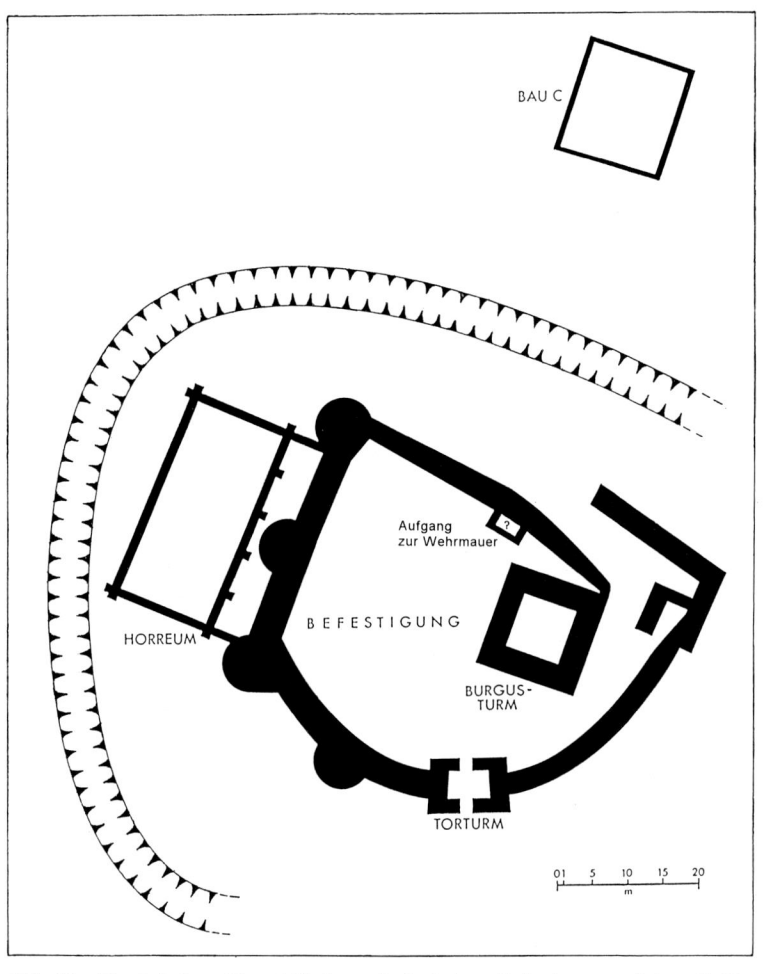

Abb. 91 Vereinfachter Grundriß der spätrömischen Befestigung auf dem Goldberg bei Türkheim.

8.–10. Jahrhundert ein namenloser karolingisch-ottonischer
Adelshof mit Eigenkirche und Sepultur einrichtete. Die teilweise
mehrperiodigen Pfostenbauten und Grubenhäuser waren durch
eine 3 m breite Grabenanlage mit Einfahrt im N umwehrt. Im NO
auf der Niederterrasse lagen Kirche (Holzkirche, Steinbau) und

236

Friedhof. Die langrechteckige Saalkirche mit Chorschranke und leicht eingezogener Apsis folgte unmittelbar auf die Holzkirche. Um die Kirche konnte der Ausschnitt eines Friedhofs mit 82 von ursprünglich rund 180–220 beigabenlosen Steinplatten-, Trockenmauer- und Holzkisten-/Holzkammergräbern in W-O-Orientierung (Blick nach O) ergraben werden. In der Mitte des 10. Jahrhunderts fiel diese Siedlung wüst. Nach Keramikresten der frühstaufischen Zeit zu urteilen, wurde der Goldberg im 13. Jahrhundert endgültig verlassen.

Literatur:
FMRD I 7, 7247/7248. – I. Moosdorf-Ottinger, Der Goldberg bei Türkheim. Bericht über die Ausgrabungen in den Jahren 1942–1944 und 1958–1961. MBV 24 (1981). – N. Walke, Grabung außerhalb der spätrömischen Befestigungen auf dem Goldberg bei Türkheim. Bayer. Vorgeschl. 26, 1961, 60ff.

Wolfgang Czysz

Unterthingau-Haugen, Lkr. Ostallgäu

Burgstall (Abb. 24,32)

Etwa 1,5km nö der Kirche von Unterthingau auf der Kuppe des Geisbergs. Durch seinen rundumlaufenden Wall und den künstlich um ca. 4m erhöhten Hügel hebt sich der Burgstall deutlich vom umgebenden Gelände ab.

Die S-Hälfte des Burghügels wurde 1936 durch L. Ohlenroth ausgegraben. Er stellte drei zeitlich aufeinanderfolgende Holzbauten auf Steinunterlagen fest, von denen anscheinend zwei durch Brand zerstört worden sind (Abb. 92). Der Hügel war durch einen Palisadenzaun gesichert. Das Fundspektrum wies Scherben von Gefäß- und Ofenkeramik sowie Metallgegenstände auf, die in den Zeitraum von der 2. Hälfte des 12. bis zum Ende des 13. Jahrhunderts datieren.

Historisch wird die Anlage mit dem welfischen Ministerialengeschlecht der »Geizere« bzw. »Gaizeri«, das seit den achtziger Jahren

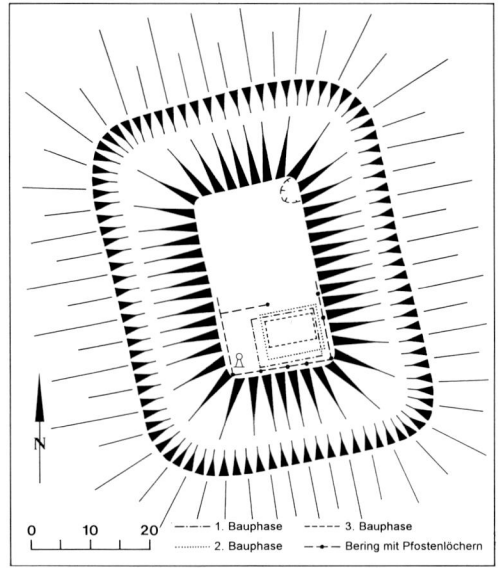

0   10   20   — · — 1. Bauphase   ----- 3. Bauphase
.... 2. Bauphase   — · — Bering mit Pfostenlöchern

Abb. 92   Burgstall
Unterthingau-Haugen.

des 12. Jahrhunderts in Unterthingau nachgewiesen ist, in Verbindung gebracht – nicht zuletzt aufgrund des Flurnamens »Geisberg«.
Ein annähernd gleicher Burgstall, der wohl familiär oder besitzgeschichtlich mit »Haugen« verbunden war, da eine Sage über einen die Anlagen verbindenden unterirdischen Gang existiert, liegt auf dem benachbarten Seelenberg.

Literatur:
H. Dannheimer, Keramik des Mittelalters aus Bayern (1973) 28ff.; Taf. 42–45, 51 (m. weit. Lit.). – B. Eberl, Die Burgen und Burgställe um das Unterthingauer Becken. Der Burgstall Haugen. Heimatkundl. Mitt. aus dem oberen Günztal 1932, Nr. 7, 1f. – Merkt, Burgen Nr. 223.

Boris Blum und Birgit Kata

Waltenhofen-Langenegg, Lkr. Oberallgäu

Burgruine (Abb. 24,65)

Etwa 1,5 km sö von Martinszell. Auf dem illerumspülten äußersten Ausläufer eines steil abfallenden Bergkammes erhebt sich der 12,5 x 14,6 m große Wohnturm mit 2 m dicken Mauern noch vier- bis fünfgeschossig. Ursprünglich führte ein Hocheingang in der nö Giebelseite in den 1. Stock, wo auch eine Mauertreppe aufstieg; die Abtritte öffneten sich nach SW. Das Gebäude wurde mehrfach umgebaut, zuletzt 1734, als das Stift Kempten den Turm als Zucht- und Arbeitshaus nutzte.

Ausgrabungen, die 1992 im Turminneren durchgeführt wurden, legten eine von einst vier Gefängniszellen frei und bestätigten die Exaktheit eines Planes von 1794, der die Aufteilung der Geschosse zeigt. Im 16. oder 17. Jahrhundert erhielt der Turm, den zusätzlich eine niedrige Ringmauer ummantelte, kasemattenartige Anbauten. Reste der Vorburg finden sich n und nö des Turmes.

Die Herren von Langenegg, Dienstmannen des Stiftes Kempten, treten erstmals 1269 in Erscheinung. Kurz zuvor dürften sie den Turm erbaut haben. 1415 kam die Herrschaft Langenegg durch Heirat an die Herren von Rauns, 1647 als erledigtes Mannlehen an das Stift Kempten zurück. Nach der Nutzung als Zuchthaus stand die Burg leer und wurde 1810 an einen Privatmann versteigert.

Literatur:
Handbuch der Historischen Stätten Deutschlands VII, Bayern (1974) 388 f. – Merkt, Burgen Nr. 336, Abb. 192–193. – Nessler I, 138 ff.

Joachim Zeune

Weitnau-Spitalhof, Lkr. Oberallgäu

Römischer Meilenstein (Nachbildung) (Abb. 17,24)

Der originalgetreue Abguß eines römischen Meilensteins aus dem Jahr 201 n. Chr. steht w von Kempten am S-Rand der alten B 12, zwischen Wengen und Nellenbruck, ca. 50 m nach Untereinöden neben einem Wartehäuschen am s abgehenden Feldweg nach Untergötzenberg. Auf einer ausführlichen Informationstafel des Heimatvereins Kempten ist die ergänzte lateinische Inschrift und deren Übersetzung wiedergegeben.

Das Original des Meilensteins ist zum ersten Mal von Sebastian Münster in seiner 1550 in Basel erschienenen »Cosmographia« überliefert: wiederverwendet als Gewölbestütze des Weinkellers der Abtei Isny. Heute steht die originale Meilensäule im Württembergischen Landesmuseum in Stuttgart.

Vom Ausgangspunkt der Meilenzählung, am Ende der Inschrift *a Camb(oduno) m(ilia) p(assuum) XI* – »von Cambodunum(-Kempten) 11 000 Doppelschritte«, sind es umgerechnet ca. 16,3 km. Da das Forum von *Cambodunum*-Kempten ca. 16,8 km Luftlinie entfernt liegt und die römerzeitliche Straßentrasse im wesentlichen parallel zur heutigen alten B 12 verläuft – auf Höhe von Untergötzenberg n davon – wird die Säule nicht weit vom heutigen Standort, wohl nahe Wengen, gestanden haben. Die Inschrift berichtet von der Wiederinstandsetzung der Straße zwischen Bregenz und Kempten unter dem römischen Kaiser Septimius Severus im Jahre 201 n. Chr. Der neben Caracalla als zweiter Sohn von Septimius Severus genannte Geta war im Sinne der *damnatio memoriae* durch den späteren Kaiser Caracalla, seinen Bruder und Mörder, im oder bald nach dem Winter 211/12 ausgemeißelt worden.

Literatur:
CIL III 5987. – F. Vollmer, Inscriptiones Baivariae Romanae (1915) Nr. 470. – G. Walser, Die römischen Straßen und Meilensteine in Raetien. Kleine Schriften zur Kenntnis der römischen Besetzungsgeschichte Südwestdeutschlands 29 (1983) Nr. 31.

Gerhard Weber

Wiedergeltingen, Lkr. Unterallgäu

Grabhügelfelder (Abb. 10,8)

Unmittelbar s Wiedergeltingen (Abb. 10,8) liegt auf dem Kamm eines von N nach S streichenden Höhenrückens zwischen Wertach und Hungerbach ein großes Grabhügelfeld. Es gliedert sich in drei Gruppen (Abb. 11,1). Die mindestens 42 Hügel der N- Gruppe sind mit Höhen zwischen 0,2 und 0,8 m und Durchmessern von 12–22 m z. T. stark verflacht. Nur ein Hügel mit 2,2 m Höhe ist, abgesehen von Abgrabungen im N, noch relativ gut erhalten. Eine Untersuchung J. Striebels 1950–1952 in drei Bauten dieser Gruppe ergab hallstattzeitliche Funde.

Die mittlere Gruppe liegt ca. 150 m entfernt. Sie umfaßt nur 4 Hügel mit bis zu 0,4 m Höhe und 10–21 m Durchmesser. Drei von ihnen werden von einem Waldweg durchschnitten. Weitere 100 m s beginnt die dritte Gruppe mit mindestens 46 Tumuli. Die Bauten mit Höhen bis zu 1 m und Durchmessern zwischen 7 und 20 m liegen dicht gedrängt, zum Rand der Nekropole werden die Abstände größer. Durch den Bau der B 18 veranlaßt, wurden 1964 im N dieser Gruppe 5 Grabhügel durch das Bayerische Landesamt für Denkmalpflege untersucht. Die Hügel enthielten Kammergräber der älteren Hallstattzeit (Ha C) und Nachbestattungen der jüngeren Hallstattzeit (Ha D) und des frühen Mittelalters.

Nur 400 m weiter im S liegt auf dem gleichen Höhenrücken eine weitere Grabhügelgruppe, die nicht mehr auf dem Plan abgebildet ist. Sie umfaßt 6 Hügel, die sich auf ein Areal von 200 x 100 m verteilen. Mit Höhen von 0,6 bis 3,0 m und Durchmessern von 17–35 m sind sie noch gut erhalten.

Literatur:
Bayer. Vorgeschbl. 18/19, 1951/52, 152 ff.; ebd. 37, 1972, 169, 212. – H. Frei/G. Krahe, Archäologische Wanderungen um Augsburg. Führer zu archäologischen Denkmälern in Schwaben 1 (1977) 25. – Kossack, Südbayern 172 f. Nr. 96.

Hanns Dietrich

Wiggensbach, Lkr. Oberallgäu und Wangen im Allgäu-Rembrechts, Lkr. Ravensburg

Zwei römische Schatzfunde (Abb. 17,20)

1888 wurde gut 2 km wnw der Kirche von Wiggensbach, am O-Hang des Weilers Waldegg ein vom weidenden Vieh freigetretener, umfangreicher Hortfund aus Schmuckobjekten und Münzen vom Grundstücksbesitzer geborgen (Taf. 5). Außer einem später am Fundort aufgelesenen Bronzeblech – vielleicht von einem Gefäß – gab es keinen Hinweis auf ein ursprüngliches Behältnis aus anorganischem Material.

1933 wurde ein ähnlich zusammengesetzter Hort in einem Hopfenfeld ca. 100 m n von Rembrechts bei Wangen ebenfalls zufällig entdeckt und geborgen (Taf. 6), ca. 35 km in Luftlinie w des Fundortes bei Wiggensbach.

Vergleichende Betrachtungen wurden angestellt. In der summarischen Gegenüberstellung (Seite 243) ist der teilweise fragmentierte Zustand einiger Fundstücke nicht berücksichtigt. Soweit nicht anders angegeben, bestehen die Funde aus Silber.

Drei 230 n. Chr. geprägte Denare des Alexander Severus im Hortfund von Rembrechts und ein ab 231 geprägter Denar sowie 40 z. T. möglicherweise auch noch kurz nach 231 geprägte Denare im Wiggensbacher Fund legen nahe, das Vergraben der Horte mit dem Alamanneneinfall von 233 n. Chr. im Zusammenhang zu sehen.

Der Wiggensbacher Schatz ist nicht nur quantitativ, sondern in vielen Stücken auch qualitativ etwas hochwertiger. Eine Ausnahme ist die reichverzierte Omegafibel vom Rembrechts. Handelt es sich beim Schmuck überwiegend um Bestandteile der Frauentracht, so müssen die Gemmenringe als Männerschmuck gedeutet werden. Die dünnen, stabförmigen, aus Silber- bzw. Bronzedraht gewundenen Kettchen mit blauen Glasperlen könnten auch von Kindern getragen worden sein. Die Bügelfibel und die beiden Scheibenfibeln mit Emaileinlagen im Wiggensbacher Fund gehören zur Mode der Jahre nach 150 n. Chr. und könnten z. B. »Erbstücke« gewesen sein.

Rembrechts	Wiggensbach
2 Fibeln und 2 Zierscheiben (2 Zierscheiben, 1 reichverzierte Omegafibel, 1 bronzene Scheibenfibel)	7 Fibeln (2 reichverzierte Scheibenfibeln 2 Omegafibeln, 2 bronzene Emailscheibenfib., 1 bronzene Bügelfibel mit emailverziertem Fuß)
1 Fuchsschwanzkette, dazu (?) 1 Lunula-Anhänger 2 Ketten aus Silbendraht dazu (?) 2 Lunula-Anhänger	3 Fuchsschwanzketten mit Lunula-Anhängern 2 Ketten aus Silber- und Bronzedraht, dazu (?) 2 Lunula-Anhänger
2 Armbänder mit eingepunztem Dekor 5 Fingerringe	4 Armbänder mit eingepunz. Dekor 6 Gemmenringe (2 davon aus Bronze) und 1 glatter Fingerring 4 Haarnadeln (Silber mit Kopf aus Goldblech, Bronze und 2 x Bein) 2 Hakenohrringe aus Goldblech
3 Glasperlen	2 Glasperlen 1 Spielstein (?) aus Glas
2 Bronzeringe 8 Großbronzen 82 Denare	3 Bronzegußkuchen 1 As 407 Denare (384 St. sicher erfaßt)

Aufbewahrungsort: Rembrechts im WLM Stuttgart; Wiggensbach im Römischen Museum Kempten (Allgäu).

Literatur:
A. Böhme, Aus einem Schmuckkästchen: Der Schatzfund von Wiggensbach. In: Die Römer in Schwaben. Arbeitsh. d. Bayer. Landesamtes f. Denkmalpfl. 27 (1985) 243 ff. (m. ält. Lit.) – M. Luik, Schatzfunde von Schomberg-Rembrechts, Kreis Ravensburg, und Wiggensbach, Kreis Oberallgäu. In: H.-P. Kuhnen (Hrsg.), Gestürmt – geräumt – vergessen? Führer und Bestandskataloge 2 (1992) 89 (m. ält. Lit.)

Gerhard Weber

Woringen, Lkr. Unterallgäu

Abschnittswall und Burgstall »Burgösch« (Abb. 24,12)

Unmittelbar s des Ortes liegt auf einem langgestreckten, nach N weisenden Sporn mit sehr steil abfallenden Hängen im O, N und W und ebenem Hinterland im S eine fünfteilige Befestigungsanlage. Sie besteht aus dem mittelalterlichen Burgstall an der Spornspitze im N und 4 Wall-Graben-Systemen, die in größeren Abständen den Sporn im S abriegeln (Abb. 93).

Der Burgstall hat eine Größe von 70 x 120 m einschließlich des mächtigen Halsgrabens von 8,5 m Tiefe und 15–20 m Breite, der die Anlage an der S-Seite befestigt. Der höchste Teil der Kernburg schließt im SW direkt an den Halsgraben an. Seine Oberfläche liegt 2–3 m unter dem Niveau der Vorburg. Im O schließt sich ca. 8 m tiefer eine erste, noch zur Kernburg gehörende Terrasse an, die an der steil abfallenden Spornspitze durch einen nur noch schlecht erhaltenen Graben zusätzlich gesichert ist. Dieser ist im O wiederum 8–10 m tiefer eine zweite Terrasse vorgelagert. Im W setzt am Halsgraben ein Hanggraben an, der 10 bzw. 5 m unterhalb der Oberfläche bis zur Spornspitze zieht. Im Bereich des Burgstalls wurde mittelalterliche Keramik aufgelesen.

Bei dem durch den ersten Wall-Graben-Riegel befestigten zweiten Teil des Sporns kann es sich um eine Vorburg handeln. Hierfür spricht die relativ gute Erhaltung der Befestigungen. Der äußere Graben ist maximal 2 m tief und 60–70 m lang. Die Krone des sich anschließenden Walles liegt 4 m über der Grabensohle. Die Höhe über dem Innenraum beträgt 2 m. Ca. 5 m n des Walles ist ein zweiter, nur noch 1 m tiefer Graben gezogen, der im W etwa 10 m vor der Hangkante endet. Die befestigte Innenfläche mißt ca. 50 x 50 m. Unmittelbar s des Burgstalles erheben sich zwei 0,5–0,8 m hohe »Hügel« von 8 m Durchmesser, deren Funktion allerdings unklar bleibt.

Bei den drei übrigen Befestigungsriegeln kann es sich um vor- oder

Abb. 93   Woringen. Burgstall »Burgösch« und Abschnittswälle.

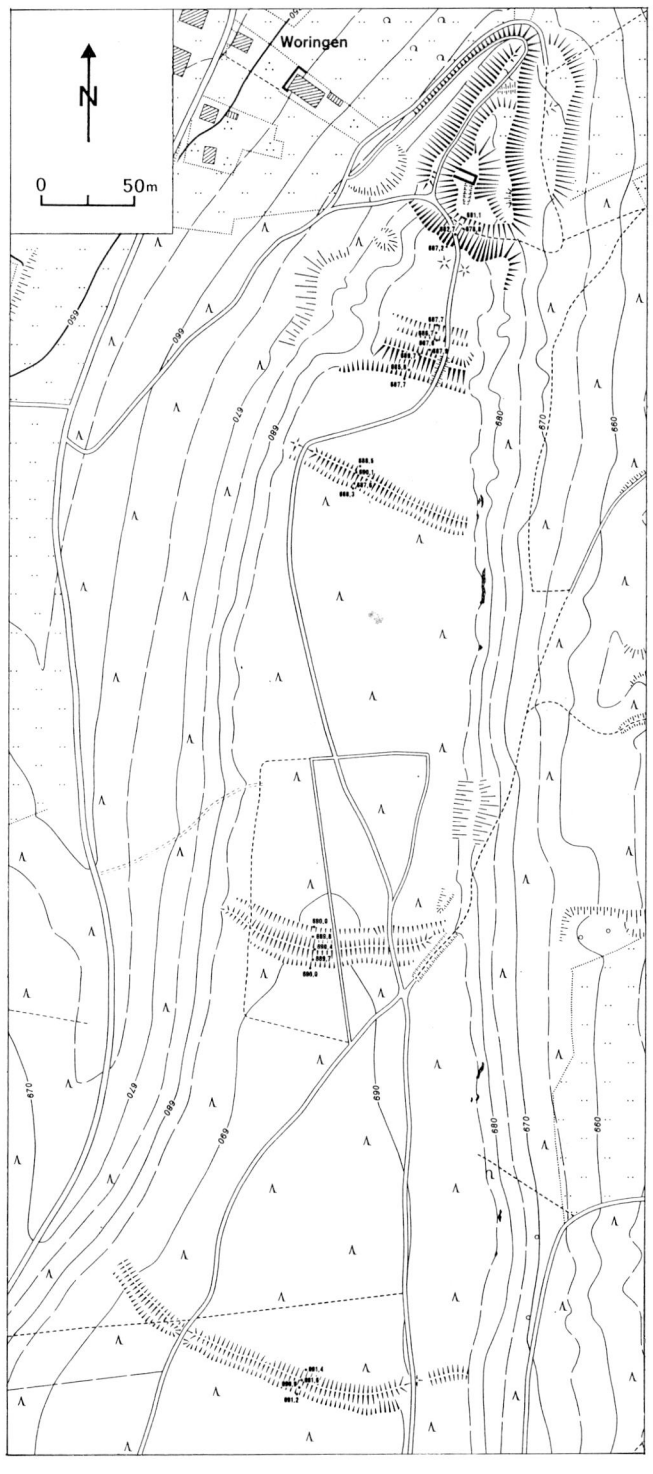

frühgeschichtliche Anlagen handeln, zumindest können ihre Erhaltung und die Dimensionen als Hinweis darauf dienen. Die erste Sperre mit einem 1,5 m hohen, in gerader Richtung verlaufenden Wall und einem 0,7 m tiefen Graben befestigt ein Areal von 50–60 x 80–110 m. Die zweite Sperre ist in ca. 480 m Entfernung s der Spornspitze in leichtem Bogen geführt. Sie besteht aus einem 120 m langen, nur 0,5 m hohen Wall, dem im N und S jeweils ein 0,2 bzw. 0,3 m tiefer Graben vorgelagert ist. Der äußerste Wall-Graben-Riegel zieht 700 m s der Spitze in leichtem Bogen über den Sporn. Er ist schlecht erhalten. Der 210 m lange Wall erreicht noch 0,4 m Höhe. Der Graben, der im O 40 m vor der Hangkante endet, weist noch 0,3 m Tiefe auf. Das gesamte befestigte Areal hat eine Fläche von ca. 7 ha.

Außer einer Silexklinge, die allenfalls vorgeschichtliche Begehung der Anlage belegen kann, liegen keine datierenden Funde vor. 1171 werden erstmals ottobeurische Dienstmannen aus Woringen genannt. Ihr Sitz kann aber auch der Turmhügel im Ort gewesen sein. 1323 werden für den Ort zwei Burgen genannt.

Literatur:
Bayer. Vorgeschbl. 17, 1948, 77. – T. Breuer, Stadt und Landkreis Memmingen. Bayer. Kunstdenkmale IV (1959) 238. – Lkr. Unterallgäu 1294f. – Merkt, Burgen Nr. 675, 677.

Hanns Dietrich

Museen mit archäologischen Funden

Kaufbeuren

Stadtmuseum, Kaisergäßchen 12–14, 87600 Kaufbeuren, Tel. 08341/437160 od. 8553; Di–Sa 9–12 u. 14–17, So 9–12.

Kempten

Alpinmuseum, Abt. 1, im ehem. Marstall, Landwehrstr. 21, 87439 Kempten, Tel. 0831/15957; Di–So 10–16.
Archäologischer Park Cambodunum (APC), Cambodunumweg 3 und Ecke Markt-/Thermen-Str., 87437 Kempten, Tel. 0831/79731; Mai–Okt. Di–So 10–17, Nov.-April Di–So 10–16.30. Jan. u. Febr. geschl. Führungen über Stadtarchäologie Kempten, Tel. 0831/57425-0.
Burgen im Allgäu, Westendstr. 21, 87439 Kempten, kein Tel.; So 10–12 u. n. V. (Info über Tel. 0831/57425-0)
Zumsteinhaus, Röm. Museum, Residenzplatz 31, 87435 Kempten, Tel. 0831/12367; Di–So 10–16.

Kirchheim i. Schw.

Heimatmuseum, Marktplatz, 87757 Kirchheim, Tel. 08266/1021 od. 1705; auf Anfrage.

Marktoberdorf

Stadtmuseum im Martinsheim, Eberle-Kögl-Straße 11, 87616 Marktoberdorf, Tel. 08342/41982; Mi 14–16, So 10–12 u. 14–16.

Memmingen

Städtisches Museum, Zangmeisterstr. 8 (Eingang Hermansgasse 2), 87700 Memmingen, Tel. 08331/850131 od. 850132; Di–Fr, So 10–12 u. 14–16.

Mindelheim

Museen im ehemaligen Jesuitenkolleg, Hermelestr. 4, 87719 Mindelheim, Tel. 08261/991556; Di–So 10–12 u. 14–16.

Sonthofen

Heimathaus, Sonnenstr. 1, 87527 Sonthofen, Tel. 08321/76213; auf Anfrage.

Türkheim

Sieben-Schwaben-Museum, Maximilian-Philipp-Str. 32, 86842 Türkheim, Tel. 08245/530; auf Anfrage.
nach: H. Frei (Hrsg.), Museen in Schwaben (Augsburg 1991).

Erzbergbau am Grünten bei Burgberg

Befahrung des Theresia-Stollens, Tel. 0831/26416 od. 56160 (H. Hiederer); n. V.

Abgekürzt zitierte Literatur

CIL: Corpus Inscriptionum Latinarum

Christlein, Marktoberdorf: R. Christlein, Die vor- und frühgeschichtlichen Funde im Landkreis Marktoberdorf (1959).

CSIR: Corpus Signorum Imperii.

FMRD: Die Fundmünzen der römischen Zeit in Deutschland (Berlin).

Kossack, Südbayern: G. Kossack, Südbayern während der Hallstattzeit (1959).

MBV: Münchner Beiträge zur Vor- und Frühgeschichte.

Merkt, Burgen: O. Merkt, Burgen, Schanzen und Galgen im Allgäu. Das kleine Allgäuer Burgenbuch. Allgäuer Geschfreund N. F. 52, 1951, 5 ff.

Müller, Reichstädte: K. O. Müller, Die oberschwäbischen Reichsstädte (1912–14).

Nessler I u. II: T. Nessler, Burgen im Allgäu I u. II (1985).

Petzet 1960: M. Petzet, Stadt und Landkreis Füssen. Bayerische Kunstdenkmale VIII (1960).

Petzet 1964: M. Petzet, Die Kunstdenkmäler des Landkreises Sonthofen. Die Kunstdenkmäler von Bayern VIII (1964).

Zeune, Burgensanierungen: J. Zeune, Burgensanierungen im Allgäu. Teil 2 der Schreckensbilanz, Schönere Heimat 1992/I.

Abbildungsnachweis

Abbildungen und Tafeln ohne Quellenangaben gehen auf Vorlagen der Autoren zurück. Die Karten 3, 7, 10, 17, 19, 24 und 49 wurden nach Vorlagen der Autoren in der Stadtarchäologie Kempten angefertigt.

n. H. Abele: 69

Allgäuer Geschfreund N. F. 1, 1911: 31

V. Babucke/G. Höhn: 89

Bayer. Landesamt f. Denkmalpflege: 2, 11, 18b1, 20, 23, 29, 41–43, 45, 50–53, 58, 61, 63, 65, 67, 70, 74, 76, 81–83, 85, 87, 91, 93; Luftbildarchäologie: 36 Aufnahme K. Leidorf, Archiv-Nr. 8326/006-2, 45 Aufnahme O. Braasch, Archiv-Nr. 8130/041, Taf. 4 oben Aufnahme O. Braasch, Archiv-Nr. 8330/001, Taf. 8 unten Aufnahme O. Braasch, Archiv-Nr. 8328/3

B. Blum: 46, 54, 55, 56, 80, 92

R. Christlein: 73

W. Czysz: Taf. 3

J. Feist: Taf. 7 oben und unten

B. Gehlen: Taf. 1

F. Innerhofer: 8

B. Kata/R. Mayrock: 25

W. Kleiss: 32

A. Lebschée: 57, 84

nach M. Mackensen/S. v. Schnurbein: 13

R. Mayrock: 27, 28, 78, 88, Taf. 8 oben

O. Merkt: 48

H. Müller-Karpe: 9

W. Petz: 26

Prähistorische Staatssammlung München: 77, Taf. 2, Taf. 4 unten, Taf. 7 rechts

Sienz: Taf. 5

Stadtarchäologie Kempten: 12, 15, 16, 18b2, 29, 30, 33–35, 37–39, 47, 62, 71, 79, 90

G. Ulbert: 14

F. Wirth: 59

Württembergisches Landesmuseum Stuttgart: Taf. 6

Ortsregister

251

Archäologie in Deutschland

Die aktuelle Zeitschrift. Informativ – interessant – kompetent.

»Archäologie in Deutschland« berichtet über

► Grabungen, Funde und Forschungen von der Urzeit bis heute, zum Beispiel über älteste Menschenfunde, früheste Siedlungen, erste Bauern, Anfänge der Metallverarbeitung, Fürsten der Eisenzeit, Römer und Germanen, Völkerwanderung, Christianisierung, mittelalterliches Leben in Stadt und Land, Wiederentdeckung der Neuzeit...

► die Arbeit deutscher Archäologen im Ausland. Sie reicht von den Mayabauten Mittelamerikas bis zu den Tempeln und Gräbern Ägyptens, von den Hochkulturen des Zweistromlands bis zu den Kultstätten Nepals.

► bedeutende archäologische Museen

► sehenswerte Bodendenkmäler

► lohnende Wanderungen und Spaziergänge zu Stätten der Vor- und Frühgeschichte

► Jede Ausgabe greift ein Schwerpunktthema auf.

»Archäologie in Deutschland« bringt

► neue Funde in Wort und Bild

► Kurzberichte zu jüngsten Grabungen und Forschungen aus allen Bundesländern

► Ausstellungen im Überblick

► Informationen über Veranstaltungen, Kongresse und Preisverleihungen

► Neues vom Buchmarkt

► Ein ausführliches Autoren-, Orts- und Sachregister zu jedem Jahrgang ermöglicht ein rasches Wiederauffinden aller gesuchten Beiträge.

► Für »Archäologie in Deutschland« schreiben Wissenschaftler aus Universitäten und Fachinstituten, Denkmalämtern und Museen, Restauratoren, Journalisten und Historiker. Sie garantieren fundierte Beiträge, die gleichzeitig für alle interessierten Leser gut verständlich sind.

► »Archäologie in Deutschland« erscheint viermal im Jahr. Format 21 x 28 cm. 64 Seiten mit zahlreichen, größtenteils farbigen Abbildungen. Ein zusätzliches Sonderheft widmet sich auf rund 120 Seiten einem speziellen Thema.

► »Archäologie in Deutschland« wird herausgegeben vom Verband der Landesarchäologen in der Bundesrepublik Deutschland und vom Konrad Theiss Verlag.